U0159930

高等学校新工科应用型人才培养系列教材

★本书获中国通信学会"2020 年信息通信教材精品教材"称号

5G 移动通信技术

5G 开启智慧未来

山东中兴教育咨询有限公司　组编

崔海滨　杜永生　陈　巩　主编

西安电子科技大学出版社

内 容 简 介

本书共 10 章，系统介绍了 5G 的概念和 5G 网络的理论、技术及应用。主要内容包括：5G 演进、概念、三大应用场景和关键性能，5G 无线空口技术、协议和无线接入网，5G 核心网协议、架构，5G 关键技术，5G 承载技术，5G 网络部署、5G 网络优化和中兴通讯的 5G 典型基站设备与设备开通等。

本书一方面着重介绍了 5G 独有的新技术、新特性，另一方面着重介绍了一些在 5G 中得到融合发展并使 5G 更加强大和完善的信息技术，比如虚拟技术、移动边缘计算技术、云计算技术等。

本书内容全面，突出技术实践，力争好教好学；可以作为高等院校通信工程专业、电子信息工程专业及其相关专业的专业课教材，也可以作为 5G 从业者的学习参考书。

图书在版编目(CIP)数据

5G 移动通信技术/崔海滨，杜永生，陈巩主编. —西安：西安电子科技大学出版社，2020.9(2023.1 重印)
ISBN 978-7-5606-5855-1

Ⅰ. ① 5… Ⅱ. ① 崔… ② 杜… ③ 陈… Ⅲ. ① 无线电通信—移动通信—通信技术 Ⅳ. ① TN929.5

中国版本图书馆 CIP 数据核字(2020)第 158048 号

策　　划　李惠萍
责任编辑　李惠萍
出版发行　西安电子科技大学出版社(西安市太白南路 2 号)
电　　话　(029)88202421　88201467　　邮　　编　710071
网　　址　www.xduph.com　　　　　电子邮箱　xdupfxb001@163.com
经　　销　新华书店
印刷单位　咸阳华盛印务有限责任公司
版　　次　2020 年 9 月第 1 版　2023 年 1 月第 4 次印刷
开　　本　787 毫米×1092 毫米　1/16　印　张　19.25
字　　数　453 千字
印　　数　5001～8000 册
定　　价　45.00 元
ISBN　978-7-5606-5855-1/TN
XDUP　6157001-4
如有印装问题可调换

《5G移动通信技术》
编委会名单

前 言

从 20 世纪 90 年代开始，移动通信就成为通信行业中最具活力和创造力、最具市场驱动力的领域，数不胜数的各种新型业务得势乘时，推动移动通信技术高速发展，促进移动通信网络快速建设。移动通信经历 1G 到 4G 的大发展之后，又一个具备划时代意义的将驱使人类社会产生重大变革的新的通信技术和通信网络已经诞生了——5G，已经来了！

5G 虽然从 4G 演进而来，但是相对于 4G，5G 的提升是全方位的。3GPP 将 5G 的应用定义成三大场景，分别是**增强移动宽带、海量机器类通信、低时延高可靠通信**。增强移动宽带场景主要提升以"人"为中心的工作、生活、娱乐、社交等个人业务的通信体验，适用于高速率、大带宽的移动宽带业务；海量机器类通信主要面向物物连接的应用场景，满足海量物物连接的通信需求，面向以传感和数据采集为目标的应用；低时延高可靠通信则基于其低时延和高可靠的特点，主要面向垂直行业的稳定可靠、实时可控为需求的应用场景，比如车联网、工业生产、远程医疗等。三大场景在应用的广度上涵盖了人与人、人与物、物与物的各个方面；在应用的深度上，5G 新技术使网络性能大幅度提升，使应用的效果、效率和体验趋于完美。5G 将使人类社会真正进入"万物互联"的新时代。

而要真正实现"万物互联"，根基在于 5G 诞生的新型技术在各种新应用中的广泛使用。5G 中新的网络架构、新的空口技术、新的网络技术以及与信息技术的融合，使 5G 的功能、性能空前强大。尤其是各种信息技术在 5G 中的运用，使 5G 更清晰地呈现出"信息即通信、通信即信息"的特点。本教材的编写正是体现了 5G 的以上特点，一方面着重介绍了 5G 独有的新技术、新特性，另一方面介绍了一些在 5G 中得到融合发展并使 5G 更加强大和完善的信息技术，比如虚拟技术、移动边缘计算技术、云计算技术等。

本教材共分 10 章，前两章是 5G 的入门部分，主要介绍 5G 的定义和应用。第 1 章为绪论，介绍了移动通信的发展历程，在分析 4G 网络应对多种业务局限性的基础上，引出了 5G，并详细介绍了 5G 的演进和标准化情况。第 2 章主要介绍 5G 的三大应用场景，具体介绍了三大场景的分类和关键性能指标要求，列举了三大场景的一些典型应用。最后，介绍了 5G 的行业发展和市场规模。

第 3～6 章是 5G 技术的主要部分，重点介绍 5G 的无线架构、网络架构和相关技术。空中接口技术是每一代无线通信技术中皇冠上的明珠，最能体现人类的智慧和思维能力。第 3 章重点介绍了 5G NR 的空中接口相关内容，包括帧结构、信道和信号、调制方式和编码，这一章中，因为 numerology 是 5G NR 空中接口的关键特性，所以需要重点关注。第 4 章介绍了 5G NR 无线接入网的架构、接口和功能、协议栈和 5G 特有的业务流程。这一章内容中，CU 和 DU 架构是 5G 无线接入网最重要的特性，也是实现 5G 三大场景不同业务特性的无线技术基础。核心网也是体现移动通信进步的重要部分，第 5 章介绍了 5G 核心网的架构、接口和功能以及协议栈。特别需要指出的是，各种计算机技术在 5G 中特别是核心网中得到了广泛的应用,因此第 5 章还重点介绍了 SDN/NFV 技术在催生 5G 网络架构服务化、云化和虚拟化方面的作用。第 6 章是本书难点之一,主要介绍了 5G 中的关键技术,包括无线关键技术和网络关键技术。其中无线关键技术包括波形技术、双工技术、大规模 MIMO 技术、毫米波技术、频谱共享技术、D2D 技术、超密集组网技术等,网络技术则包括网络切片技术、移动边缘计算技术、QoS 技术、SON 技术等。

信息的交互和传送离不开传输的通道,因此在任何一个网络里,传输(承载)都扮演着重要的角色。在 5G 中传输(承载)的作用更加重要,5G 承载需要更大的带宽和更低的时延。第 7 章单独把 5G 中的承载技术做了介绍,介绍了 5G 网络对于承载技术的要求、5G 承载技术、5G 承载网的架构以及 5G 网络各种前传、中传和回传的承载方案。

5G 网络要真正发挥作用,5G 工程是最后一环。第 8～9 章主要介绍了 5G 工程建设中5G 网络部署和网络优化方面的内容。第 8 章主要介绍网络部署中的两大部署方式 SA 和NSA 组网,还介绍了无线频率分配、云化无线接入网组网等。特别地,为了应对 5G 三大场景不同的应用需求,无线接入网通过不同的部署方式来获得不同的性能,这一部分对此进行了详细阐述。同时,这一部分也对核心网的部署需求、部署框架和部署方案进行了阐述,并重点介绍了 4G、5G 核心网云端共存和云化部署。网络优化是网络建设期和维护期的重要工作内容,第 9 章重点介绍了 5G 网络优化的流程和方法,偏重于 5G 网络建设期间的优化,比如工程优化、单站优化和覆盖优化等。另外,大数据和人工智能在 5G 网络优化中将发挥越来越大的作用,本章对大数据和人工智能对网络优化的作用也进行了初步的阐述。

第 10 章介绍了 5G 基站的系统架构和组成,并重点介绍了中兴通讯研发的 BBU+AAU类型的基站,包括 BBU 和 AAU 的特点、性能、硬件和接口以及基站开通流程、步骤和数据配置等。

本教材由崔海滨、杜永生、陈巩任主编,由工作在一线的通信工程师和齐鲁工业大学、济宁学院、滨州学院、济宁职业技术学院和山东服装职业学院的通信专业教师共同编写,内蒙古自治区广播电视局白永军工程师也编写了部分内容(第 9、10 章)。因此教材的编写融合了企业与高校两者所长,理论和实践并重。在理论方面,内容全面、详尽但不繁杂,叙述条理清晰、语言流畅、通俗易懂,并配有丰富的图形和表格方便阅读理解。在实践方面,介绍了 5G 网络部署、5G 网络优化和 5G 基站开通的内容,对学习 5G 工程的相关内容有很好的指导效果。因此本教材非常适合高等院校电子信息工程、通信工程、物联网、信息工程、计算机应用等专业本科和专科教学使用。

由于编者水平有限且时间仓促,书中难免有疏漏和不当之处,恳请各位读者批评指正,帮助编者进一步修改和完善,谢谢。

编　者

2020 年 7 月 23 日

目　　录

第1章 绪 论

【本章内容】

本章回顾了移动通信的发展历史，通过分析 4G 在应对物联网应用和低时延高可靠应用方面的不足，引出了第五代移动通信技术——5G。本章介绍了 5G 的基本概念，5G 各版本演进和标准化过程，并总结了目前各国特别是中国在 5G 上的发展策略、技术实力和 5G 网络建设进展情况。

1.1 移动通信发展历史

移动通信就是指通信双方或多方至少有一方是在移动状态中实现的通信方式。移动通信终端的载体是多样的，可以是行人、车辆、船舶、飞机等。

从人类社会诞生以来，更加快捷高效的通信就成为人类矢志不渝的追求。在古代，人类通过奔走相告、飞鸽传书、烽火狼烟等方式传递信息，这些传递信息的方式效率极低，而且容易受到地理环境、气象条件的限制。1844 年，美国人莫尔斯发明了莫尔斯电码，并在电报机上传递了第一条电报，开创了人类使用"电"来传递信息的先河，人类传递信息的速度得到极大的提升，从此拉开了现代通信的序幕。1864 年麦克斯韦从理论上证明了电磁波的存在，1876 年赫兹用实验证实了电磁波的存在，1896 年意大利人马可尼第一次用电磁波进行了长距离通信实验，人类开始以宇宙的极限速度——光速来传递信息，从此世界进入了无线电通信的新时代。现代移动通信以 1986 年第一代移动通信技术发明为标志，经过三十多年的爆发式增长，极大地改变了人们的生活方式，并成为推动社会发展的最重要的动力之一。

1.1.1 第一代移动通信技术

1G(The First-Generation，第一代移动通信技术)是利用模拟信号传递数据的通信系统。第一代移动通信系统的发展大体经历了两个阶段：第一阶段是 20 世纪 40 年代中期到 70 年代中期，开始于公用汽车电话业务，采用大区制，可以实现人工交换与公众电话网的接续，到 60 年代中期可以进行自动交换与公众电话网的接续。随着用户量的不断增加和频率合成器的出现，导致信道间隔缩小，信道数目增加，造成通信质量下降。现有的大区制不能很好地解决这一问题，为解决这个问题贝尔实验室的科学家在 1978 年终于成功研发出世界上第一个蜂窝移动通信系统，并于 1983 年正式投入商用。蜂窝网通过小区实现了频率复用，大大提高了系统容量。这一概念的提出也奠定了现代移动通信的基础。第二阶段是 20 世纪 80 年代初期问世的占用频段为 800 MHz/900 MHz、采用蜂窝式组网的模拟移动通信系统，其主要特点是采用频分复用，语音信号为模拟调制，每隔 30kHz/25kHz 设置一个模拟用户信道。

　　1G 系统能实现的主要功能是进行语音通话，这一系统在商业上取得了巨大的成功，但是其弊端也日渐显露出来：频谱利用率低，容量有限；制式太多，各个系统间没有公共接口，导致互不兼容，不能漫游，从而限制了用户覆盖面；提供的业务种类也受到极大的限制，不能传送数据信息；信息容易被窃听；不能与 ISDN(Integrated Services Digital Network，综合业务数字网)兼容等。

1.1.2　第二代移动通信技术

　　2G(The Second-Generation，第二代移动通信技术)替代 1G 系统完成了模拟技术向数字技术的转变。其发展时间是从 20 世纪 80 年代中期开始，欧洲首先推出了泛欧数字移动通信网体系。随后，美国和日本也制订了各自的数字移动通信体系。数字移动通信网相对于模拟移动通信网，提高了频谱利用率，支持多种业务服务，并与 ISDN 等兼容。2G 系统以传输话音和低速数据业务为目的，因此又称为窄带数字通信系统。2G 系统主要运用的多址技术包括 TDMA(Time Division Multiple Access，时分多址接入)技术和 CDMA(Code Division Multiple Access，码分多址接入)技术两种。建立在这两种接入技术基础上的 2G 系统主要有欧洲提出的基于 TDMA 技术的 GSM(Global System for Mobile Communications，全球移动通信)系统和美国提出的基于 CDMA 技术的 CDMA One(Code Division Multiple Access One，第一代码分多址)系统。GSM 系统是全球覆盖最广的 2G 系统，CDMA One 也被称为 IS-95，是美国最简单的 CDMA 系统，主要用于美洲和亚洲一些国家。另外，还包括美国提出的基于 TDMA 技术的 D-AMPS(Digital Advanced Mobile Phone System，数字高级移动电话系统)，也被称为 IS-136，是美国最简单的 TDMA 系统，主要用于美洲；日本提出的基于 TDMA 技术的 PDC(Personal Digital Cellular，个人数字蜂窝)系统，仅在日本普及。

　　2G 系统是现代移动通信系统的雏形，下面重点介绍 GSM 系统和 CDMA One 系统。

1. GSM 系统

　　GSM 系统是由欧洲主要电信运营者和制造厂家组成的标准化委员会设计出来的，它在蜂窝系统的基础上发展而成。1991 年在欧洲开通了第一个 GSM 系统，同时 GSM MoU(GSM Memorandum of Understanding，GSM 谅解备忘录)组织为该系统设计和注册了市场商标，将 GSM 正式命名为"全球移动通信系统"。从此移动通信的发展跨入了 2G 时代。GSM 系统有几项重要特点：信号覆盖远，网络容量大，手机号码资源丰富，通话清晰，稳定性强，不易受干扰，信息处理灵敏，通话死角少，手机耗电量低。

2. CDMA One 系统

　　CDMA One 系统是由美国高通公司设计并于 1995 年投入运营的窄带 CDMA 系统，TIA(Telecommunication Industry Association，美国通信工业协会)基于该窄带 CDMA 系统颁布了 IS-95 标准系统。IS-95 标准全称是"双模式宽带扩频蜂窝系统的移动台——基站兼容标准"，IS-95 标准首先提出了"双模系统"的概念，该系统可以兼容模拟和数字两种模式，易于模拟蜂窝系统和数字系统之间的转换。

1.1.3 第三代移动通信技术

3G(The Third-Generation，第三代移动通信系统)也被称为 IMT-2000。它是一种真正意义上的宽带移动多媒体通信系统，能提供高质量的宽带多媒体综合业务，并且实现了全球无缝覆盖及全球漫游。它的数据传输速率高达 2 Mb/s，其容量是 2G 系统的 2～5 倍。国际上最具代表性的 3G 技术标准有三种，分别是 TD-SCDMA、WCDMA 和 CDMA 2000。其中 TD-SCDMA 属于时分双工(TDD)模式，是由中国提出的 3G 技术标准。WCDMA 和 CDMA 2000 属于频分双工(FDD)模式，WCDMA 技术标准由欧洲和日本提出，CDMA 2000 技术标准由美国提出。TD-SCDMA、WCDMA 和 CDMA 2000 互不兼容。

1. CDMA 2000

CDMA 2000 是美国提出的，由 IS-95 系统演进而来并向下兼容 IS-95 系统。CDMA 2000 系统继承了 IS-95 系统在组网、系统优化方面的经验，并进一步对业务速率进行了扩展，同时通过引入一些先进的无线技术，进一步提升了系统容量。在核心网络方面，它继续使用 IS-95 系统的核心网作为其 CS(Circuit Switch，电路交换)域来处理电路型业务，如语音业务和电路型数据业务，同时在系统中增加 PS(Packet Switched，分组交换)设备 PDSN(Packet Data Support Node，分组数据支持节点)和 PCF(Packet Control Function，分组控制功能)来处理分组数据业务。因此在建设 CDMA 2000 系统时，原有的 IS-95 的网络设备可以继续使用，只要新增加分组交换设备即可。原来的基站，由于 IS-95 与 CDMA 1X(CDMA 1X 是指 CDMA 2000 的第一阶段，速率高于 IS-95，低于 2 Mb/s)的兼容性，可以做到仅更新信道板并将系统升级为 CDMA 2000-1X 基站。在我国，联通公司在其最初的 CDMA 网络建设中就采用了这种升级方案，而后在 2008 年中国电信行业重组时，由中国电信收购了中国联通的整个 CDMA 2000 网络。

2. WCDMA

WCDMA(Wideband Code Division Multiple Access，宽带码分多址)是基于 GSM 网络技术发展而来的 3G 技术规范，WCDMA 是世界上采用的国家及地区最广泛的，终端种类最丰富的一种 3G 标准。WCDMA 有扩频增益较高、速率较高、全球漫游能力最强、技术成熟性较高的优势。在我国，中国联通公司在 2008 年电信行业重组之后，开始建设其 WCDMA 网络。WCDMA 在射频和基带方面应用了较多的关键技术，具体包括射频、中频数字化处理、RAKE(CDMA 系统下一种分集合并技术)接收机、信道编解码、功率控制等关键技术和多用户检测、智能天线等增强技术。

3. TD-SCDMA

TD-SCDMA(Time Division-Synchronous Code Division Multiple Access，时分同步码分多址)是中国提出的第三代移动通信标准，也是 ITU 批准的三个 3G 标准中的一个，是以我国知识产权为主的、被国际上广泛认可和接受的无线通信国际标准，是我国电信史上重要的里程碑。

TD-SCDMA 的发展过程始于 1998 年初，在当时的邮电部科技司的直接领导下，由原电信科学技术研究院组织队伍在 SCDMA 技术的基础上，研究和起草符合 IMT(International Mobile Telecommunication，国际移动通信)-2000 要求的我国的 TD-SCDMA 建议草案。该标准草案以智能天线、同步码分多址、接力切换、时分双工为主要特点，于 ITU(International Telecommunication Union，国际电信联盟)征集 IMT-2000 第三代移动通信无线传输技术候选方案的截止日 1998 年 6 月 30 日提交到 ITU，从而成为 IMT-2000 的 15 个候选方案之一。ITU 综合了各评估组的评估结果，在 1999 年 11 月，TD-SCDMA 被正式接纳为 CDMA-TDD 制式的方案之一。

1.1.4 第四代移动通信技术

4G(The Fourth-Generation，第四代移动通信)从核心技术来看，主要是采用了以 OFDM(Orthogonal Frequency Division Multiplexing，正交频分复用)调制技术为基础的 OFDMA 多址接入技术。因此从这个角度来看，LTE(Long Term Evolution，长期演进)、WiMAX(Worldwide Interoperability for Microwave Access，全球微波互联接入)及其后续演进技术 LTE-Advanced 和 802.16m 等技术均可以视为 4G 技术。ITU 制定的 IMT-Advanced 标准(即 4G 标准)中要求在使用 100 MHz 信道带宽时，频谱利用率达到 15(b/s)/Hz，理论传输速率达到 1.5 Gb/s。因此，严格地说 LTE、WiMAX 均未达到 IMT-Advanced 标准的要求，只能属于 3.9G 的技术标准，而 LTE-Advanced 和 802.16m 标准才是真正意义上的符合 4G 技术要求的技术标准。

2008 年 2 月，ITU-RWP5D(国际通信联盟第 5 研究组国际移动通信组)正式发出了征集 IMT-Advanced 候选技术的通知函。经过两年的准备时间，ITU-RWP5D 在其 2009 年 10 月份的第 6 次会议上共征集到六种候选技术方案，它们分别来自于两个国际标准化组织和三个国家。这六种技术方案可以分成两类：基于 3GPP(3rd Generation Partnership Project，第三代合作计划)的技术方案和基于 IEEE(Institute of Electrical and Electronics Engineers，电气和电子工程师学会)的技术方案。

1. 3GPP 的技术方案

3GPP 的技术方案是 LTE Release 10 & Beyond(即 LTE-Advanced)，该方案包括 FDD 和 TDD 两种模式。该技术方案由 3GPP 所属 37 个成员单位联合提交，包括我国三大运营商和四个主要厂商。目前，LTE&LTE-Advanced 已经成为世界最为主流、应用最为广泛的 4G 移动通信技术。

2. IEEE 的技术方案

IEEE 的技术方案是"802.16m"，该方案同样包括 FDD 和 TDD 两种模式。该技术方案由诺基亚、阿尔卡特朗讯、Sprint(美国运营商)等 51 家企业联合提交，我国企业没有参加。

经过 14 个外部评估组织对各候选技术的全面评估，最终得出两种候选技术方案完全满足 IMT-Advanced 技术需求。2010 年 10 月的 ITU-RWP5D 会议上，LTE-Advanced 技术和 802.16m 技术被确定为最终 IMT-Advanced 阶段国际无线通信标准。我国主导发展的 TD-LTE-Advanced 技术通过了所有国际评估组织的评估，被确定为 IMT-Advanced 国际无线通信标准。

1.2 4G 面临的挑战

随着移动互联业务的渗透和巨量带宽应用的不断出现，物物互联设备的指数级增长以及关键行业的可靠性应用的逐渐显现，4G 的网络性能在应对这些需求时已经捉襟见肘，面临着巨大的压力和挑战。

1. 运营商面临的挑战

智能手机的普及让 OTT(Over The Top，开放互联网应用)业务繁荣发展。在全球范围内，OTT 的快速发展对基础电信业造成重大影响，导致运营商赖以为生的移动话音业务收入大幅下滑，短信和彩信的业务量连续负增长。

一方面，OTT 应用大量取代电信运营商的业务，比如微信、微博、QQ、钉钉等即时通信工具。依靠其庞大的用户群，OTT 应用在 4G 时代开始加快侵蚀传统的电信语音和短信业务的速度，特别是这些 APP 开始集成基于数据流量的 VoIP 通信，支持高清免费视频通话功能，对运营商的核心语音视频通信业务直接形成竞争态势。

尽管相比于传统电信业务，当前这些 OTT 应用还存在通话延迟、中断以及接续成功率低等缺陷，但是随着技术的发展，OTT 应用替代传统语音和短信势不可挡。

另一方面，OTT 应用大量占用电信网络信令资源。由于 OTT 应用产生的数据量少、突发性强、在线时间长，导致运营商网络时常瘫痪。尽管移动互联网的发展带来了数据流量的增长，但是相应的收入增长和资源投入不成比例，运营商进入了增量不增收的境地。无论流量增长 1000 倍还是 500 倍，实际上运营商的收入增长并没有太大改善。相反，流量的迅猛增长却带来成本的激增，使得运营商陷入业务增长却收入下降的窘境。

2. 用户需求的挑战

移动通信技术的发展带来智能终端的创新。随着显示、计算等能力的不断提升，云计算日渐成熟，AR(Augmented Reality，增强现实)等新型技术应用成为主流。用户追求极致的使用体验，要求获得与光纤相似的接入速率(高速率)，媲美本地操作的实时体验(低时延)，以及随时随地的宽带接入能力(无缝连接)。

各种行业和移动通信的融合，特别是物联网行业，将为移动通信技术的发展带来新的机遇和挑战，未来 10 年物联网的市场规模将与通信市场平分秋色。在物联网领域，服务对象涵盖各行各业用户，因此 M2M(Machine-To-Machine，机器对机器)终端数量将大幅激增，与行业应用的深入结合将导致应用场景和终端能力呈现巨大的差异。这使得物联网行业用户提出了灵活适应差异化、支持丰富无线连接能力和海量设备连接的需求。此外，网络与信息安全的保障、低功耗、低辐射，实现性能价格比的提升成为所有用户的诉求。

3. 技术面临的挑战

新型移动业务层出不穷，云操作、虚拟现实、增强现实、智能设备、智能交通、远程医疗、远程控制等各种应用对移动通信的要求日益增加。随着云计算的广泛使用，未来终端与网络之间将出现大量的控制类信令交互，现有语音通信模型将不再适应，需要针对大量数据包频发消耗信令资源的问题，对无线空口和核心网进行重构。

超高清视频、3D 和虚拟现实等新型业务需要极高的网络传输速率才能保证用户的实际体验，这对当前移动通信形成了巨大挑战。以 8K 分辨率($8 \times 1024 \times 4320$ 像素)视频为例，在无压缩情形下，需要高达 100 Gb/s 的传输速率，即使经过百倍压缩后，也需要 1 Gb/s 的传输速率，而采用 4G 技术则远远不能满足需要。用户对交互式的需求也更为突出，而交互类业务需要快速响应能力，网络需要支持极低的时延才能实现无感知时延的使用体验。

物联网业务带来海量的连接设备，现有 4G 技术无法支撑，而控制类业务不同于视听类业务(听觉：100 ms；视觉：10 ms)对时延的要求，如车联网、自动控制等业务对时延非常敏感，要求时延低至毫秒量级(1 ms)才能保证高可靠性。

总体来说，不断涌现的新业务和新场景对移动通信提出了新需求，包括流量密度、时延、连接数三个维度，将成为未来移动通信技术发展必须考虑的方面，驱使人们追求功能更多样、性能更强大的新一代移动通信技术。

1.3　5G 的定义

5G(The Fifth-Generation，第五代移动通信技术)是最新一代蜂窝移动通信技术，是新一代信息基础设施的重要组成部分。2019 年 10 月 31 日，中国三大运营商公布 5G 商用套餐，并于 11 月 1 日正式上线 5G 商用套餐，标志着中国正式开启 5G 网络商用，中国正式跨入 5G 时代。5G 与 4G 相比，具有"超高速率、超低时延、超大连接"的技术特点，不仅进一步提升用户的网络体验，为移动终端带来更快的传输速度，同时还将满足未来万物互联的应用需求，赋予万物在线连接的能力。

ITU 定义了 5G 三大应用场景：eMBB(Enhanced Mobile Broadband，增强型移动宽带)、mMTC(massive Machine Type of Communication，海量机器类通信)及 uRLLC(ultra Reliable & Low Latency Communication，高可靠低时延通信)，如图 1-1 所示。

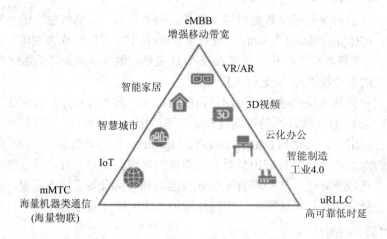

图 1-1　5G 三大应用场景

eMBB 场景主要提升以人为中心的娱乐、社交等个人消费业务的通信体验，适用于高速率、大带宽的移动宽带业务。mMTC 和 uRLLC 则主要面向物物连接的应用场景，其中 mMTC 主要满足海量物物连接的通信需求，面向以传感和数据采集为目标的应用场景；uRLLC 则基于其低时延和高可靠的特点，主要面向垂直行业的特殊应用需求。

在 eMBB 场景，它主要针对于人与人、人与媒体的通信场景，核心是速率的提升。5G 标准要求单个 5G 基站至少能够支持 20 Gb/s 的下行速率以及 10 Gb/s 的上行速率，这个速率比 LTE-A 的 1 Gb/s 的下行速率和 500 Mb/s 上行速率提高了 20 倍，适用于 4K/8K 分辨率的超高清视频、VR/AR 等大流量应用，符合"无限流量、G 级速率"的特性。

在 uRLLC 场景，它主要针对工业生产和工业控制的应用场景，强调较低的延时和较高的可靠性两个方面。在 4G 网络中，端到端时延在 50～100 ms，而 uRLLC 要求 5G 的端到端时延必须低于 1 ms，比 4G 网络要低一个数量级，这样才能应对无人驾驶、智能生产等低时延应用。而且这些业务对差错的容忍度非常小，需要通信网络全天候服务，几乎无中断服务可能，符合"时延微小、高度可靠"的特性。

在 mMTC 场景，它主要针对人与物、物与物的互联场景，这种场景强调大规模的设备连接能力、处理能力以及低功耗能力，比如，在连接能力上能够达到 100000 连接/扇区，在供电上要求至少 5 年以上的电池持续能力，符合"海量设备、绿色耗能"的特性。

面向 2020 年及未来，移动互联网和物联网业务将成为移动通信发展的主要驱动力。5G 将满足人们在居住、工作、休闲和交通等各种区域的多样化业务需求，即便在密集住宅区、办公室、体育场、露天集会、地铁、高速公路、高铁和广域覆盖等具有超高流量密度、超高连接数密度、超高移动性特征的场景，也可以为用户提供超高清视频、虚拟现实、增强现实、云桌面、在线游戏等极致业务体验。与此同时，5G 还将渗透到物联网及各种行业领域，与工业设施、医疗仪器、交通工具等深度融合，有效满足工业、医疗、交通等垂直行业的多样化业务需求，实现真正的"万物互联"。

5G 关键能力比以前几代移动通信更加多样化，用户体验速率、连接数密度、端到端时延、峰值速率和移动性等都将成为 5G 的关键性能指标。然而，与以往只强调峰值速率的情况不同，业界普遍认为用户体验速率是 5G 最重要的性能指标，它真正体现了用户可获得的真实数据速率，也是与用户感受最密切的性能指标。基于 5G 主要场景的技术需求，5G 用户体验速率应达到 Gb/s(吉比特每秒)量级。而对于物联网和垂直行业应用场景，前几代通信系统都没有很好应对的底层技术能力，也就谈不上海量连接和优良的端到端时延，但是 5G 却能从根本上解决这些问题，海量连接能力和低时延高可靠特性成为 5G 的关键指标。

面对多样化场景的极端差异化性能需求，5G 很难像以往一样以某种单一技术为基础形成针对所有场景的解决方案。此外，当前无线技术创新也呈现多元化发展趋势，除了新型多址技术之外，大规模天线阵列、超密集组网、全频谱接入、新型网络架构等也是 5G 主要技术方向，均能够在 5G 主要技术场景中发挥关键作用。综合 5G 关键能力与核心技术，5G 概念可由"标志性能力指标"和"一组关键技术"来共同定义。其中，标志性能力指标为"Gb/s(吉比特每秒)用户体验速率、海量连接和低时延高可靠"，一组关键技术包括大规模天线阵列、超密集组网、新型多址、全频谱接入和新型网络架构等，这些技术都会在本教材中进行论述。

1.4 5G 演进和标准化

5G 的发展并不是一蹴而就的，而是经过了多年的逐步演进，功能不断扩展和累积，技术不断研发和提升，标准逐步制定和完善，才发展成为一个功能多样、技术先进的最新一代的移动通信系统。

1.4.1   5G 演进和各版本的功能

作为新一代的移动通信技术，5G 远比前几代通信网络复杂，要求也高，应用场景也多，这样一个网络除了高速度之外，还需要具有低功耗、低时延、海量连接和高可靠等特性。国际电信联盟定义的三大场景对业务要求远比过去复杂。这种情况下无线控制承载分离、无线网络虚拟化、增强 C-RAN(Cloud-Radio Access Network，基于云计算的无线接入网构架)、边缘计算、多制式协作与融合、网络频谱共享、无线传输系统等大量技术被运用于 5G。而不同运营商、不同的场景对于 5G 的要求也不同。在这种情况下，5G 标准就是大量技术形成的一个集合，而不是几项技术，更不能简化为编码技术。根据 3GPP 公布的 5G 网络标准制定过程，5G 目前比较清晰的标准演进分为四个阶段，这四个阶段之后是 5G 的延续还是 6G，目前仍未有定论。

第一阶段是启动 R15 计划，里面详细地对 5G 技术的实现方式、实现效果、实现指标进行了规划。在该阶段，5G 技术的主要标准有两个：SA(Stand Alone，独立组网标准)和 NSA(Non-Stand Alone，非独立组网标准)。3GPP 组织分别在 2017 年 12 月和 2018 年 6 月 14 日完成了 NSA 和 SA 标准的制定。2018 年 5 月 21 日至 25 日，国际移动通信标准化组织在韩国釜山召开了 5G 第一阶段的标准制定的最后一场会议，确定了 R15 标准的全部内容。2018 年 6 月 14 日，3GPP 正式批准第五代移动通信独立组网标准冻结，意味着 5G 完成了第一阶段全功能标准化工作。

第二阶段启动 R16 为 5G 标准的第二个版本，主要是对 R15 标准的一个补充和完善。R16 版本计划于 2019 年 12 月完成，全面满足 eMBB、uRLLC、mMTC 等各种场景的需求，特别是解决后两种场景的一些关键技术问题。3GPP TSG 第 88 次全体会议于 2020 年 7 月 3 日宣布冻结 5G R16 标准。

第三阶段，2019 年 12 月 RAN#86 会议最终确认批准 R17 的内容，后面开始正式 R17 规范的制定，2021 年 6 月冻结规范。

第四阶段，3GPP 已经明确表示，5G 会有 R18 版本，但是 R18 版本的功能会根据 R17 版本的规划和实现情况来确定，目前尚无明确规划。

1. R15 版本的主要功能

R15 版本是 5G 的第一个成熟的版本，包括了 5G 所有的新的特性和新的技术。本节介绍的都是 R15 版本的功能。简单来说，5G 定义了 eMBB、uRLLC、mMTC 三大场景。针对这三大场景，3GPP R15 标准中不仅定义了 5G NR(5G New Radio，5G 新无线)，还定义了新的 5G 核心网，以及扩展增强了 LTE/LTE-Advanced 功能。

1) 5G NR

R15 的 5G NR 主要针对 eMBB 和 uRLLC 两大场景定义了新规范。针对 eMBB 场景，NR 主要定义了三大类技术：高频/超宽带传输、大规模天线技术、灵活的帧结构和物理信道结构。uRLLC 旨在支持或协助完成一些近实时和高可靠性需求的关键任务型业务，比如自动驾驶、工业机器人和远程医疗等。通过使用更宽的子载波间隔并减少 OFDM 符号数量可实现更低时延的通信，另一方面，为了实现高可靠性，R15 还为 uRLLC 定义了新的 CQI(Channel Quality Indicator，信道质量指示符)和 MCS(Modulation and Coding Scheme，调制和编码方案)。

2) 增强 LTE/LTE-Advanced

4G LTE/LTE-Advanced 针对 eMBB、mMTC 和 uRLLC 三大场景都进行了功能扩展和增强,其中 5G mMTC 场景主要基于 LTE/LTE-Advanced 技术扩展,以适应大规模物联网通信。4G 网络也要能支持 VR、自动驾驶等低时延业务,为此,R15 定义了在 LTE/LTE-Advanced 上实现低延迟高可靠通信的功能。

3) 5G 核心网

从核心网侧的角度,针对独立组网和非独立组网,5G 核心网也将提供两种解决方案:EPC(Evolved Packet Core,演进分组核心网)扩展方案和 5GC(5G Core Network,5G 核心网)。

2. R16 版本的主要功能

在 3GPP 正式冻结 5G 第一阶段标准的同时,第二阶段的研究也开始紧锣密鼓地进行。2018 年 6 月 15 日,3GPP 正式最终确定 5G 第二阶段标准 R16 的主要研究方向,具体如下:

1) 对 5G 第一阶段标准 R15 中的 MIMO 进一步进行演进

5G R16 标准中,对 R15 中 MIMO(Multiple-Input Multiple-Output,多输入多输出天线系统)的功能进一步增强,包括多用户 MIMO(MU-MIMO)增强、波束管理增强等。

2) 52.6 GHz 以上的 5G 新空口

5G R16 标准将对 5G 系统使用 52.6 GHz 以上的频谱资源进行研究。

3) 5GNR 与 5GNR 之"双连接"

5G R15 定义了 EUTRA-NR 双连接、NR-EUTRA 双连接、NR-NR 双连接,但不支持异步的 NR-NR 双连接,而 5G R16 将研究异步的 NR-NR 双连接方案。

4) 无线接入/无线回传"一体化"

随着 5G 网络密度的增加,无线回传是一种潜在的方案。基于 5G 新空口的无线回传技术研究已在 R15 阶段启动,3GPP 将在 R16 阶段继续研究并考虑无线接入/无线回传联合设计。

5) 工业物联网

5G R16 将进一步研究 uRLLC 增强来满足诸如"工业制造""电力控制"等更多的 5G 工业物联网应用场景。

6) 5G 新空口移动性(管理)增强

5G R15 只是定义了 5G 新空口独立组网(SA)移动性的基本功能,而 5G R16 将对上述 5G 新空口移动性进一步增强。研究内容包括:提高移动过程的可靠性、缩短由移动导致的中断时间。

7) 基于 5G 新空口的 V2X

截至目前,3GPP 已经完成了 LTE V2X(Vihicle to Everything,车联网)标准、R15eV2X 标准。5G R16 将研究基于 5G 新空口的 V2X 技术,使得其满足由 SA1 定义的"高级自动驾驶"应用场景,与 LTE V2X 形成"互补"。

8) 非正交多址接入(NOMA)技术

面向 5G 的 NOMA 技术有好几种候选方案，而 R16 将研究这些技术方案并完成标准化工作。

3．R17 版本功能

R17 版本围绕"网络智慧化、能力精细化、业务外延化"三大方向共设立 23 个标准立项。在 R17 版本中，我国运营商和设备开发商提出了多项重要标准并且被立项。R17 版本主要功能包括：

(1) NR Light(轻无线)：针对中档 NR 设备，例如 MTC(Machine-Type Communication，机器类通信)、可穿戴设备等运作进行优化设计；

(2) 小数据传输优化：对小数据包通信和无规律的活动数据传输进行优化；

(3) Sidelink 增强：Sidelink 是 D2D(Device-to-Device，直通通信)采用的技术，R17 会进一步探索其在 V2X、商用终端、紧急通信领域的使用案例；

(4) 52.6 GHz 以上频率波形研究：R15 中定义的 FR2 毫米波频段上限为 52.6 GHz，R17 中将对 52.6 GHz 以上频段的波形进行研究；

(5) 多 SIM 卡操作：研究采用多 SIM 卡操作时对 RAN 的影响及对规范的影响；

(6) NR 多播/广播：研究 NR 多播/广播业务，特别是在 V2X 领域和公共安全领域的应用；

(7) 覆盖增强：加强极端场景下的覆盖效果，比如封闭室内、海面覆盖、山区覆盖等；

(8) 非陆地网络 NR：NR 支持卫星通信相关标准化；

(9) 定位增强：实现厘米级精度，包括延迟优化和可靠性提升；

(10) RAN 数据收集增强：包括 SON(Self Organization Network，自组织网络)和 MDTMinimization of Drive-tests，最小化路测)增强，采集数据以实现 AI(Artificial Intelligence，人工智能)；

(11) NB-IoT 和 eMTC 增强；

(12) IIoT(Industrial Internet of Things，工业物联网)和 uRLLC 增强；

(13) MIMO 增强；

(14) 综合接入与回传增强；

(15) 非授权频谱 NR 增强；

(16) 节能增强。

1.4.2　全球 5G 实力格局

全世界在 5G 领域的技术、产业、应用领先的国家有美国、欧洲有的国家、中国、韩国、日本等国，本节将从标准主导能力、芯片的研发与制造、系统设备的研发与部署、手机的研发与生产、业务的开发与运营、运营商的能力、政府支持和市场等多个方面来探讨它们在 5G 上的发展形势。

1．中国在 5G 标准建设和网络建设上成就斐然

5G 时代的话语权体现在设备厂商拥有的专利数量上。2019 年 12 月，ETSI(欧洲电信标准技术组织)公布了最新的 5G 必要专利丛的授权批准总数，具体数据参见表 1-1。在这个榜单上，三星以 2949 件专利一马当先，中兴以 2761 件专利紧随其后，华为以 2703 件专利排名第三,中国的另外两家单位 CATT(中国电信科学技术研究院)和 OPPO(广东欧珀移动通信有限公司)分列第九和第十。中国的四家公司或单位一共 7639 件专利,占专利总数的 31.4%,体现了中国在 5G 上的强大研发实力。因此,中国在世界 5G 标准中居于最前列地位,也可以说中国是 5G 时代的核心引领者。另外,韩国、瑞典、芬兰和美国的专利数目也名列前茅,特别是韩国,在 5G 上的表现引人注目。这些国家在无线通信领域一直处于世界领先的位置,在 5G 上仍然保持了优势。

表 1-1 ETSI 2019 年 12 月颁布的 5G 专利数量

排名	公司	国家	数量	占比
1	三星	韩国	2949	0.121218
2	中兴	中国	2761	0.113491
3	华为	中国	2703	0.111107
4	LG	韩国	2609	0.107243
5	爱立信	瑞典	2218	0.091171
6	诺基亚	芬兰	2214	0.091006
7	高通	美国	1914	0.078675
8	Intel	美国	1658	0.068152
9	CATT	中国	1256	0.051628
10	OPPO	中国	919	0.037775
11	夏普	日本	771	0.031692
12	NTT	日本	623	0.025608
13	其它	其它	1733	0.071235

TDD 是 5G 中最主要的双工模式,从中国提出 TD-SCDMA 开始,历经 TD-LTE 后,TDD 的发展越来越成熟。在这个过程中,中国移动成立了一个全世界 GTI 联盟来推动 TDD 技术发展,中国渐渐成为世界上 TDD 技术的领先者。到了 5G,由于频率利用率的问题,都转向了频率利用率更高的 TDD 技术,FDD 技术将退居 TDD 之后作为双工技术的补充或者作为灵活全双工来应用。中国对于 TDD 有着十多年积累,对 TDD 组网、技术特点有深刻理解和发言权的中国移动,在 5G 技术中将扮演着重要角色,中国移动在 5G 标准制定过程中的活跃表现就得到了证明。

世界 5G 标准不是一个国家、一个企业能主导的,需要全世界各个国家、众多企业群策群力进行推动。而在这个群体中,中国成绩斐然,硕果累累,处于领头羊的位置。

2. 5G 芯片美国实力强大,中国全力追赶

通信就是计算、存储、传输形成一个体系,5G 需要的芯片包括计算芯片、存储芯片、专用芯片、基带芯片、射频芯片、手机芯片、感应器芯片等等。在这些领域,欧美占据了霸主地位,比如主业是研发和生产计算机 CPU 的美国英特尔公司,主业是研发和生产通信设备和终端基带芯片与 CPU 的美国高通公司,主业是研发和生产射频和遥控芯片的美国博通公司,主业是研发和生产闪存和影像芯片的美国镁光公司,主业是研发和生产 FPGA 和 DSP 等专业芯片的美国赛灵思公司,主业是研发和生产闪存和 CPU 的韩国三星公司,主业是研发和生产物联网芯片的荷兰恩智浦公司等。

在这些领域中国总体处于落后的位置，但是近年也有了较大进步，华为海思、紫光展锐、中兴微电子、中芯国际、全志科技、大唐电子等企业都设计和生产专用芯片。在手机芯片领域，华为海思表现非常出色，已经具备了独立设计 SOC(System on Chip，系统级芯片)的能力，海思芯片已经进入了世界前十强。

总体而言，5G 芯片领域还是美国占据了较大的优势，不出意外会居于主导地位，芯片领域总体态势是欧洲有一定的衰落，中国正在发力寻求突破，未来的 5～10 年，整个态势会不会有较大的变化仍是未知。但是，中国正在逐步做大做强，这是一个不可改变的大趋势。

3. 华为中兴具备较强的通信系统设备研发能力和网络部署能力

在通信设备商方面，中国有世界第一的华为和世界第四的中兴，还有烽火和信科等一批有实力的通信公司。在这个领域，瑞典的爱立信和芬兰的诺基亚处在世界第二和第三，实力也非常强劲。中兴与华为从 2G 时代的边缘角色，到 3G 时期崭露头角，到 4G 网络和欧美列强分庭抗礼，到今天 5G 已经实现了弯道超车。华为和中兴依靠强大的技术能力、出色的工程交付能力和完善的售后维护能力在世界 4G 市场上占据了较大的份额，毫无疑问在 5G 时代中国企业华为和中兴将会具有更大的优势。

4. 手机的研发与生产中国占据半壁江山

终端是 5G 市场的重要组成部分，也可以说谁占据了手机的主导地位，谁就能主导 5G 消费类市场。

当今世界，手机研发和生产只有美国、中国、韩国三强，其他国家影响力都较小。华为作为手机市场的后来者，近年飞速发展。到 2020 年底，华为有可能冲至世界第二的位置，甚至有拿下世界第一的可能性。在 5G 市场，华为因为既有系统设备，又有手机终端，二者融合会生成市场竞争的合力，所以优势明显。这方面，三星稍弱，苹果最弱。

除前三强之外，世界十大手机品牌，中国已经占据 7 席，唯有韩国的 LG 可以挤进全球前十强，而中国的 OPPO、VIVO、小米更是前三强后面的小三强，联想、中兴虽然在中国市场表现不佳，但是在全球市场也有一定的市场占有率。可以说在世界智能手机领域，目前还没有一个国家可以在综合能力上和中国企业抗衡。在 5G 时代，中国会更进一步巩固和扩大领先的优势。

5. 5G 业务与应用的开发与运营中国领先

在移动互联领域，中国的实力非常强大，处于领先的位置。移动电子商务、移动支付、共享单车、打车、外卖等业务，在中国具有广阔的市场空间和强大的运营能力，此类业务虽然前期有美国同类产品的影子，但是经过中国市场和技术的洗礼与磨练，青出于蓝而胜于蓝。比如微信，同样的社交产品美国有脸书和推特，但是微信从单纯的社交产品发展成融合支付、生活、工作、学习的多类型平台，完全超越了美国的脸书和推特。

另一方面，5G 是智能互联网的基础，需要移动互联、智能感应、大数据、智能学习的整合，这就需要智能硬件的研发、生产。而今天智能硬件产品的研发和生产能力，全球最多、实力最强的在中国，智能手环、手表、体脂秤这样的产品，中国很快做到了世界第一。在中国，这样的产品效率高、成本低。在 ICES(International Consumer Electronics Show，国际消费类电子产品展览会)中，中国的企业占据了 1/3 以上，这也证明了中国在这些领域的深厚积累。

只要 5G 的网络全面部署，中国的智能互联网产品才会全面爆发，领先全世界，这是行业内可以看得到的前景。

6. 中国电信运营商的网络部署能力较强

发展好 5G，一个很重要的问题就是电信运营商的网络部署能力。中国三家电信运营商是世界上实力最强的电信运营商之一，中国移动拥有用户数 9.2 亿，是全世界用户数量第一的电信运营商，用户数差不多是整个欧洲的人口数量，中国电信和中国联通的用户数也居世界电信运营商的前列。

中国电信运营商拥有强大的网络部署能力，据统计，截止 2019 年 9 月底，中国三家运营商的移动通信基站数目超过了 808 万台，其中 4G 基站数目达到了 519 万台，4G 信号已经覆盖 99%的用户。中国的 4G 基站数目占世界总数的一半，因此中国和世界任何一个大国相比，基站数量都遥遥领先。

7. 中国政府全力支持 5G 发展

5G 这样一个庞大的系统工程，主要由电信运营商进行建设，但是仅仅依靠企业自己的投入远远不够，更需要政府在政策、资源甚至资金方面的支持。从 3G 开始，中国政府就在频率分配、市场准入、网络部署政策、通信资费等方面给予移动通信发展以大力支持，这种支持力度国际罕见。这些政府的推动作用在中国 4G 和移动互联网发展中，起到了立竿见影的效果。

中国政府在 5G 发展上的态度也是非常明确的，积极支持整个行业加快 5G 建设，工信部和各地政府都纷纷推出 5G 建设方案，推动 5G 网络尽快落地商用。

总之，5G 是一个庞大的体系，它的发展需要由多种力量形成综合实力，在这个完整的体系中，中国除芯片稍弱之外在其它领域都是居于优势地位，而中国政府也已采取策略全力攻克芯片难关，相信在 5G 时代会厚积薄发。一句话总结，全世界 5G 发展，欧洲强在系统，美国强在芯片，中国则强在综合实力。

本 章 小 结

本章主要介绍了移动通信的发展历史、4G 面临的挑战、5G 定义以及 5G 标准发展情况。

第一代移动通信技术是指最初的模拟、仅限语音的蜂窝电话标准，其容量有限，制式太多，互不兼容，保密性差，通话质量不高，不能提供数据业务和不能提供自动漫游等。第二代移动通信技术以数字语音传输技术为核心，前期不具备数据功能，后期才具备了一些简单电子邮件传送、彩信等功能，第二代移动通信是具备最长生命周期的通信技术。第三代移动通信技术是在第二代移动通信技术基础上发展起来的以宽带 CDMA 技术为主，并能同时提供包括语音、数据、视频等丰富内容的移动多媒体业务。第四代移动通信技术能够快速传输数据、高质量音频、视频和图像，包括 TD-LTE 和 FDD-LTE 两种制式的移动通信技术，从这一代通信技术开始，移动互联网得到了快速发展。

第五代移动通信技术是最新一代蜂窝移动通信技术，具备三大场景，分别是增强移动宽带(eMBB)、海量机器类通信(mMTC)、低时延高可靠通信(uRLLC)。5G 的性能目标是高数据速率、减少延迟、节省能源、降低成本、提高系统容量和大规模设备连接。

根据 3GPP 公布的 5G 网络标准制定过程，5G 主要有 R15、R16、R17 三个版本，其中 R15 已经冻结发布，R16 刚刚冻结，R17 正在制定中。从 5G 行业发展情况来看，中国的 5G 从专利数量、产业规模、市场空间、网络建设、产品研发等各方面比较都具备一定的优势。

 习　题

1. 请简述移动通信发展历程。
2. 全球部署范围最广的两种 2G 系统是什么？请分别阐述。
3. 国际上最具代表性的 3G 技术标准有几种？分别是什么？
4. 请简述 4G 网络相对于 5G 网络在技术上存在的缺点。
5. 请简述 5G 三大应用场景以及它们的特点。
6. 请简述 R15 版本的主要内容。
7. 请简述 R16 版本的主要内容。
8. 请简述中国发展 5G 所具备的优势。

第 2 章　5G 应用场景和关键性能

【本章内容】

本章介绍了 5G 的愿景和需求，在总结 5G 发展驱动力和市场驱动力的基础上，提出了 5G 的三大应用场景，并对每种应用场景的关键性能指标进行了详细阐述。本章还介绍了 5G 三大应用场景中具备代表性的应用，并分析了每种应用对于 5G 的关键性能指标的要求。最后，本章介绍了 5G 的产业发展和市场空间。

2.1　5G 愿景与需求

随着 5G 第一版本标准的冻结，全球各国都将 5G 商用部署提上议程，5G 愿景中所描绘的未来美好的信息化生活正在从梦想走向现实。和以往移动通信系统换代以提升个体消费者信息服务能力为目标不同，5G 系统设计转向对全社会生产和生活以及各行业互联需求的全面广度覆盖，构建万物互联的信息基础设施。

2.1.1　5G 愿景

移动通信已经深刻地改变了人们的生活，但人们对更高性能移动通信的追求从未停止。为了应对未来爆炸性的移动数据流量增长、海量的设备连接、不断涌现的各类新业务和应用场景，第五代移动通信系统已应运而生。

5G 将渗透到未来社会的各个领域，以用户为中心构建全方位的信息生态系统，包括穿戴式设备、智能家居、移动终端、增强现实、虚拟现实、远端办公、休闲娱乐、工业生产、农业生产、医疗、教育、交通、金融、环境等各行各业和各种应用场景。5G 将使信息突破时空限制，提供极佳的交互体验，为用户带来身临其境的信息体验；5G 将拉近万物的距离，通过无缝融合的方式，便捷地实现人与万物的智能互联；5G 将为用户提供光纤般的接入速率，"零"时延的使用体验，千亿设备的连接能力，超高流量密度、超高连接数密度和超高移动性等多场景的一致服务，业务及用户感知的智能优化，同时将为网络带来超百倍的能效提升和超百倍的比特成本降低，最终实现"信息随心至，万物触手及"的总体愿景。

2.1.2　驱动力和市场需求

1. 5G 主要驱动力

移动互联网和物联网是未来移动通信发展的两大主要驱动力，将为 5G 提供广阔的前景。

移动互联网颠覆了传统移动通信业务模式，为用户提供前所未有的使用体验，深刻影响着人们工作生活的方方面面。面向未来，移动互联网将推动人类社会信息交互方式的进一步升级，为用户提供增强现实、虚拟现实、超高清视频、移动云等更加身临其境的极致业务体验。移动互联网的进一步发展将带来未来移动流量超千倍增长，推动移动通信技术和产业的新一轮变革。

物联网扩展了移动通信的服务范围，从人与人通信延伸到物与物、人与物智能互联，使移动通信技术渗透至更加广阔的行业和领域。未来，移动医疗、车联网、智能家居、工业控制、环境监测等将会推动物联网应用爆发式增长，数以千亿的设备将接入网络，实现真正的"万物互联"，并缔造出规模空前的新兴产业，为移动通信带来无限生机。同时，海量的设备连接和多样化的物联网业务也会给移动通信带来新的技术挑战。

5G 发展的其他驱动力主要包括：

1) 业务发展驱动

业务需求差异大，需要网络针对不同业务提供专有的通信途径；业务需求变化快，需要网络针对不同的通信需求实现自动灵活的配置；业务需求个性化，需要网络运营能够更贴近用户，实现无缝对接，让用户能够直接向运营商网络表达个性需求，并且由网络实现这些自定义功能；为适应未知业务，5G 网络应能够通过调整自身配置以适应新业务的部署需求，即网络需要具备前向兼容性。

2K(分辨率)移动视频已逐渐成为移动终端的主流配置，高速率大带宽 4K(分辨率)、VR/AR 等新业务已不断涌现。宽带视频等业务对网络大容量提出了更高的要求。高速率通信需要网络具有更高的频谱利用率和无线接入新技术的支撑；大带宽通信需要网络采用高频段的频谱；关注单用户体验需要网络能够针对单个用户进行高效的资源调度，且需兼顾通信公平性；热点区域通信需要网络能够高密度组网，并且无线接入点之间能够高效协同工作。

当前通信市场人与人之间的连接，正逐步向人与物、物与物之间的连接演进，连接数量将由亿级向千亿级跳跃式增长。预计 2020 年 IoT(Internet of Things，物联网)总连接数量将达到 300 亿个，市场空间达到 1.7 万亿美金。大量用户连接要求需要网络具有丰富的多址资源，以及相应的地址分配与调度能力。

在运营商面向万物互联转型的时代，低功耗和低成本的业务是未来物联网的主要部分。据统计，物联网中 60%的数据价值将来自于低功率广覆盖网络。低功耗的设备要求需要网络具有更高的能效，通信中尽可能降低终端的功耗。终端低功耗和低成本是 IoT 市场快速发展的源动力，特别是低功耗的目标对终端和核心网都提出了新的技术需求和挑战。终端的省电，主要体现在工作状态下省电和空闲状态下省电两方面。

未来的自动驾驶、毫秒级工业控制及远程医疗等业务，要求网络具备端到端超低时延，这是对网络架构的极大挑战。超低的端到端通信时延需要网络支持本地化通信，以减少不必要的信令交互及数据回传所带来的时延开销；超低空口时延需要网络具备高效无线资源调度及反馈能力，在低时延条件下确保通信的可靠性；超低传输时延需要传输网络能够实现动态自适应的快速数据转发。

2) 技术发展驱动

在目前阶段，融合了新技术、新理念、新趋势的产业发展链条逐步服务于新涌现的业务需求。在云计算、大数据、社交化、移动化、物联网的驱动下，不仅催生了新的解决方案和产品，也对现存的传统产业模式/产业链条发起了冲击。为了更好适应这一趋势，所有技术层面的演进都指向了一个聚焦点——ICT(Information and Communications Technology，信息与通信技术)的融合重整。IT/CT 设备综合各自优势和应用场景，面对纷繁复杂的 IT/CT 业务需求，从设备和技术层面搭建了为各个业务分支提供服务的平台，并逐渐变得不可或缺。云计算作为一种 IT 技术，提供了便捷的、可随时访问计算资源共享池的模式，包括网络、服务器、存储、应用和服务，并且这些资源具备快速部署的能力，需要较少的交互和维护。

随着智能终端的普及和用户需求的不断发掘，终端芯片和能力都有了飞速的发展。从 3GPP 的标准化历程来看，终端可以支持的频带数组合增多、物理层功能不断增强、支持的特性极速增长，当然也伴随着计算存储资源的叠加和更多的与网络互动的能力。终端的发展主要有两个方向：芯片处理能力极强的高端终端和芯片能力化简的物联网类型终端。高性能处理器的应用使得复杂的基带运算成为可能，为未来的更高性能调制解调/编译码提供了硬件基础；而简化的物联网类型终端在面对大连接物联网场景下，提供了长寿命省电的解决方案，在面对低时延要求的物联网场景下，提供了专用性极强的芯片解决方案。终端能力的分化和发展，不仅适应了可预见的需求，同时也为未来网络应用场景做好了技术储备。

3) 市场竞争驱动

传统电信运营商业务正在受到猛烈冲击，尤其是 OTT(Over The Top，开放互联网应用)企业对传统运营商的挤压非常明显，这些业务使得运营商原来的短信、话音甚至包括国际电话业务都受到了很大挑战。比如腾讯微信、QQ 占用运营商信令资源非常大，原来的一些机制不太适合传统运营商的网络设计。同时运营商之间的竞争也趋于白热化。可以发现国内运营商为了应对移动互联网时代的到来及各方面的挑战，都提出了相应的战略、策略和战术并加以执行。

2. 市场需求

面向 2020 年及未来，移动数据流量将出现爆炸式增长。2010 年到 2020 年全球移动数据流量增长将超过 200 倍，2010 年到 2030 年将增长近 2 万倍；中国的移动数据流量增速高于全球平均水平，2010 年到 2020 年将增长 300 倍以上，2010 年到 2030 年将增长超 4 万倍。发达城市及热点地区的移动数据流量增速更快，2010 年到 2020 年上海的增长率可达 600 倍，北京热点区域的增长率可达 1000 倍。

未来全球移动通信网络连接的设备总量将达到千亿规模。预计到 2020 年，全球移动终端(不含物联网设备)数量将超过 100 亿(个)，其中中国将超过 20 亿。全球物联网设备连接数也将快速增长，2020 年将接近全球人口规模达到 70 亿，其中中国将接近 15 亿。到 2030 年，全球物联网设备连接数将接近 1 千亿，其中中国超过 200 亿。在各类终端中，智能手机对流量贡献最大，物联网终端数量虽大但流量占比较低。

2.1.3　业务、场景和性能挑战

1. 业务和用户需求

移动互联网主要面向以人为主体的通信，注重提供更好的用户体验。未来，超高清、3D 和浸入式视频的流行将会驱动数据速率大幅提升，例如 8K(3D)视频经过百倍压缩之后传输速率仍需要大约 1 Gb/s，增强现实、云桌面、在线游戏等业务，不仅对上下行数据传输速率提出挑战，同时也对时延提出了"无感知"的苛刻要求。未来大量的个人和办公数据将会存储在云端，海量实时的数据交互需要可媲美光纤的传输速率，并且会在热点区域对移动通信网络造成流量压力。社交网络等 OTT 业务将会成为未来主导应用之一，小数据包频发将造成信令资源的大量消耗。未来人们对各种应用场景下的通信体验要求越来越高，用户希望能在体育场、露天集会、演唱会等超密集场景，高铁、车载、地铁等高速移动环境下获得较好的业务体验。

物联网主要面向物与物、人与物的通信，不仅涉及普通个人用户，也涵盖了大量不同类型的行业用户。物联网业务类型非常丰富多样，业务特征也差异巨大。对于智能家居、智能电网、环境监测、智能农业和智能抄表等业务，需要网络支持海量设备连接和大量小数据包频发；视频监控和移动医疗等业务对传输速率提出了很高的要求；车联网和工业控制等业务则要求毫秒级的时延和接近 100% 的可靠性。为了渗透到更多的物联网业务中，5G 应具备更强的灵活性和可扩展性，以适应海量的设备连接和多样化的用户需求。

无论对于移动互联网还是物联网，用户在不断追求高质量业务体验的同时也在期望成本的下降。同时，5G 需要提供更高和更多层次的安全机制，不仅能够满足互联网金融、安防监控、安全驾驶、移动医疗等极高的安全要求，也能够为大量低成本物联网业务提供安全解决方案。此外，5G 应能够支持更低功耗，以实现更加绿色环保的移动通信网络，并大幅提升终端电池续航时间，尤其对于一些物联网设备。

1) 支持高速率业务

无线业务的发展瞬息万变，仅从目前阶段可以预见的业务看，移动场景下大多数用户为支持全高清视频业务，需要达到 10 Mb/s 的速率保证；对于支持特殊业务的用户，例如支持超高清视频，要求网络能够提供 100 Mb/s 的速率体验；在一些特殊应用场景下，用户要求达到 10 Gb/s 的无线传输速率，例如短距离瞬间下载、交互类 3D 全息业务等。

2) 业务特性稳定

无所不在的覆盖、稳定的通信质量是对无线通信系统的基本要求。由于无线通信环境复杂多样，仍存在很多场景覆盖性能不够稳定的情况，例如地铁、隧道、室内深覆盖等。通信的可靠性指标可以定义为对特定业务的时延要求下成功传输的数据包比例，5G 网络应要求在典型业务下，可靠性指标应能达到 99% 甚至更高；对于例如 MTC 等非时延敏感性业务，可靠性指标要求可以适当降低。

3) 用户定位能力高

对于实时性的、个性化的业务而言，用户定位是一项潜在且重要的背景信息，在 5G 网络中，对于用户的三维定位精度应提出较高要求，例如对于 80% 的场景，比如室内场景，精度从 10 m 提高到 1 m 以内。在 4G 网络中，定位方法包括 LTE 自身解决方案以及借助卫星的定位方式，在 5G 网络中可以借助既有的技术手段，从精度上做进一步的增强。

4) 对业务的安全保障

安全性是运营商提供给用户的基本功能之一，从基于人与人的通信到基于机器与机器的通信，5G 网络将支持各种不同的应用和环境，所以 5G 网络应当能够应对通信敏感数据有未经授权的访问、使用、毁坏、修改、审查、攻击等问题。此外，由于 5G 网络能够为关键领域如公共安全、电子保健和公共事业提供服务，所以 5G 网络的核心要求应具备提供一组全面保证安全性的功能，用以保护用户的数据、创造新的商业机会，并防止或减少任何可能的网络安全攻击。

2. 应用场景及性能挑战

5G 典型场景涉及未来人们居住、工作、休闲和交通等各种区域，特别是密集住宅区、办公室、体育场、露天集会、地铁、快速公路、高铁和广域覆盖等场景。这些场景具有超高流量密度、超高连接数密度、超高移动性等特征，可能对 5G 系统形成挑战。

在这些场景中，考虑增强现实、虚拟现实、超高清视频云存储、车联网、智能家居、OTT 消息等 5G 典型业务，并结合各场景未来可能的用户分布、各类业务占比以及对速率、时延等的要求，可以得到各个应用场景下的 5G 性能需求。5G 关键性能指标主要包括用户体验速率、连接数密度、端到端时延、流量密度、移动性和用户峰值速率，如表 2-1 所述。

表 2-1　5G 性能指标

名　称	定　义
用户体验速率/(b/s)	真实网络环境下用户可获得的最低传输速率
连接数密度/(个/km^2)	单位面积上支持的在线设备总和
端到端时延/ms	数据包从源节点开始传输到被目的节点正确接收的时间
移动性/(km/h)	满足一定性能要求时，收发双方间的最大相对移动速度
流量密度/((b/s)/km^2)	单位面积区域内的总流量
用户峰值速率/(b/s)	单用户可获得的最高传输速率

2.1.4　可持续发展及效率需求

1. 可持续发展

目前的移动通信网络在应对移动互联网和物联网爆发式发展时可能会面临以下问题：能耗，每比特综合成本，部署和维护的复杂度难以高效应对未来千倍业务流量增长和海量设备连接；多制式网络共存造成了复杂度的增长和用户体验下降；现网在精确监控网络资源和有效感知业务特性方面的能力不足，无法智能地满足未来用户和业务需求多样化的趋势；此外，无线频谱从低频到高频跨度很大，且分布碎片化，干扰复杂。应对这些问题，需要从如下两方面提升 5G 系统的能力，以实现可持续发展。

在网络建设和部署方面，5G 需要提供更高的网络容量和更好的网络覆盖，同时降低网络部署，尤其是降低超密集网络部署的复杂度和成本；5G 需要具备灵活可扩展的网络架构以适应用户和业务的多样化需求；5G 需要灵活高效地利用各类频谱，包括对称和非对称频段、重用频谱和新频谱、低频段和高频段、授权和非授权频段等；另外，5G 需要具备更强的设备连接能力来应对海量物联网设备的接入。

在运营维护方面，5G 需要改善网络能效和比特运维成本，以应对未来数据迅猛增长和各类业务应用的多样化需求；5G 需要降低多制式共存、网络升级以及新功能引入等带来的复杂度，以提升用户体验；5G 需要支持网络对用户行为和业务内容的智能感知并作出智能优化。同时，5G 还需要能提供多样化的网络安全解决方案，以满足各类移动互联网和物联网设备及业务的需求。

2. 效率需求

频谱利用、能耗和成本是移动通信网络可持续发展的三个关键因素，如表 2-2 所述。为了实现可持续发展，5G 系统相比 4G 系统在频谱效率、能源效率和成本效率方面需要得到显著提升。具体来说，频谱效率需提高 5～15 倍，能源效率和成本效率均要求有百倍以上提升。

表 2-2　5G 关键效率指标

名　称	定　义
频谱效率/(b/s)/Hz · cell 或(b/s)/Hz · km^2	每小区或单位面积内，单位频谱资源提供的吞吐量
能源效率/(bit/J)	每焦耳能量所能传输的比特数
成本效率/(bit/Y)	每单位成本所能传输的比特数

2.2　5G 三大应用场景和关键性能

从 1G 到 4G，移动通信的核心是人与人之间的通信，个人的通信是移动通信的核心业务。但是 5G 的通信不仅仅是人的通信，物联网、工业自动化、无人驾驶等领域均被引入，通信从人与人之间通信开始转向人与物的通信，直至机器与机器的通信。第五代移动通信技术是目前移动通信技术发展的最高峰，也是人类希望不仅改变生活，更要改变社会的重要力量。

从信息交互对象不同的角度出发，目前 5G 应用分为三大类场景：eMBB、mMTC 和 uRLLC。eMBB 场景是指在现有移动宽带业务场景的基础上对用户体验等性能的进一步提升，主要还是追求人与人之间极致的通信体验。mMTC 和 uRLLC 都是物联网的应用场景，但各自侧重点不同，mMTC 主要是人与物之间的信息交互，而 uRLLC 主要体现了物与物之间的通信需求。

2.2.1　eMBB 场景和关键性能

eMBB(Enhanced Mobile Broadband，增强移动宽带)是指在现有移动宽带业务场景的基础上，对于用户体验等性能的进一步提升。

eMBB 的典型应用包括超高清视频、虚拟现实、增强现实等。这类场景首先对带宽要求极高，关键的性能指标包括 100 Mb/s 用户体验速率(热点场景可达 1 Gb/s)、数十 Gb/s

峰值速率、每平方公里数十 Tb/s 的流量密度、每小时 500 km 数量级上的移动性等。其次，涉及到交互类操作的应用还对时延敏感，例如虚拟现实沉浸体验对时延要求在 10 ms 量级。

eMBB 可以将蜂窝覆盖扩展到范围更广的建筑物中，如办公楼、工业园区等，同时，它可以提升容量，满足多终端、大量数据的传输需求。在 5G 时代，每一比特的数据传输成本都将大幅下降。5G 时代下增强移动宽带具有更大的吞吐量、低延时以及更一致的体验等优点，将应用到 3D 超高清视频远程呈现、可感知的互联网、超高清视频流传输、高要求的赛场环境、宽带光纤用户以及虚拟现实领域。以前，这些业务大多只能通过固定宽带网络才能实现，5G 将让它们移动起来。

eMBB 场景是指在现有移动宽带业务场景的基础上对于用户体验等性能的进一步提升，主要还是追求人与人之间极致的通信体验。信道编解码是无线通信领域的核心技术之一，其性能的改进将直接提升网络覆盖及用户传输速率。5G 在传输速度、覆盖广度等方面远远优于 4G 技术。为了研发 5G 技术，中国专门成立了 IMT-2020(5G)推进组，其技术研发试验于 2016 年 1 月全面启动。

eMMB 场景的关键性能是需要尽可能大的带宽，实现极致的流量吞吐，并尽可能降低时延。例如，即使是最先进的 LTE 调制解调器，最快速率也只能达到 Gb/s 级，但往往一个小区的用户就已经有 Gb/s 级的带宽消耗，而且，更多大流量的业务未来还将不断发展，现有的 4G 已经越来越难以满足今后的超大流量需求。eMBB 在网络速率上的提升为用户带来了更好的应用体验，满足了人们对超大流量、高速传输的极致需求。

2.2.2　mMTC 场景和关键性能

mMTC(massive Machine Type Communications，海量机器类通信)典型应用包括智慧城市、智能家居等。这类应用对连接密度要求较高，同时呈现行业多样性和差异化。智慧城市中的抄表应用要求终端低成本低功耗，网络支持海量连接的小数据包；视频监控不仅部署密度高，还要求终端和网络支持高速率；智能家居业务对时延要求相对不敏感，但终端可能需要适应高温、低温、震动、高速旋转等不同家具电器工作环境的变化。为了应对未来 5G 机器型通信的各种可能应用情境，mMTC 技术的设计有以下四种要求：

1．覆盖范围

mMTC 技术对于覆盖范围的要求需要达到 164 dB 的 MCL(Maximum Coupling Loss，最大耦合损失)，即从传送端到接收端信号衰减的大小为 164 dB 时也要能使接收端成功解出封包。此覆盖范围要求与 3GPP Release 13 NB-IoT(Narrow Band Internet of Things，窄频物联网)技术的要求相同。然而，由于使用重复性传送来提升覆盖范围会大幅减少信息传输速率，因此，5G mMTC 的覆盖范围要求有一附加条件，即信息传输速率在 160 b/s 的情况下也能被正确解码。

2．电池寿命

未来 5G 机器型通信应用中，可能包含了智慧电表、水表等需要有长久电池寿命的应用装置。此种装置可能被布建在不易更换的环境或是更换电池成本太高。因此 mMTC 技术对于电池寿命的要求是需要达到 10 年以上的电池寿命。此 10 年电池寿命要求也与 NB-IoT

相同。然而，mMTC 技术的这一要求在保持一定数据流量且在 164dB MCL 的情况下达成，要求标准更高，实现难度更大。

3. 连接密度

由于近年来物联网应用需求的逐日增加，在未来 5G 通信系统中可以预期有各种不同应用的物联网装置，其数量可能达到每平方公里一百万个装置，因此 5G mMTC 对于连接密度的要求是在满足某一特定服务质量的情况下，能够支持 100 万个/km²的连接密度。

4. 延迟

虽然机器型通信大部分对于资料传输延迟有较大的容忍度，然而 5G mMTC 还是制定了适当的延迟以确保一定的服务质量。mMTC 对于延迟的要求定义为：装置传送一大小为 20B 的应用层封包，在 164dB MCL 的通道状况下，延迟时间要在 10 s 以内。

2.2.3　uRLLC 场景和关键性能

uRLLC(ultra Reliable & Low Latency Communication，超可靠低时延通信)作为 5G 系统的三大应用场景之一，广泛存在于多种行业中。如娱乐产业中的 AR/VR、工业控制系统、交通和运输、智能电网和智能家居的管理、交互式的远程医疗诊断等。

在生活、工作和学习中，我们与移动通信密不可分。随着时代和通信技术的发展以及人们生活水平的提高，人们对移动通信的依赖和要求越来越高。通过 VR(Virtual Reality，虚拟现实技术)，我们可以不用"身临其境"即能感受到身临其境的影像效果；通过精确的自动化控制，我们可以大幅度提高生产效率和产品质量；通过精准的远程控制，我们可以在不用以身涉险的基础上实现对高危任务的远程把控；通过智能可穿戴设备，我们可以随时监控自己和家人的健康和安全。低时延高可靠的通信，能够让我们的生活变得更高效、更便捷、更安全、更智能，能够给我们更丰富多彩的体验。

典型应用包括工业控制、无人机控制、智能驾驶控制等。这类场景聚焦对于时延极其敏感的业务，高可靠性也是其基本要求。自动驾驶实时监测等要求毫秒级的时延，汽车生产、工业机器设备加工制造时延要求为 10 ms 级，可用性要求接近 100%。

在时延和可靠性方面，相比之前的蜂窝移动通信技术，5G uRLLC 有了极大程度的提升。5G uRLLC 技术实现了基站与终端间上下行均为 0.5 ms 的用户时延。该时延是指：成功传送应用层 IP 数据包/消息所花费的时间，具体是从发送方 5G 无线协议层入口点，经由 5G 无线传输，到接收方 5G 无线协议层出口点的时间。其中，时延来自于上行链路和下行链路两个方向。5G uRLLC 实现低时延的主要技术包括：

- 引入更小的时间资源单位，如 mini-slot(迷你时隙)；
- 上行接入采用免调度许可的机制，终端可直接接入信道；
- 支持异步过程，以节省上行时间同步开销；
- 采用快速 HARQ(Hybrid Automatic Repeat Quest，自动请求重传)和快速动态调度等。

目前，5G uRLLC 的可靠性指标为：用户面时延 1ms 内，一次传送 32 字节包的可靠性为 99.999%。此外，如果时延允许，5G uRLLC 还可以采用重传机制，进一步提高成功率。在提升系统的可靠性能方面，5G uRLLC 采用的技术包括：

- 采用更鲁棒的多天线发射分集机制；
- 采用鲁棒性强的编码和调制阶数，以降低误码率；
- 采用超级鲁棒性信道状态估计。

2.3　5G 典型应用

与前几代移动网络相比，5G 网络的能力将有飞跃发展。例如，下行峰值数据速率可达 20 Gb/s，而上行峰值数据速率可能超过 10 Gb/s；此外，5G 还将大大降低时延及提高整体网络效率：简化后的网络架构将提供小于 5 ms 的端到端延迟。5G 给我们带来的是超越光纤的传输速度、超越工业总线的实时能力以及全空间的连接，5G 将开启充满机会的时代。另外 5G 为移动运营商及其客户提供了极具吸引力的商业模式。为了支撑这些商业模式，未来网络必须能够针对不同服务等级和性能要求，高效地提供各种新服务。运营商不仅要为各行业的客户提供服务，更需要快速有效地将这些服务商业化。

2.3.1　eMBB 场景典型应用

1. 云 VR/AR

eMBB，是指在现有移动宽带业务场景的基础上，对于用户体验等性能的进一步提升，这也是最贴近我们日常生活的应用场景。5G 在这方面带来的最直观的感受就是网速的大幅提升，峰值能够达到 10 Gb/s，即便是观看 4K 高清视频，也能轻松应对。

VR/AR 业务对带宽的需求是巨大的。高质量 VR/AR 内容处理走向云端，满足用户日益增长的体验要求的同时降低了设备价格，VR/AR 将成为移动网络最有潜力的大流量业务。虽然现有 4G 网络平均吞吐量可以达到 100 Mb/s，但一些高阶 VR/AR 应用需要更高的速度和更低的延迟。

VR(Virtual Reality，虚拟现实)与 AR(Augmented Reality，增强现实)是能够彻底颠覆传统人机交互内容的变革性技术。变革不仅体现在消费领域，更体现在许多商业和企业市场中。VR/AR 需要大量的数据传输、存储和计算功能，这些数据和计算密集型任务如果转移到云端，就能利用云端服务器的数据存储和高速计算能力。

云 VR/AR 将大大降低设备成本，提供人人都能负担得起的价格。云市场近年来快速增长，在未来的 10 年中，家庭和办公室对桌面主机和笔记本电脑的需求将越来越小，转而使用连接到云端的各种人机界面，并引入语音和触摸等多种交互方式。5G 将显著改善这些云服务的访问速度。

随时随地体验蜂窝网带来的高质量 VR/AR，并逐步降低对终端和头盔的要求，实现云端内容发布和云渲染，是未来 VR/AR 的发展趋势。依赖于 VR/AR 自身的相关技术、移动网络演进和云端处理能力的进步，无线应用场景实验室提出云 VR/AR 演进的五个阶段。其中 5G 能帮助云 VR/AR 缓解该领域所面临的设备和成本压力。

VR/AR 的连接需求及演进阶段可归纳如表 2-3 所述。

表 2-3　VR/ AR 连接需求及演进阶段

云 VR/AR 演进的 5 个阶段			
	阶段 0/1	阶段 2	阶段 3/4
	PC VR	Mobile VR	云辅助 AR	云 VR
VR 应用及技术特点	游戏、模拟（动作本地闭环，本地渲染）	360 视频、教育（全景视频下载、动作本地闭环）	沉浸式内容、互动式模拟、可视化设计（动作云端闭环，FOV(+)视频流下载）	光场视频空间体验、实时渲染/下载(动作云端闭环，云端 CG 渲染，FOV(+)视频下载)
	2D VR		3D AR/MR	云 MR
AR 应用及技术特点	操作模拟及指导、游戏、远程办公、零售、营销可视化(图像和文字本地叠加)		空间不断扩大的全息可视化，高度联网化的公共安全AR 应用(图像上传，云响应多媒体信息)	基于云的混合现实应用，用户密度和连接性增加(图像上传，云端图像重新渲染)
连接需求	以 Wi-Fi 连接为主	4G 和 Wi-Fi 内容为流媒体 20 Mb/s+50 ms 时延要求	4.5G 内容为流媒体 40 Mb/s+20ms 时延要求	5G 内容为流媒体 100 Mb/s～9.4 Gb/s 2～10 ms 时延

1) PCVR 和移动 VR 与 2DAR

目前，VR/AR 的应用仍处于第一阶段，即以 Wi-Fi 和 4G 技术为主的低速本地 2DVR/AR 的应用阶段。VR/AR 市场中的 HMD(Head-Mounted Display，头盔显示器)支持使用移动设备的坐式/站立 VR，以及使用有线外置追踪设备的房间范围 VR 体验。相比 VR，AR 市场的产品更加多样化、覆盖更广。但是目前的市场更倾向于可替代平板的免持装置，如使用波导微型显示器的单眼智能眼镜。这类装置以 2D 为主，3D 相对受限。现在的 VR 市场中，谷歌和三星领军移动 VR，索尼、HTC 和 Facebook/Oculus 则是 HMD 领域的领头羊。在中国这样的庞大市场中，应用商店和平台上市遇到的障碍较少，HMD 供应商数量也因而尤其多。VR 面临的挑战不仅包括价格高昂、内容有限、消费者体验优劣不一，还有用户接受缓慢的问题。

2) 云辅助 VR 与 3DAR/MR

VR/AR 应用的第二阶段标志着硬件、软件和服务的第一次演进，基于云的动作处理和基于动作的适当视场下的图像传输扮演了越来越重要的角色。尤其是在 VR 空间中，硬件将从坐式/站立体验转变为整个房间范围的体验。这一转变需要通过外置追踪装置(或是使用外部摄像头，或是使用植入式视觉解决方案，例如 Tango 或英特尔的 RealSense)。除房间范围的追踪以外，室内定位也会在 AR 和 VR 中发挥越来越重要的作用。

对服务和内容而言，这意味着更高水平的互动和浸入体验，内容定价会因此抬高。VR 在广告中的应用仍处于试验阶段，虚拟对象以及连接传统广告的虚拟门户需要在虚拟环境中运行。一旦内容供应方和广告公司锁定了消费者接受度最高的互动广告类型和交付模式，

VR 广告将逐渐定型并步入正轨。以谷歌和 Facebook 为例,他们已经向开发商和内容供应方展示了新平台,探索变现方案,例如在 VR 环境、公共场所等地展示 2D 视频/广告。VR 用例仍会集中在家庭和办公室环境中,而 AR 将渗透到公共环境。随着消费级智能眼镜和智能手机 AR 的应用普及,公共环境下 AR 的市场机会也会随之增长,标志着混合现实时代的开启。

3) 云 AR/VR 的开端

第三阶段是云 AR/VR 的开端,跨度约 3 年,直至 2022 年,这也标志着 AR/VR 发展 5~10 年黄金时代的开端。第二阶段仅涉及视频匹配,而第三阶段的不同之处在于引入基于云的电脑制图虚拟图像实时渲染。用户不再依赖游戏机或本地计算机的 GPU,而是像接收任何其他流媒体一样,从云端服务器接收视频游戏或虚拟内容。该技术可以为更多样、互动性更强的 VR 素材带来机遇,降低用户设备的价格,并使用户设备变得更轻便,且无需连线。在此阶段,光场显示和房间范围的视频体验等新技术应该已经出现,并且越来越风靡,主流设备的分辨率至少为 8K。在前三个阶段中,屏幕分辨率会不断提高,直至无法区分虚拟和现实世界,这将彻底解决 VR 显示中的现有问题,如纱窗效应或像素化。

4) 云 VR 与 AR

最后一个阶段将出现于黄金 5~10 年之后,此时 AR/VR 应该将发挥最大的增长潜力。这一潜力通过以下多种技术进步来实现:5G、云服务、潜在的硬件优化,例如从不透明的 VR 显示器到半透明的 AR 显示器。这一阶段的技术不确定性最多。比如,同时满足 AR 和 VR 应用需求的新型显示器此时已经具备一定的市场潜力,但是技术问题仍然可能成为阻碍。虽然支持视频直通的 VR HMD 能实现 AR 体验,但是笨重的显示器会让多数用户不愿在公共场所使用它(基于位置的 VR 服务除外)。VR 和 AR 的结合能为用户提供最广泛的内容和服务,并实现未来 AR/VR 市场应用的宏伟蓝图。

5) 5G 推动 AR/VR

5G 有望实现广覆盖,大幅提升速度,降低时延,这些对于 AR/VR 应用都十分关键。降低数据传输成本也是 5G 的一大优势。AR/VR 要求与 5G 承诺的能力和功能有很多相似之处,尤其是在速度和时延方面。对于 AR/VR 的长期发展而言,5G 是关键的推动力。现有 4G/LTE 网络支持的最大连接数很快将无法满足 AR/VR 的要求。虽然 LTE Advanced Pro 有望实现 1 Gb/s 的速率,但很多应用仍需要更高的速度来实现理想的体验效果。另外,当前的时延水平无法呈现令人满意的 AR/VR 体验,无法应用于以云为中心的场景。随着 5G 的推出,无线应用场景实验室和 ABI 研究院将其视为打开 AR/VR 广阔市场机遇的关键。成功抓住这一机遇需要高可靠、低时延的无线宽带基础设施,必须满足 AR/VR 对超高速度和超大容量的需求。

2. 联网无人机

无人驾驶飞行器(Unmanned Aerial Vehicle)简称无人机,其全球市场在过去十年中大幅增长,现在已经成为商业、政府和消费应用的重要工具。

通过部署无人机平台可以快速实现效率提升和安全改善。5G 网络将提升自动化水平,使无人机应用的各种解决方案得到实施,这将对诸多行业转型产生影响。比如,对风力涡轮机上的转子叶片的检查将不再由训练有素的工程师通过遥控无人机来完成,而是由部署在风力发电场的自动飞行无人机完成，不需要人力干预。再比如，无人机行业解决方案有助于保护石油和天然气管道等基础资产和资源，还可以应用于提高农业生产率。无人机在安全和运输领域的应用也在加速。无人机运营企业以类似于云服务的模式向最终用户提供服务。例如，在农业领域，农民可以向无人机运营企业租用或者按月订购农作物监测和农药喷洒服务。同时，无人机运营企业正在建立越来越多的合作伙伴关系，创建无人机服务市场和应用程序商店，进一步提高对企业和消费者的吸引力。无人机应用如图 2-1 所示。

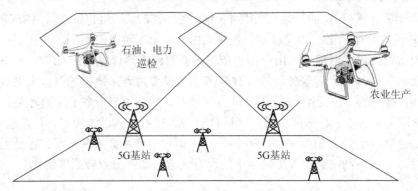

图 2-1　无人机应用

此外，无人机运营企业及其市场合作伙伴可以建立大数据，改善服务，并利用数据分析进行变现。行业大数据可以帮助金融服务机构预测商品价格和成本的未来趋势，并有助于物流和航运公司以及政府机构进行前瞻性规划。目前，无人机使用的一个主要动力来自基础设施行业。无人机被用来监控建筑物或者为移动运营商巡检信号塔。配备 LiDAR(Light Detection and Ranging，激光探测及测距系统)技术和热成像技术的无人机可以进行空中监视。在华为无线应用场景实验室，搭载热成像仪的无人机被用来进行天然气泄漏监测。使用配备 LiDAR 的无人机进行基础设施、电力线和环境的密集巡检是一项新兴业务，LiDAR 扫描所产生的巨大的实时数据量将需要大于 200 Mb/s 的传输带宽。

无人机能够支持诸多领域的解决方案，可以广泛应用于建筑、石油、天然气、能源、公用事业和农业等领域。5G 技术将增强无人机运营企业的产品和服务，以最小的延迟传输大量的数据。无人机服务提供商正在利用云技术拓展应用范围，同时通过产业合作来拓展市场空间。无人机为移动运营商及其合作伙伴打开了新的商机。

3．移动视频

移动视频业务不断发展，从观看点播视频内容到以新模式创建和消费视频内容。目前最显著的两大趋势是社交视频和移动实时视频：一方面，一些领先的社交网络推出直播视频，例如脸书和推特；另一方面，直播视频的社交性，包括视频主播和观众之间以及观众之间的互动，正在推动移动直播视频业务在中国的广泛应用和直接货币化。

移动视频社交网络的流行表明用户对共享内容(包括直播视频)的接受度日趋增加。直播视频不需要网络主播事先将视频内容存储在设备上，然后上传到直播平台，而是将视频内容直接传输到直播平台上，观众几乎可以立即观看。智能手机内置工具依靠移动直播视频平台，可以保证主播和观众互动的实时性，使这种新型的"一对多"直播通信比传统的"一对多"广播更具互动性和社交性。另外，观众之间的互动也为直播视频业务增加了"多对多"的社交维度。

2.3.2 mMTC 场景典型应用

mMTC 将在 6GHz 以下的频段发展，同时应用在大规模物联网上。5G 低功耗、大连接和低时延高可靠场景主要面向物联网业务，作为 5G 新拓展出的场景，重点解决传统移动通信无法很好地支持物联网及垂直行业应用。低功耗大连接场景主要面向智慧城市、环境监测、智能农业、森林防火等以传感和数据采集为目标的应用场景，具有小数据包、低功耗、海量连接等特点。这类终端分布范围广、数量众多，不仅要求网络具备超千亿连接的支持能力，满足 100 万/km² 连接数密度指标要求，而且还要保证终端的超低功耗和超低成本。

1. 智慧农业

物联网有望成为促进农业提产、实现供需平衡的关键使能技术。智慧农业采用了基于物联网的先进技术和解决方案，通过实时收集并分析现场数据及部署指挥机制的方式，达到提升运营效率、扩大收益、降低损耗的目的。可变速率、精准农业、智能灌溉、智能温室等多种基于物联网的应用将推动农业生产流程改进。

物联网科技可用于解决农业领域特有的问题，打造基于物联网的智慧农场，实现作物质量和产量双丰收。智慧农业助力农场主有效降低成本、减少体力投入，同时优化种子、肥料、杀虫剂、人力等农业资源配置。先进的技术有助于降低能耗和燃料用量。智慧农业引导农场主巧妙平衡时间与资源投入，以获得最大产量。智慧农业如图 2-2 所示。

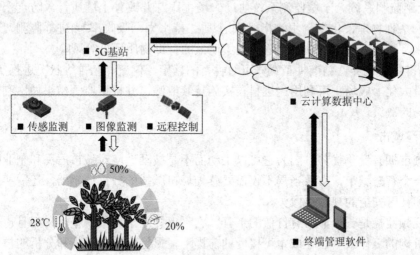

图 2-2 智慧农业

针对智慧农业的物联网应用主要是为了提升产量，具体包括以下几个方面：

(1) 精准农业。作为一种农业管理方式，精准农业利用物联网技术及信息和通信技术，实现优化产量、保存资源的效果。精准农业需要获取有关农田、土壤和空气状况的实时数据，在保护环境的同时确保收益和农业发展的可持续性。

(2) VRT(Variable Rate Technology，可变速率技术)。VRT 是一种能够帮助生产者改变作物投入速率的技术。它将变速控制系统与应用设备相结合，在精准的时间、地点投放输入，因地制宜，确保每块农田获得最适宜的投放量。

(3) 智能灌溉。提升灌溉效率、减少水源浪费的需求日益扩大。通过部署可持续高效灌溉系统来保护水资源的方式愈来愈受到重视。基于物联网的智能灌溉对空气湿度、土壤湿度、温度、光照度等参数进行测量，由此精确计算出灌溉用水量。经验证，该机制可有效提高灌溉效率。

(4) 农业无人机。无人机有着丰富的农业应用，可用于监测作物健康、农业拍照(以促进作物健康生长为目的)、可变速率应用、牲畜管理等。无人机可以低成本监视大面积区域，搭载传感器可轻易采集大量数据。

(5) 智能温室。智能温室可持续监测气温、空气湿度、光照、土壤、湿度等气候状况，将作物种植过程中的人工干预降到最低。上述气候状况的改变会触发自动反应。在对气候变化进行分析评估后，温室控制系统会自动执行纠错功能，使各气候状况维持在最适宜作物生长的水平。

(6) 收成监测。收成监测机制可对影响农业收成的各方面因素进行监测，包括谷物质量、流量、水量、收成总量等，监测得到的实时数据可帮助农场主形成决策。该机制有助于缩减成本，提高产量。

(7) 农业管理系统。农业管理系统借助传感器及跟踪装置为农场主及其他利益相关方提供数据收集与管理服务。收集到的数据经过存储与分析，为复杂决策提供支撑。此外，农业管理系统还可用于辨识农业数据分析最佳实践与软件交付模型。它的优点还包括：提供可靠的金融数据和生产管理数据、提升与天气或突发事件相关的风险缓释能力。

(8) 土壤监测系统。土壤监测系统协助农场主跟踪并改善土壤质量，防止土壤恶化。系统可对一系列物理、化学、生物指标(如土质、持水力、吸收率等)进行监测，降低土壤侵蚀、密化、盐化、酸化，以及受危害土壤质量的有毒物质污染等风险。

(9) 精准牲畜饲养。精准牲畜饲养可对牲畜的繁殖、健康、精神等状况进行实时监测，确保收益最大化。农场主可利用先进科技实施持续监测，并根据监测结果做出利于提高牲畜健康状况的决策。

2. 智慧城市

智慧城市拥有竞争优势，因为它可以主动而不是被动地应对城市居民和企业的需求。为了成为一个智慧城市，市政当局不仅需要感知城市脉搏的数据传感器，还需要用于监控交通流量和社区安全的视频摄像头。

城市视频监控是一个非常有价值的工具，它不仅提高了城市安全性，而且也大大提高了企业和机构的工作效率。在成本可接受的前提下，摄像头数据收集和分析的技术进一步推动了视频监控需求的增长。

对于下一代的视频监控服务，智慧城市需要摆脱传统的系统交付的商业模式，转而采用 VSaaS(Video Surveillance as a Service，视频监控即服务)的模式。在 VSaaS 模式中，视频录制、存储、管理和服务监控是通过云提供给用户的。服务提供商也是通过云对系统进行维护的。云提供了灵活的数据存储以及数据分析/人工智能服务。对于视频监控系统所有者，独立的存储系统有较大的前期资本支出和持续的运营成本，虽然这些成本可以通过规模效应得到改善。而云存储则可以根据需要动态调整成本。在重要时段，摄像机可以配置为更高的分辨率，而在其它时间，可降低分辨率以减少云存储成本。

移动运营商可以在人工智能增强的云服务方面建立优势。AI 可以使计算机从图像、声音和文本中提取大量的数据，如人脸识别、车辆识别、车牌识别或其他视频分析。例如，视频监控系统对入侵者的检测可以触发有关门禁的自动锁定，在执法人员到达之前将入侵者控制住，或者视频监控系统可由其他系统触发。例如，POS(Point of Sale，销售时点信息系统)系统每次进行交易时都可以通知视频监控系统，并提醒摄像机在交易之前和之后记录场景。单个无线摄像机目前不消耗太多的带宽。但随着云和移动边缘计算的推出，电信云计算基础设施可以支持更多的人工智能辅助监控应用。摄像机则需要 7×24 小时不间断地进行视频采集以支持这些应用。

2.3.3　uRLLC 场景典型应用

uRLLC 特点是高可靠、低时延、极高的可用性。它包括以下各类场景及应用：工业应用和控制、交通安全和控制、远程制造、远程培训、远程手术等。uRLLC 在无人驾驶业务方面拥有很大潜力。此外，这对于安防行业也十分重要。

1. 车联网

车联网价值链中的主要参与者包括：汽车制造商、软件供应商、平台提供商和移动运营商。移动运营商在价值链中极具潜力，可探索各种商业模式，例如平台开发、广告、大数据和企业业务。

传统汽车市场将彻底变革，因为车联网的作用超越了传统的娱乐和辅助功能，成为道路安全和汽车革新的关键推动力。驱动汽车变革的关键技术——自动驾驶、编队行驶、车辆生命周期维护、传感器数据众包等都需要安全、可靠、低延迟和高带宽的连接，这些连接特性在高速公路和密集城市中至关重要，只有 5G 可以同时满足这样严格的要求。

在车联时代，全面的无线连接可以将诸如导航系统等附加服务集成到车辆中，以支持车辆控制系统与云端系统之间频繁的信息交换，减少人为干预。此外，运营商在车联网领域的商业模式可以分为 B2C 和 B2B 两种，如图 2-3 所示。

图 2-3　车联网领域的商业模式

车联网是实现智能网联汽车、智能交通系统的核心技术。车内、车际及车云(车载移动互联网)的"三网"融合统称为车联网,包含信息平台(云)、通信网络(管)、智能终端(端)三大核心技术,能够将安全、节能及服务三维一体的功能予以实现,这样,车联网的盈利模式才能够被真正挖掘出来。"智能化"及"信息化"的"两化"融合才是智能汽车真正意义上的颠覆和变革。

车内网是实现单车智能网联的基础技术。车内网是指基于成熟的 CAN(Controller Area Network,控制器局域网络)/LIN(Local Interconnect Network,面向汽车低端分布式应用的低速串行通信总线)总线技术建立一个标准化整车网络,实现车内各电器电子单元间的状态信息和控制信号在车内网上的传输,使车辆能够实现状态感知、故障诊断和智能控制等功能。

车际网 V2X 技术是车联网的核心,为无人驾驶奠定基础。V2X 满足行车安全、道路和车辆信息管理、智慧城市等需求,是车联网及智能网联汽车技术的核心。车际网是基于短程通信技术构建的车-车(V2V)、车-路(V21)、车-行人(V2P)网络,实现车辆与周围交通环境信息在网络上的传输,获得实时路况、道路、行人等一系列交通信息,使车辆能够感知行驶环境、辨识危险、实现智能控制等功能,提高驾驶安全性、减少拥堵、提高交通效率。LTE-V 是一种新型车载短距离通信网络,针对车辆应用定义了两种通信方式:蜂窝链路式和短程直通链路式,蜂窝式承载传统的车联网业务,直通式引入 LTE D2D,实现 V2V、V21 直接通信,促进实现车辆安全驾驶。车联网如图 2-4 所示。

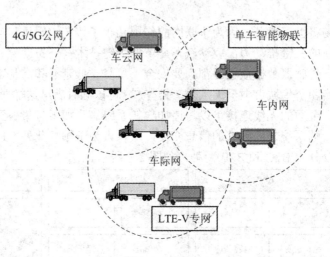

图 2-4　车联网

车载移动互联网-5G 无线通信推动车联网升级。车云网/车载移动互联网是指基于远程通信技术构建车-互联网、车-中心/后端、车-云端网络,车载终端通过 5G 通信技术与互联网进行无线连接,使车联网用户具有智能信息服务、应用管理和控制等功能。与车际网定位(行车安全)不同,车载移动互联网的主要定位是信息娱乐和服务管理。车云网包含两大技术层面:第一,基于 2G、3G、4G、5G 的车和云之间的网络通信;第二,云端数据计算处理:云端分布式计算机将来自车辆终端的实时数据信息进行筛选处理,再发送给车载智能终端。

　　稳步推进高带宽低延迟的 5G 无线通信，是智能驾驶发展到现阶段以及用户体验升级的必要技术。高带宽低延迟的 5G 到来给网络带来巨大变革，未来车载移动互联网将搭载 5G 网络，实现更高层次的娱乐通信功能，并推动汽车行业迈入智能交通以及无人驾驶阶段。

2. 远程医疗

　　人口老龄化加速在欧洲和亚洲已经呈现出明显的趋势。从 2000 年到 2030 年的 30 年中，全球超过 55 岁的人口占比将从 12%增长到 20%。有分析指出，一些国家如英国、日本、德国、意大利、美国和法国等将会成为"超级老龄化"国家，这些国家超过 65 岁的人口占比将会超过 20%，更先进的医疗水平成为老龄化社会的重要保障。在过去 5 年，移动互联网在医疗设备中的使用正在增加。医疗行业开始采用可穿戴或便携设备集成远程诊断、远程手术和远程医疗监控等解决方案，如图 2-5 所示。

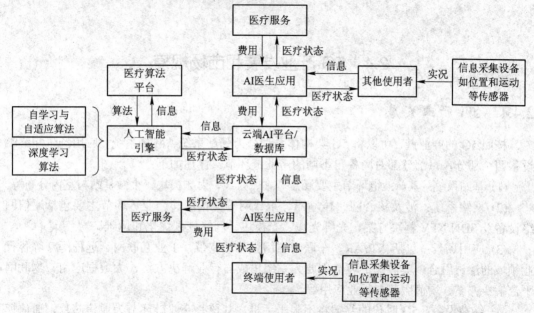

图 2-5　远程医疗流程

　　通过 5G 连接到 AI 医疗辅助系统，医疗行业有机会开展个性化的医疗咨询服务。人工智能医疗系统可以嵌入到医院呼叫中心、家庭医疗咨询助理设备、本地医生诊所，甚至是缺乏现场医务人员的移动诊所。它们可以完成很多任务：实时健康管理，跟踪病人、病历，推荐治疗方案和药物，建立后续预约；智能医疗综合诊断，并将情境信息考虑在内，如遗传信息、患者生活方式和患者的身体状况；通过 AI 模型对患者进行主动监测，在必要时改变治疗计划，并可使用医工机器人通过网络对病人实施手术，如图 2-6 所示。

　　其他应用场景包括医疗机器人和医疗认知计算，这些应用对网络连接提出了不间断保障的要求(如生物遥测、基于 VR 的医疗培训、救护车无人机、生物信息的实时数据传输等)。移动运营商可以积极与医疗行业伙伴合作，创建一个有利的生态系统，提供 IoMT(Internet of Medical Things，医疗物联网)连接和相关服务，如数据分析和云服务等，从而支持各种功能和服务的部署。远程诊断是一类特别的应用，尤其依赖 5G 网络的低延迟和高 QoS 保障特性。

图 2-6　远程手术

2.4　5G 产业发展和市场规模

2.4.1　5G 产业发展

按照 5G 的产业链，可以将 5G 架构体系划分为基站系统、网络系统、应用场景和终端设备四个部分，每部分都对应各自不同的产业链环节，详述如下：

(1) 基站系统：其产业链环节主要涵盖基站、天线、射频模块、小微基站与室内分布等。

(2) 网络系统：涉及核心网、传输网、承载网等架构，其产业链环节主要包括通信网络设备及 SDN/NFV 解决方案、光纤光缆、光模块、网络规划优化和运维。

(3) 应用场景：包括 VR/AR、车联网、增强移动宽带、工业互联网、远程医疗等各行业领域的渗透融合，其产业链环节主要为系统集成与行业解决方案、大数据应用、物联网平台解决方案、增值服务与行业应用等。

(4) 终端设备：5G 时代的终端将不限于手机，其核心产业链环节为通信芯片、通信模块、天线和射频等部分。

如果以上四个环节以国内产业链为主，可以勾勒出一个简单的 5G 产业链与产业全景，如图 2-7 所示。

在基站系统环节，第一阵营目前主要是通信行业的巨无霸厂商华为和中兴，产品涉及全产品线，尤其在基站系统上技术领先，国内市场占有率在 80% 以上。其余的包括一些规模较小但是专业性较强的公司，比如京信通信、通宇通讯、摩比发展、大富科技(射频)、武汉凡谷(射频)等。另外，国内在小微基站和室内覆盖设备上有较多有实力的厂商，比如邦讯技术、京信通信、日海通讯、盛路通信(室分天线)等。

在 5G 网络系统环节，分为通信网络设备、SDN/NFV 解决方案、光纤光缆、光模块、网络规划运维等多个方面。

通信网络设备及 SDN/NFV 解决方案是产业链最核心的环节，市场集中度较高，主流的厂商包括华为、中兴通讯、上海诺基亚贝尔、烽火通信、新华三、星网锐捷等。另外，值得关注的是，新华三等 IT 通用服务器厂商将在新增的 SDN/NFV 网络重构产业环节中受益。

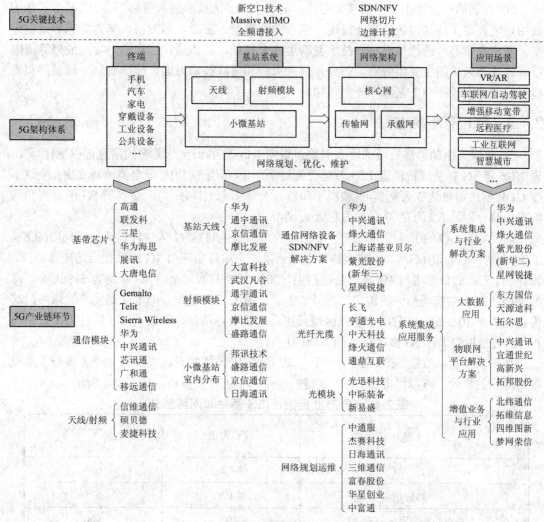

图 2-7　国内 5G 体系架构与产业全景

　　光纤、光缆、光模块也是 5G 网络系统建设的重要部分，光纤、光缆将主要受益于基站前传和回传网络的建设，光模块将受益于 RRU 和 BBU 等设备从 6G/10G(b/s)向 25G/100G(b/s)光模块的升级。光纤、光缆主要厂商包括长飞、亨通光电、中天科技、烽火通信、通鼎互联，光模块的厂商包括中际装备、光迅科技、新易盛等。

　　在网络规划运维方面，包括无线接入网、业务承载网等前期规划设计和后期优化运维，主要包括中通服、杰赛科技、日海通讯、三维通信、富春股份、华星创业、中富通等企业。

　　在应用场景环节，5G 面向应用场景的产业链环节在于系统集成与应用服务，主要包括系统集成与行业解决方案、大数据应用、物联网平台解决方案、增值业务和行业应用等部分。各环节的主流厂商包括系统平台综合集成的华为、中兴通讯、烽火通信、新华三、星网锐捷，大数据应用的东方国信、天源迪科、拓尔思，物联网平台与解决方案的宣通世纪、高新兴、拓邦股份，增值业务服务与平台的北纬通信、拓维信息、四维图新、梦网荣信等。

　　在终端环节，5G 的终端设备将不局限于手机和电脑，还将涵盖家电、汽车、穿戴设备、工业设备等。据统计，到 2020 年广义的"联网终端"数量将达到 250 亿～500 亿部。

5G 终端的产业链主要包括基带芯片、通信模块、天线和射频等环节。5G 基带芯片的商用进度决定了终端设备的产业进度，重点关注高通、三星、联发科、华为海思等研发进度。基于基带芯片的通信模块，技术复杂度相对较低，芯讯通、广和通、移远通信等国内厂商将成为未来的主要供应商。另外，终端天线和射频技术方面，信维通信、硕贝德和麦捷科技成熟度较高、工艺量产能力较强。

2.4.2 5G 市场规模

5G 将成为驱动经济发展的巨大引擎。根据 IHS Markit(全球著名的信息提供商)预测，到 2035 年 5G 在全球将创造 12.3 万亿美元经济产出(相当于 2016 年全美消费支出)，全球年度 GDP 创造贡献达 3 万亿美元(相当于印度，全球第七大经济体)，而我国 5G 的直接和间接产出将分别达 6.3 万亿和 10.6 万亿元人民币。

对比 4G，5G 的市场空间将是一个怎样的市场规模呢？5G 基站将包括中低频段(6G 以下)的宏站和高频段(6G 以上)的微站。中低频段的宏站可实现与 4G 基站相当的覆盖范围，预计 5G 宏站的数量将与 4G 基站数量相当，2019 年 9 月底，全国 4G 基站为 519 万个，覆盖 99%人口，如实现相同的覆盖，预计 5G 宏站将达 519 万个。毫米波高频段的微站，其覆盖范围是 10～20 m，应用于热点区域或更高容量业务场景，其数量保守估计将是宏站的 2 倍，由此我们预计 5G 微站将达到 1000 万个。

基于以上基站数量(宏站 520 万个、小站 1000 万个)的假设，以及三大运营商与主流设备商的相关统计，可以得出 5G 各产业链的一个基本的投资规模，如表 2-4 所示。

表 2-4 5G 产业链投资(5G 基站和网络部分)

5G 产业链环节	投资占比	投资规模/亿元 (人民币)
基站天线	5.4%	696
基站射频	4.1%	525
小微基站与室内分布	7%	900
通信网络设备(SDN/NFV 解决方案)	40.3%	5200
光纤光缆	5.6%	728
光模块	6.4%	826
网络规划运维	10.1%	1300
系统集成与应用服务	10.55%	1360
其他	10.55%	1360
总计		12 895

表 2-4 仅为 5G 网络建设的投资预计，未来基于 5G 网络的信息服务、垂直行业融合的新增市场规模和手机终端、5G 模组等的市场规模将数倍于 1.29 万亿元(人民币)。5G 市场不仅创造了一个数以几万亿元计的巨大市场空间，还创造了数以百万、千万计的工作岗位。因此，5G 对于世界经济的影响将类似于电力或汽车的引入。

本 章 小 结

本章主要讲述了 5G 的应用场景以及关键性能，主要内容包括 5G 愿景与需求、5G 三大应用场景以及关键性能、5G 典型应用以及 5G 产业目前的发展状况。

5G 将使信息突破时空限制，提供极佳的交互体验，为用户带来身临其境的信息盛宴；5G 将拉近万物的距离，通过无缝融合的方式，便捷地实现人与万物的智能互联；5G 将为用户提供光纤般的接入速率，"零"时延的使用体验，千亿设备的连接能力，超高流量密度、超高连接数密度和超高移动性等多场景的一致服务，业务及用户感知的智能优化，同时将为网络带来超百倍的能效提升和超百倍的比特成本降低，最终实现"信息随心至，万物触手及"的总体愿景。

移动互联网和物联网是未来移动通信发展的两大主要驱动力，将为 5G 提供广阔的前景。移动互联网颠覆了传统的移动通信业务模式，为用户提供前所未有的使用体验，深刻影响着人们工作生活的方方面面。物联网扩展了移动通信的服务范围，从人与人通信延伸到物与物、人与物智能互联，使移动通信技术渗透至更加广阔的行业和领域。

eMMB 场景的关键性能是需要尽可能大的带宽，实现极致的流量吞吐，并尽可能降低时延。mMTC 典型应用包括智慧城市、智能家居等。这类应用对连接密度要求较高，同时呈现行业多样性和差异化。智慧城市中的抄表应用要求终端低成本低功耗，网络支持海量连接的小数据包；视频监控不仅部署密度高，还要求终端和网络支持高速率；智能家居业务对时延要求相对不敏感，但终端可能需要适应高温、低温、震动、高速旋转等不同家具电器工作环境的变化。高可靠性是 uRLLC 的基本要求。

eMBB 的典型应用包括超高清视频、虚拟现实、增强现实等。mMTC 典型应用包括智慧城市、智能家居等。uRLLC 的特点是高可靠、低时延、极高的可用性。它包括以下各类场景及应用：工业应用和控制、交通安全和控制、远程制造、远程培训、远程手术等。

5G 通信行业产业链上游产业主要包括芯片市场、光器件市场、射频器件市场。

 习　题

1．请简述第五代移动通信的愿景。
2．5G 发展的两大主要驱动力是什么？请分别阐述。
3．请分别阐述 5G 三大应用场景的关键性能。
4．eMBB 场景的典型应用有哪些？
5．mMTC 场景的典型应用有哪些？
6．uRLLC 场景的典型应用有哪些？
7．5G 产业链包括哪几部分？每一部分包含哪些市场？
8．请简述我国 5G 发展概况。

第3章　5G NR 空中接口

【本章内容】

　　5G 空中接口和 LTE 相比，既有延续又有发展。本章主要介绍了 5G NR 的空中接口，包括无线帧结构、Numerology 概念、NR 的物理信道和信号、5G NR 新的调制方式 256QAM 等，特别是 Numerology 概念最能体现 5G 空口的新特性，是 5G 实现新功能和强大性能的基础。本章最后介绍了 5G NR 的数据信道的编码 LDPC 码和信令信道的编码 Polar 码。

3.1　NR 无线帧结构

3.1.1　帧结构和 Numerology 的概念

　　5G 的新空中接口称为 5G NR，从物理层来说，5G NR 相对于 4G 最大的特点是支持灵活的帧结构。5G NR 引入了 Numerology 的概念，Numerology 可翻译为参数集或配置集，意思指一套参数、包括子载波间隔、符号长度、CP(循环前缀)长度等，这些参数共同定义了 5G NR 的帧结构。5G NR 帧结构由固定架构和灵活架构两部分组成，如图 3-1 所示。

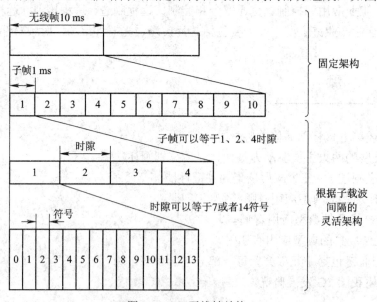

图 3-1　NR 无线帧结构

在固定架构部分，5G NR 的一个物理帧长度是 10 ms，由 10 个子帧组成，每个子帧长度为 1 ms。每个帧被分成两个半帧，每个半帧包括五个子帧，子帧 1～5 组成半帧 0，子帧 6～10 组成半帧 1。这个结构和 LTE 基本一致。

在灵活架构部分，5G NR 的帧结构与 LTE 有明显的不同，用于三种场景 eMBB、uRLLC 和 mMTC 的子载波的间隔是不同的。5G NR 定义的最基本的子载波间隔也是 15 kHz，但可灵活扩展。所谓灵活扩展，即 NR 的子载波间隔设为 $2^{\mu} \times 15$ kHz，$\mu \in \{-2, 0, 1, \cdots, 5\}$，也就是说子载波间隔可以设为 3.75 kHz、7.5 kHz、15 kHz、30 kHz、60 kHz、120 kHz、240 kHz 等，这一点与 LTE 有着根本性的不同，LTE 只有单一的 15 kHz 子载波间隔。表 3-1 列出了 NR 支持的五种子载波间隔，表中的符号 μ 称为子载波带宽指数。

表 3-1　NR 支持的五种子载波间隔

μ	$\Delta f = 2^{\mu} \times 15$(kHz)	循环前缀(CP)
0	15	正常
1	30	正常
2	60	正常、扩展
3	120	正常
4	240	正常

由于 NR 的基本帧结构以时隙为基本颗粒度，当子载波间隔变化时，时隙的绝对时间长度也随之改变，每个帧内包含的时隙个数也有所差别。比如在子载波带宽为 15 kHz 的配置下，每个子帧时隙数目为 1，在子载波带宽为 30 kHz 的配置下，每个子帧时隙数目为 2。正常 CP 情况下，每个子帧包含 14 个符号，扩展 CP 情况下包含 12 个符号。表 3-2 和 3-3 给出了不同子载波间隔时，时隙长度以及每帧和每子帧包含的时隙个数的关系。可以看出，每帧包含的时隙数是 10 的整数倍，随着子载波间隔的增大，每帧或是子帧内的时隙数也随之增加。

表 3-2　正常循环前缀下 OFDM 符号数、每帧时隙数和每子帧时隙数分配

μ	$N_{\text{symb}}^{\text{slot}}$	$N_{\text{slot}}^{\text{frame},\mu}$	$N_{\text{slot}}^{\text{subframe},\mu}$
0	14	10	1
1	14	20	2
2	14	40	4
3	14	80	8
4	14	160	16

表 3-3　扩展循环前缀的每时隙 OFDM 符号数、每帧时隙数和每子帧时隙数

μ	$N_{\text{symb}}^{\text{slot}}$	$N_{\text{slot}}^{\text{frame},\mu}$	$N_{\text{slot}}^{\text{subframe},\mu}$
2	12	40	4

在表 3-2 和表 3-3 中，μ 是子载波配置参数，$N_{\text{symb}}^{\text{slot}}$ 是每时隙符号数目，$N_{\text{slot}}^{\text{frame},\mu}$ 是每帧

时隙数目，$N_{\text{slot}}^{\text{subframe},\mu}$ 是每子帧时隙数目，子载波间隔 $= 2^\mu \times 15$ kHz，子帧由一个或多个相邻的时隙形成，每时隙具有 14 个相邻的符号。

3GPP 技术规范 38.211 规定了 5G 时隙的各种符号组成结构。图 3-2 例举了格式 0～15 的时隙结构，时隙中的符号被分为三类：下行符号(标记为 D)、上行符号(标记为 U)和灵活符号(标记为 X)。

<3GPP技术规范38.211，表4.3.2-3：时隙格式>

D：下行；U：上行；X：灵活

格式	一个时隙的符号数量													
	0	1	2	3	4	5	6	7	8	9	10	11	12	13
0	D	D	D	D	D	D	D	D	D	D	D	D	D	D
1	U	U	U	U	U	U	U	U	U	U	U	U	U	U
2	X	X	X	X	X	X	X	X	X	X	X	X	X	X
3	D	D	D	D	D	D	D	D	D	D	D	D	D	X
4	D	D	D	D	D	D	D	D	D	D	D	D	X	X
5	D	D	D	D	D	D	D	D	D	D	D	X	X	X
6	D	D	D	D	D	D	D	D	D	D	X	X	X	X
7	D	D	D	D	D	D	D	D	D	X	X	X	X	X
8	X	X	X	X	X	X	X	X	X	X	X	X	X	U
9	X	X	X	X	X	X	X	X	X	X	X	X	U	U
10	X	U	U	U	U	U	U	U	U	U	U	U	U	U
11	X	X	U	U	U	U	U	U	U	U	U	U	U	U
12	X	X	X	U	U	U	U	U	U	U	U	U	U	U
13	X	X	X	X	U	U	U	U	U	U	U	U	U	U
14	X	X	X	X	X	U	U	U	U	U	U	U	U	U
15	X	X	X	X	X	X	U	U	U	U	U	U	U	U

图 3-2   5G NR 时隙的符号配置

下行数据可以在 D 和 X 上发送，上行数据可以在 U 和 X 上发送。同时，X 还包含上下行转换点，NR 支持每个时隙包含最多两个转换点。由此可以看出，不同于 LTE 上下行转换发生在子帧交替时，NR 上下行转换可以在符号之间进行。

由于每个时隙的 OFDM 数目固定为 14(正常 CP)和 12(扩展 CP)，因此 OFDM 符号长度也是可变的。无论子载波间隔是多少，符号长度 × 子帧时隙数目 = 子帧长度，子帧长度一定是 1 ms。子载波间隔越大，其包含的时隙数目越多，因此，对应的时隙长度和单个符号长度会越短。各参数如表 3-4 所示。

表 3-4   OFDM 符号长度可变数表

Parameter/Numerlogy(μ)/(参数/参数集)	0	1	2	3	4
子载波(subcarrier)间隔/kHz	15	30	60	120	240
每个时隙(slot) 长度/μs	1000	500	250	125	62.5
每个时隙符号数(Normal CP)/个	14	14	14	14	14
OFDM 符号有效长度/μs	66.67	33.33	16.67	8.33	4.17
循环前缀(Cyclic Prefix)长度/μs	4.69	2.34	1.17	0.57	0.29
OFDM 符号有效长度(包含 CP)/μs	71.35	35.68	17.84	8.92	4.46
OFDM 符号长度(包含 CP) = 每个时隙(slot)长度/每个时隙符号数(Normal CP)					

3.1.2　各种子载波的帧结构划分

虽然 5G NR 支持多种子载波间隔，但是在不同子载波间隔配置下，无线帧和子帧的长度是相同的。无线帧长度固定为 10 ms，子帧长度为 1 ms。那么不同子载波间隔配置下，无线帧的结构有哪些不同呢？答案是每个子帧中包含的时隙数不同。在正常 CP 情况下，每个时隙包含的符号数相同，且都为 14 个。下面根据每种子载波的间隔配置，来看一下 5G NR 的帧结构。

1. 正常 CP(子载波间隔=15 kHz)

如图 3-3 所示，在这个配置中，一个子帧仅有 1 个时隙，所以无线帧包含 10 个时隙，一个时隙包含的 OFDM 符号数为 14。

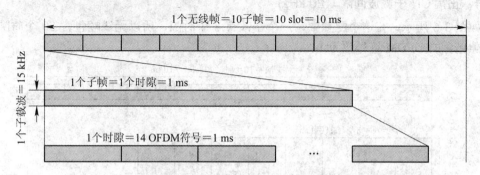

图 3-3　正常 CP(子载波间隔 15 kHz)

2. 正常 CP(子载波间隔=30 kHz)

如图 3-4 所示，在这个配置中，一个子帧有 2 个时隙，所以无线帧包含 20 个时隙。1 个时隙包含的 OFDM 符号数为 14。

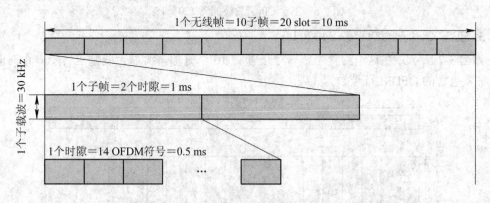

图 3-4　正常 CP(子载波间隔 30 kHz)

3. 正常 CP(子载波间隔=60 kHz)

如图 3-5 所示，在这个配置中，一个子帧有 4 个时隙，所以无线帧包含 40 个时隙。1 个时隙包含的 OFDM 符号数为 14。

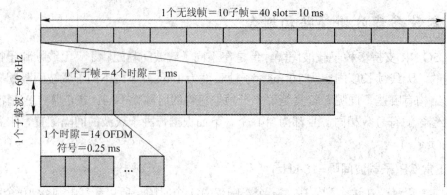

图 3-5   正常 CP(子载波间隔 60 kHz)

4. 正常 CP(子载波间隔=120 kHz)

如图 3-6 所示,在这个配置中,一个子帧有 8 个时隙,所以无线帧包含 80 个时隙。1 个时隙包含的 OFDM 符号数为 14。

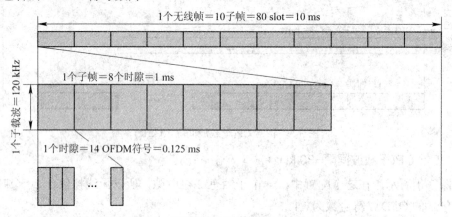

图 3-6   正常 CP(子载波间隔 120 kHz)

5. 正常 CP(子载波间隔=240 kHz)

如图 3-7 所示,在这个配置中,一个子帧有 16 个时隙,所以无线帧包含 160 个时隙。1 个时隙包含的 OFDM 符号数为 14。

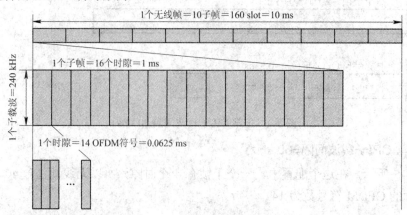

图 3-7   正常 CP(子载波间隔 240 kHz)

6. 扩展 CP(子载波间隔=60 kHz)

如图 3-8 所示，在这个配置中，一个子帧有 4 个时隙，所以无线帧包含 40 个时隙。1 个时隙包含的 OFDM 符号数为 12。

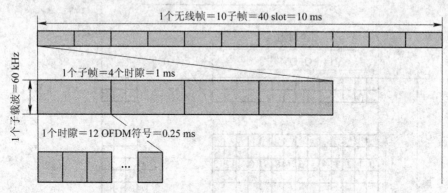

图 3-8　扩展 CP(子载波间隔=60 kHz)

通过以上配置的例子可以得出如下结论：

(1) 虽然 5G NR 支持多种子载波间隔，但是不同子载波间隔配置下，无线帧和子帧的长度是相同的。无线帧长度为 10 ms，子帧长度为 1 ms。

(2) 不同子载波间隔配置下，无线帧的结构有所不同，即每个子帧中包含的时隙数不同。另外，在正常 CP 情况下，每个时隙包含的符号数相同，且都为 14 个。

(3) 时隙长度因为子载波间隔不同会有所不同，一般是随着子载波间隔变大，时隙长度变小。

3.1.3　物理资源

NR 的物理资源包括三部分：频率资源、时间资源和空间资源。在这里，频率资源指的是子载波，时间资源指的是时隙/符号，空间资源指的是天线端口。子帧时隙资源结构如图 3-9 所示。

1. 天线端口

天线端口是由参考信号定义的逻辑发射通道，也就是天线逻辑端口。它是物理信道或物理信号的一种基于空口环境的标识，相同的天线逻辑端口信道环境变化一样，接收机可以据此进行信道估计从而对传输信号进行解调。在同一天线端口上，某一符号上的信道可以由另一符号上的信道推知。如果一个天线端口上某一符号传输的信道的大尺度性能可以被另一天线端口上某一符号传输的信道所推知，则这两个天线端口被称为准共址 (Quasico-Located)。大尺度性能包括一个或多个延时扩展、多普勒扩展、多普勒频移、平均增益，平均时延和空间接收参数。

2. 资源网格

资源网格由 $N_{\text{grid},x}^{\text{size},\mu} N_{\text{sc}}^{\text{RB}}$ 个子载波和 $N_{\text{symb}}^{\text{subframe},\mu}$ 个 OFDM 符号构成，由更高层的信令指示。每个传输方向(上行链路或下行链路)有一组带有下标的资源网格 x，分别将下行链路和上行链路设置为 DL 和 UL。给定天线端口有一个资源网格 p、子载波间隔配置 μ 和传输方向(下行链路或上行链路)。

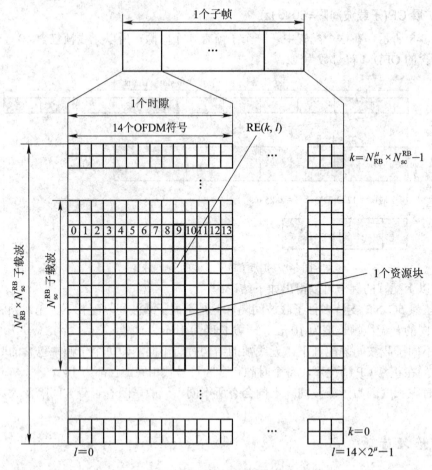

图 3-9　子帧时隙资源结构

载波带宽 $N_{\text{grid}}^{\text{size},\mu}$ 用于子载波间隔配置，由 SCS-SpecificCarrier IE(子载波间隔-指定载波)中的高层参数 CarrierBandwidth(载波带宽)给出。

起始位置 $N_{\text{grid}}^{\text{start},\mu}$ 用于子载波间隔配置，由 SCS-SpecificCarrier IE 中的高层参数 offsetToCarrier(载波偏移)给出。

3. RE

天线端口 p 和子载波间隔配置 μ 的资源格中的每个元素被称为 RE(Resource Element，资源粒子)，并且由索引对(k, l)唯一地标识，其中 k 是频域索引，l 是时域索引。

RE 可分为 4 类：Uplink(上行)、Downlink(下行)、Flexible(灵活)、Reserved(保留)。

4. RB

RB(Resource Block，资源块)的定义和 LTE 是不一样的：5G RB 是频域上连续的 12 个子载波，时域上没有定义，称为 1 个 RB。而且由于 5G 引入了 Numerology 的概念，在不同的配置集下，不同的子载波间隔对应的最小和最大 RB 数是不同的。在 5G NR 中，最小频率带宽和最大频率带宽随子载波间隔变化而变化，如表 3-5 所示。

表 3-5　RB 数/频率带宽随子载波间隔变化

μ 参数	最小 RB 数	最大 RB 数	子载波间隔/kHz	最小频率带宽/MHz	最大频率带宽/MHz
0	24	275	15	4.32	49.5
1	24	275	30	8.64	99
2	24	275	60	17.28	198
3	24	275	120	34.56	396
4	24	138	240	69.12	397.44

3.2　NR 物理信道和信号

3.2.1　概述

物理信道是一系列资源粒子 RE 的集合，用于承载源于高层的信息。同样的，物理信号也是一系列资源粒子 RE 的集合，但这些 RE 不承载任何源于高层的信息，它们一般有时域和频域资源固定、发送的内容固定、发送功率固定的特点。

物理信道可分为上行物理信道和下行物理信道。NR 的物理信道结构与 LTE 类似，上行链路物理信道分为 PUSCH(Physical Uplink Shared Channel，物理上行共享信道)、PUCCH(Physical Uplink Control Channel，物理上行控制信道)、PRACH(Physical Random Access Channel，物理随机接入信道)；物理信号分为 DM-RS(Demodulation Reference Signal，解调参考信号)、PT-RS(Phase-Tracking Reference Signal，相位跟踪参考信号)、SRS(Sounding Reference Signal，探测参考信号)。下行链路物理信道分为 PDSCH(Physical Downlink Shared Channel，物理下行共享信道)、PBCH(Physical Broadcast Channel，物理广播信道)、PDCCH(Physical Downlink Control Channel，物理下行控制信道)；物理信号分为解调参考信号(DM-RS)，相位跟踪参考信号(PT-RS)、CSI-RS(Channel State Information Reference Signal，信道状态信息参考信号)、PSS(Primary Synchronization Signal，主同步信号)、SSS(Secondary Synchronization Signal，辅同步信号)。表 3-6 列出了上下行链路物理信道和物理信号。

表 3-6　上下行链路物理信道和物理信号

上行物理信道	下行物理信道
物理上行共享信道：PUSCH	物理下行共享信道：PDSCH
物理上行控制信道：PUCCH	物理广播信道：PBCH
物理随机接入信道：PRACH	物理下行控制信道：PDCCH
上行物理信号	下行物理信号
解调参考信号：DM-RS	解调参考信号：DM-RS
相位跟踪参考信号：PT-RS	相位跟踪参考信号：PT-RS
探测参考信号：SRS	信道状态信息参考信号：CSI-RS
	主同步信号：PSS
	辅同步信号：SSS

物理信道/信号对应的天线端口范围如下：

(1) 上行信道天线端口及应用：

[0，1000]：用于 PUSCH 和相关的解调参考信号；

[1000，2000]：用于 SRS；

[2000，4000]：用于 PUCCH；

[4000，4000]：用于 PRACH。

(2) 下行信道天线端口及应用：

[1000，2000]：用于 PSDCH；

[2000，3000]：用于 PDCCH；

[3000，4000]：用于 CSI-RS；

[4000，+∞]：用于 SS 和 PBCH。

天线端口是一个逻辑上的概念，它与物理天线并没有一一对应的关系。在下行链路中，下行链路和下行参考信号是意义对应的：如果通过多个物理天线来传输一个参考信号，那么这些物理天线就对应同一个天线端口，而如果有两个不同的天线是从同一个物理层天线中传输的，那么这个物理天线就对应两个独立的天线端口。非相干的物理天线(阵元)定义为不同的端口才有意义。多个天线端口的信号可以通过一个发送天线发送，例如 C-RS Port 0 和 UE-RS Port 5。一个天线端口的信号可以分布到不同的发送天线上，例如 UE-RS Port 5。

3.2.2　物理信道和信号

1．上行物理信道

5G 定义的上行物理信道主要包括三种：

(1) PUSCH：数据信道，主要用来传送上行业务数据。PUSCH 映射到子帧中的数据区域上。

(2) PUCCH：控制信道，主要用来传送上行控制信息，如信道质量指示 CQI，RI(Rank Indicator，秩指示)，PMI(Precoding Matrix Indicator，预编码矩阵指示)和 HARQ 的应答。

(3) PRACH：随机接入信道，用于承载随机接入前导序列的发送，是用户进行初始连接、切换、连接重建立、重新恢复上行同步的唯一途径。UE 通过上行 PRACH 来达到与系统之间的上行接入和同步。

2．上行物理信号

5G 定义的上行物理信号只有一种类型，即参考信号，包括以下三种：

(1) DM-RS：该信号用于接收端进行信道估计，用于 PUSCH 和 PUCCH 的解调，PUSCH 和 PUCCH 的 DM-RS 有所不同。

(2) PT-RS：该信号是 5G 为了应对高频段下的相位噪声引入的参考信号，用于解调 PUSCH 时的相位估计补偿算法。

(3) SRS：该信号用于为上行信道质量做参考，周期性上报，用于基站对上行资源进行调度。

3．下行物理信道

5G 定义的下行物理信道主要有以下三种：

(1) PDSCH：数据信道，用于承载下行用户数据和高层指令。

(2) PDCCH：控制信道，用于承载下行控制消息，如传输格式、资源分配、上行调度许可、功率控制以及上行重传信息等。

(3) PBCH：广播信道，用于以广播的形式传送系统信息块消息，包括主要无线指标，如帧号、子载波间隔、参考信号配置等。

4．下行物理信号

下行物理信号分为两种类型，即参考信号和同步信号。参考信号共三种：DM-RS、PT-RS和 CSI-RS。其中前两个和上行物理信号的作用一致。同步信号包括主同步信号 PSS 和辅同步信号 SSS。

CSI-RS 参考信号非常重要，在 5G 规划甚至在后续路测阶段中将该参考信号的SINR(Signal to Interference plus Noise Ratio，信号与干扰加噪声比)值作为衡量覆盖的重要指标之一。其作用主要有两个：一是为了辅助接收下行 PDSCH 共享信道，二是对下行信道质量进行测量并进行信道状态上报以供基站进行链路自适应调整。

同步信号 PSS/SSS 用于 UE 搜索小区时使用，UE 通过检测 PSS 序列及 SSS 序列可以快速与基站做到符号定时同步，并通过计算得到物理小区标识 PCI。

3.2.3　调制方式

在 3GPP 协议(TS 38.201)中，定义了 5G 支持的调制方式，上下行有所不同。

(1) 下行：QPSK(Quadrature Phase Shift Keying，正交相移键控)，16QAM(16 Quadrature Amplitude Modulation，十六进制正交振幅调制)，64QAM(64 Quadrature Amplitude Modulation，64 进制正交振幅调制)，256QAM(256 Quadrature Amplitude Modulation，256 进制正交振幅调制)。

(2) 上行：采用 CP-OFDM(带循环前缀的正交频分复用)模式的调制方式与下行一致；采用 CP-DFT-s-OFDM(基于循环前缀的离散傅里叶变换扩频的正交频分复用多址接入)模式的调制方式，增加了一种调制方式 π/2-BPSK(π/2 Binary Phase Shift Keying，π/2 的二进制相移键控)。

按照基本的调制概念，上述调制方式可以分为两类，一是载波的相位变化，幅度不变，包括 QPSK 和 π/2-BPSK。二是载波的相位和幅度都变化，包括 16QAM、64QAM、256QAM。

表 3-7 列出 3G、4G 和 5G 所使用的调制方式的对照。

表 3-7　3G、4G 和 5G 调制方式对照

3G	4G LTE	5G NR
QPSK	QPSK 16QAM 64QAM	π/2-BPSK QPSK 16QAM 64QAM 256QAM

表 3-7 中的调制方式针对的是数据信道(PUSCH/PDSCH)，对于控制信道、广播信道等其调制方式会有差别。控制信道和广播信道一般采用 QPSK 调制方式。与 4G LTE 相比，5G 增加了 256QAM 和 π/2-BPSK 两种调制方式。采用 256QAM 的目的在于提高数据传输

速率，采用 π/2-BPSK 的目的是为了提高小区边缘的覆盖率，且该种方式仅在变换预编码启用时可以采用。

对于 5G 中新增加的 π/2-BPSK 调制，它的星座图如图 3-10 所示。

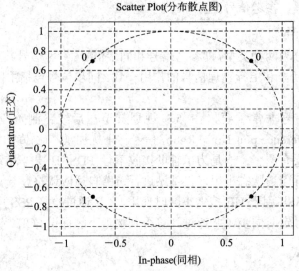

图 3-10   π/2-BPSK 调制星座图

假设 BPSK 以相位偏移 π/4 的调制信号表示 0，以相位偏移 5π/4 的调制信号表示 1，π/2-BPSK 增加了 3π/4 和 7π/4 两个相位。当 0 位于偶数位时，用相位偏移 π/4 表示；当 0 位于奇数位时，用相位偏移 3π/4 表示。当 1 位于偶数位时，用相位偏移 5π/4 表示；当 1 位于奇数位时，用相位偏移 7π/4 表示。也就是说 π/2-BPSK 定义了 4 种相位来表示调制比特的 0 和 1。

对于 5G 中新增的 256QAM 调制，它的 I 路和 Q 路分别有 16 种幅度可以调制，每种幅度携带 4 bit 信息，合成 IQ 信号后就有 256 种相位，每种相位携带 8 bit 的信息。它的星座图如图 3-11 所示。

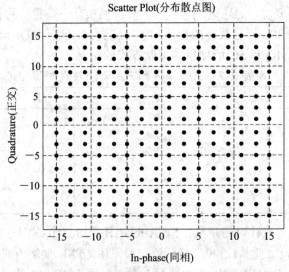

图 3-11   256 QAM 调制星座图

3.3　NR 信道编码

信道编码，也叫差错控制编码，是现代通信系统中最基础的部分之一，它的主要目的是使数字信号进行可靠的传递。基本思想是在发送端对原数据添加冗余信息，这些冗余信息是和原数据相关的，再在接收端根据这种相关性来检测和纠正传输过程产生的差错，从而对抗传输过程的干扰。

3G 与 4G 均采用了 Turbo 码的信道编码方案。Turbo 码编码简单，它的 2 个核心标志是卷积码和迭代译码，解码性能出色，但迭代次数多，译码时延较大，不适用于 5G 高速率、低时延应用场景。5G 的峰值速率是 LTE 的 20 倍，时延是 LTE 的 1/10，这就意味着 5G 编码技术需在有限的时延内支持更快的处理速度，比如 20 Gb/s 就相当于译码器每秒钟要处理几十亿比特数据，即 5G 译码器数据吞吐率比 4G 高得多。译码器数据吞吐率越高就意味着硬件实现复杂度越高，处理功耗越大。以手机为例，译码器是手机基带处理的重要组成部分，占据了近 72% 的基带处理硬件资源和功耗，因此，要实现 5G 应用落地，选择高效的信道编码技术非常重要。

同时，由于 5G 面向更多应用场景，对编码的灵活性要求更高，需支持更广泛的码块长度和更多的编码率。比如，短码块应用于物联网，长码块应用于高清视频，低编码率应用于基站分布稀疏的农村站点，高编码率应用于密集城区。如果大家都用同样的编码率，这就会造成数据比特浪费，进而浪费频谱资源。因此，两大新的优秀编码技术被 3GPP 最终选定为 5G 编码标准：LDPC 码(Low Density Parity Check Code，低密度奇偶校验码)和极化码(Polar Code)，它们都是逼近香农极限的信道编码。

2016 年 11 月 17 日，3GPP 规定，5G NR 控制消息和广播信道采用 Polar 码，数据信道采用 LDPC 码。

3.3.1　极化码(Polar Code)

在 2008 年国际信息论 ISIT 会议上，土耳其毕尔肯大学埃达尔·阿利坎(Erdal Arıkan)教授首次提出了信道极化的概念。基于该理论，他给出了人类已知的第一种能够被严格证明达到信道容量的信道编码方法，并命名为 Polar Code(极化码)。

极化码构造的核心是通过信道极化(Channel Polarization)处理，在编码侧采用方法使各个子信道呈现出不同的可靠性。当码长持续增加时，部分信道将趋向于容量近于 1 的完美信道(无误码)，另一部分信道趋向于容量接近于 0 的纯噪声信道。选择在容量接近于 1 的信道上直接传输信息以逼近信道容量，是目前唯一能够被严格证明可以达到香农极限的方法。

从代数编码和概率编码的角度来说，极化码具备了两者各自的特点。首先，只要给定编码长度，极化码的编译码结构就唯一确定了，而且可以通过生成矩阵的形式完成编码过程，这一点和代数编码的常见思维是一致的。其次，极化码在设计时并没有考虑最小距离特性，而是利用了信道联合(Channel Combination)与信道分裂(Channel Splitting)的过程来选择具体的编码方案，而且在译码时也是采用概率算法，这一点比较符合概率编码的思想。

对于长度为 $N = 2^n$(n 为任意正整数)的极化码，它利用信道 W 的 N 个独立副本，进行信道联合和信道分裂，得到新的 N 个分裂之后的信道 $\{W_N^{(1)},\ W_N^{(2)},\ \cdots,\ W_N^{(N)}\}$。随着码长 N 的增加，分裂之后的信道将向两个极端发展：其中一部分分裂信道会趋近于完美信道，即信道容量趋近于 1 的无噪声信道；而另一部分分裂信道会趋近于完全噪声信道，即信道容量趋近于 0 的信道。假设原信道 W 的二进制输入对称容量记作 $I(W)$，那么当码长 N 趋近于无穷大时，信道容量趋近于 1 的分裂信道比例约为 $K = N \times I(W)$，而信道容量趋近于 0 的比例约为 $N \times (1 - I(W))$。对于信道容量为 1 的可靠信道，可以直接放置消息比特而不采用任何编码，即相当于编码速率为 $R=1$；而对于信道容量为 0 的不可靠信道，可以放置发送端和接收端都事先已知的冻结比特，即相当于编码速率为 $R=0$。那么当码长 $N\to\infty$ 时，极化码的可达编码速率 $R = N \times I(W) / N = I(W)$，即在理论上，极化码可以被证明是可以达到信道容量的。

在极化码编码时，首先要区分出 N 个分裂信道的可靠程度，即哪些属于可靠信道，哪些属于不可靠信道。对各个极化信道的可靠性进行度量常用的有三种方法：巴氏参数(Bhattacharyya Parameter)法、密度进化(Density Evolution，DE)法和高斯近似(Gaussian Approximation)法。

最初，极化码采用巴氏参数 $Z(W)$ 来作为每个分裂信道的可靠性度量，$Z(W)$ 越大表示信道的可靠程度越低。当信道 W 是二元删除信道时，每个 $Z(W_N^i)$ 都可以采用递归的方式计算出来，复杂度为 $O \times (N \times \mathrm{lb}N)(\mathrm{lb} = \log_2，下同)$。然而，对于其他信道，如二进制输入对称信道或者二进制输入加性高斯白噪声信道并不存在准确的能够计算 $Z(W_N^i)$ 的方法。

因此，Mori 等人提出了一种采用密度进化方法跟踪每个子信道概率密度函数，从而估计每个子信道错误概率的方法。这种方法适用于所有类型的二进制输入离散无记忆信道。

在大多数研究场景下，信道编码的传输信道模型均为 BAWGNC(Binary-input Additive White Gaussian Channel，加性高斯白噪声信道)信道。在 BAWGNC 信道下，可以将密度进化中的对数似然比(Likelihood Rate，LLR)的概率密度函数用一族方差为均值 2 倍的高斯分布来近似，从而简化成了对一维均值的计算，大大降低了计算量，这种简化计算即为高斯近似。

在解码侧，极化后的信道可用简单的逐次干扰抵消解码的方法，以较低的复杂度获得与最大自然解码相近的性能。Polar 码的优势是计算量小，小规模的芯片就可以实现，商业化后设备成本较低。但 Polar 码在长信号以及数据传输上更能体现出优势。香农理论的验证也是 Polar 码在长码上而不是在短码上实现的。

跟其它编码方案比较，Polar 码是低复杂度编解码，当编码块偏小时，在编码性能方面，极化编码与循环冗余编码，以及自适应的连续干扰抵消表(SC-list)解码器级联使用，可超越 Turbo 或 LDPC。缺点是码长一般时(小于 2000)，最小汉明距太小(1024 码长时只有 16)。极化编码需要解决的问题是由于编码的特性，所有解码方法都是 SC-Based(Success-Cancellation Based，基于连续抵消)，也就是必须先解第一个再解第二个直到第 n 个，并行化会很困难，所以，即使"复杂度"比较低，但是超大规模集成电路实现的吞吐量相对 LDPC 码非常低，这是应用上最大的问题。

3.3.2　低密度奇偶校验码(LDPC Code)

LDPC 码是由 MIT 的教授 Robert Gallager 提出的。1963 年，MIT 的 Robert Gallager 在博士论文中首次提出了 LDPC 的构造方法。不过，受限于当时环境，难以克服计算复杂性，缺乏可行的译码算法，此后的 35 年间这种方法基本上被人们忽略。其间由 Tanner 在 1981

年推广了 LDPC 码并给出了 LDPC 码的图表示，即后来所称的 Tanner 图。1993 年 Berrou 等人发现了 Turbo 码，在此基础上，1995 年前后 MacKay 和 Neal 等人对 LDPC 码重新进行了研究，提出了可行的译码算法，从而进一步发现了 LDPC 码所具有的良好性能，迅速引起强烈反响和极大关注。经过十几年来的研究和发展，研究人员在各方面都取得了突破性的进展，LDPC 的相关技术也日趋成熟，并进入了无线通信等相关领域的标准。

LDPC 码是一种校验矩阵密度("1"的数量)非常低的分组码，核心思想是用一个稀疏的向量空间把信息分散到整个码字中。只所以称为"稀疏"是因为校验矩阵中的 1 要远小于 0 的数目，这样做的好处就是译码复杂度低，结构非常灵活。普通的分组码校验矩阵密度大，采用最大似然法在译码器中解码时，错误信息会在局部的校验节点之间反复迭代并被加强，造成译码性能下降。反之，LDPC 码的校验矩阵非常稀疏，错误信息会在译码器的迭代中被分散到整个译码器中，正确解码的可能性会相应提高。对同样的 LDPC 码来说，采用不同译码算法可以获得不同的误码性能。优秀的译码算法可以获得很好的误码性能，反之，采用普通的译码算法，其误码性能则表现一般。

LDPC 属于线性分组码，常用校验矩阵或者 Tanner 图来描述。

在 LDPC 编码中，会用到一个叫作 **H** 矩阵的校验矩阵(Parity Check Matrix)来描述 LDPC 码，可以清晰地看到信息比特和校验比特之间的约束关系在编码过程中使用较多。比如，一个简单的 **H** 矩阵，如图 3-12 所示。

为了可以更加直观地理解 **H** 矩阵，可以借助 Tanner 图来表示 **H** 矩阵，Tanner 图把校验节点和变量节点分为两个集合，然后通过校验方程的约束关系连接校验节点和变量节点。如果为 1，则有连线。圆圈为变量节点，方框代表校验方程。如图 3-13 所示。

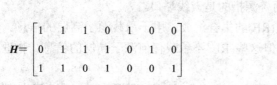

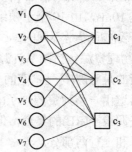

图 3-12　LDPC 编码 **H** 矩阵　　　　图 3-13　**H** 矩阵的 Tanner 图

左侧 $v_1 \sim v_7$ 是变量节点，右侧 $c_1 \sim c_3$ 是校验节点。变量节点和校验节点之间的连接线称为沿(edge)，也代表这个 **H** 矩阵中的 1，每个节点上连接线的数目称为节点维度(Degree)。

LDPC 编码分为正则编码和非正则编码。正则编码中横向和纵向中 1 的个数是固定的。非正则编码中横向和纵向中 1 的个数不固定。例如，正则 LDPC 编码矩阵如图 3-14 所示。

在这个正则 **H** 矩阵中，横向维度 Dr = 4，纵向维度 Dc=3，Codeword 长度 = 20。

与校验 **H** 矩阵对偶的矩阵称为 **G** 矩阵，也是生成矩阵。构建优异的 **H** 校验矩阵是不同厂商实现 LDPC 的核心内容，每家都有各自的专利。

LDPC 解码过程主要包括了两方面内容：硬解码和软解码。LDPC 解码的方法就是收到码字之后，与校验矩阵 **H** 相乘，如果是 0 矩阵，则说明收到的是正确码字。反之，则是不正确码字，再根据相乘结果进行进一步纠错解码。

$$H=\begin{bmatrix}
1 & 1 & 1 & 1 & 0 & 0 & 0 & 0 & 0 & 0 & 0 & 0 & 0 & 0 & 0 & 0 & 0 & 0 & 0 & 0 \\
0 & 0 & 0 & 0 & 1 & 1 & 1 & 1 & 0 & 0 & 0 & 0 & 0 & 0 & 0 & 0 & 0 & 0 & 0 & 0 \\
0 & 0 & 0 & 0 & 0 & 0 & 0 & 0 & 1 & 1 & 1 & 1 & 0 & 0 & 0 & 0 & 0 & 0 & 0 & 0 \\
0 & 0 & 0 & 0 & 0 & 0 & 0 & 0 & 0 & 0 & 0 & 0 & 1 & 1 & 1 & 1 & 0 & 0 & 0 & 0 \\
0 & 0 & 0 & 0 & 0 & 0 & 0 & 0 & 0 & 0 & 0 & 0 & 0 & 0 & 0 & 0 & 1 & 1 & 1 & 1 \\
1 & 0 & 0 & 0 & 1 & 0 & 0 & 0 & 1 & 0 & 0 & 0 & 1 & 0 & 0 & 0 & 1 & 0 & 0 & 0 \\
0 & 1 & 0 & 0 & 0 & 1 & 0 & 0 & 0 & 1 & 0 & 0 & 0 & 0 & 0 & 0 & 0 & 1 & 0 & 0 \\
0 & 0 & 1 & 0 & 0 & 0 & 0 & 0 & 0 & 0 & 0 & 0 & 0 & 1 & 0 & 0 & 0 & 0 & 1 & 0 \\
0 & 0 & 0 & 0 & 0 & 0 & 1 & 0 & 0 & 0 & 1 & 0 & 0 & 0 & 1 & 0 & 0 & 0 & 0 & 1 \\
0 & 0 & 0 & 1 & 0 & 0 & 0 & 0 & 0 & 1 & 0 & 0 & 0 & 0 & 1 & 0 & 0 & 0 & 0 & 1 \\
1 & 0 & 0 & 0 & 0 & 0 & 0 & 0 & 0 & 0 & 1 & 0 & 0 & 0 & 0 & 1 & 0 & 0 & 0 & 0 \\
0 & 1 & 0 & 0 & 0 & 0 & 1 & 0 & 0 & 0 & 0 & 0 & 1 & 0 & 0 & 0 & 0 & 1 & 0 & 0 \\
0 & 0 & 1 & 0 & 0 & 0 & 0 & 1 & 0 & 0 & 0 & 0 & 0 & 1 & 0 & 0 & 1 & 0 & 0 & 0 \\
0 & 0 & 0 & 1 & 0 & 0 & 0 & 1 & 0 & 0 & 0 & 1 & 0 & 0 & 1 & 0 & 0 & 0 & 0 & 0 \\
0 & 0 & 0 & 0 & 1 & 0 & 0 & 0 & 0 & 0 & 0 & 1 & 0 & 0 & 0 & 0 & 1 & 0 & 0 & 1
\end{bmatrix}$$

图 3-14　LDPC 正则编码矩阵

本 章 小 结

　　本章主要介绍了 5G NR 空中接口的帧结构和 Numerology 的概念，重点介绍了不同配置集的子载波和帧结构划分，以及物理资源、物理信道、物理信号等概念。最后介绍了两种 5G 信道编码标准 Polar 码和 LDPC 码。

　　5G NR 帧结构由固定结构和灵活结构两部分组成。在固定架构部分，5G NR 的一个物理帧长度是 10ms，由 10 个子帧组成，在灵活架构部分，用于三种场景 eMBB、uRLLC 和 eMTC 的子载波间隔是不同的。

　　NR 的物理资源包括频率资源、时间资源和空间资源三部分，频率资源指的是子载波，时间资源指的是时隙/符号，空间资源指的是天线端口。

　　物理信道由一系列资源粒子(RE)的集合组成，用于承载源于高层的信息。物理信号也是一系列资源粒子(RE)的集合，但这些 RE 不承载任何源于高层的信息。物理信道和信号可分为上行和上行两部分。

　　5G 信道编码标准选定了两大新的编码技术：LDPC 码和 Polar 码，它们都是逼近香农极限的信道编码。

 习　　题

1. 简述 5G NR 的无线帧结构。
2. 5G 配置了哪几种子载波间隔？简述每一种配置的结构特点。
3. 上下行物理信道有哪几个？简述其主要功能。
4. 上下行物理信号有哪几个？简述其主要功能。
5. 什么是信道编码？5G 采用了哪几种信道编码？
6. 如果 5G 采用 256QAM 调制，每个相位可以携带几个比特(bit)的信息？

第 4 章　5G 无线接入网和接口协议

【本章内容】

　　无线接入网是移动通信的主要组成部分，其各种接口用来实现接入网中不同功能单元之间以及接入网和核心网之间的数据处理与交互。5G 无线接入网的根本特征是 CU 和 DU 分离，通过 CU 和 DU 在物理位置上的灵活部署来实现不同的业务功能。5G 的接入网除了有空中接口、和核心网之间的接口、基站之间的接口之外，还新增了 F1 接口和 E1 接口。本章还介绍了 5G 的无线协议架构和 5G 几个独有的业务信令流程，比如 F1 接口启动等。

4.1　5G 无线接入网整体架构和节点

4.1.1　基本架构和节点功能

　　5G RAN 是 5G 的无线接入网，简称 NG-RAN，全称 New Radio Access Technology in 3GPP，是 5G 系统的重要组成部分。相对于 4G RAN，它发生了巨大变化，如图 4-1 所示。

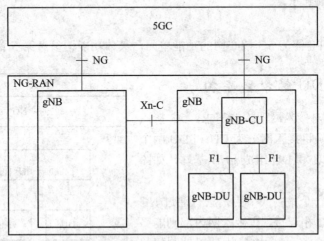

图 4-1　5G RAN 结构

　　NG-RAN 由一组通过 NG 接口连接到 5GC(The 5fifth-Generation Core，5G 核心网)的 gNB(5G 基站)组成。gNB 可以支持 FDD 模式、TDD 模式或 FDD/TDD 双模式。gNB 可以通过 Xn 接口互连。gNB 可以由 gNB-CU(Centralized Unit，集中式单元)和一个或多个 gNB-DU(Distributed Unit，分布式单元)组成。gNB-CU 和 gNB-DU 通过 F1 接口连接。在工

作时，一个 gNB-DU 仅连接一个 gNB-CU。但是为了可扩展性能或者冗余配置，可以通过适当的实现方案将一个 gNB-DU 连接到多个 gNB-CU 上。

对于 NG-RAN，由 gNB-CU 和 gNB-DU 组成的 gNB 的 NG 和 Xn-C 接口(gNB 和 gNB 之间的接口的控制面)终止于 gNB-CU；gNB-CU 和连接的 gNB-DU 仅对其他 gNB 可见，而 5GC 仅对 gNB 可见。

gNB 包括以下功能：

· 无线资源管理功能：无线承载控制，无线接纳控制，连接移动性控制，上行链路和下行链路中 UE 的动态资源分配及调度；

· IP 报头压缩，加密和数据完整性保护；

· 在 UE 提供的信息不能确定到 AMF 的路由时，为 UE 在 UE 附着的时候选择 AMF；

· 将用户面数据路由到 UPF；

· 提供控制面信息向 AMF 的路由；

· 连接设置和释放；

· 调度和传输寻呼消息；

· 调度和传输系统广播信息；

· 用于移动性和调度的测量与测量报告配置；

· 上行链路中的传输级数据包标记；

· 会话管理；

· 支持网络切片；

· QoS 流量管理和映射到数据无线承载；

· 支持处于 RRC_INACTIVE(无线连接处于非激活态)状态的 UE；

· NAS 消息的分发功能；

· 无线接入网共享；

· 双连接。

注：AMF、UPF 等为 5G 核心网的功能单元，具体功能请参考第 5 章内容。

4.1.2　CU 和 DU 的分离架构

依托 5G 系统对接入网架构的需求，5G 接入网架构中，已经明确将接入网分为 CU 和 DU 两个功能实体，即由 CU 和 DU 组成 gNB 基站，如图 4-2 所示。

其中，CU 是一个集中式节点，上行通过 NG 接口与核心网 NGC 相连接，在接入网内部则能够控制和协调多个小区，包含协议栈高层控制和数据功能，涉及的主要协议层包括控制面的 RRC 功能和用户面的 IP、SDAP(Service Data Adaptation Protocol，服务数据适配协议)、PDCP(Packet Data Convergence Protocol，分组数据汇聚协议)子层功

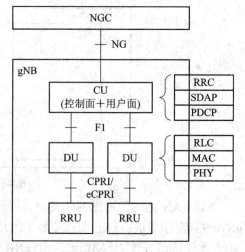

图 4-2　5G NR CU-DU 逻辑架构

能；DU 是分布式单元，广义上，DU 实现射频处理功能和 RLC、MAC 以及物理层等基带处理功能；狭义上，基于实际设备的实现，DU 仅负责基带处理功能，RRU(Remote Radio Unit，远端射频单元)负责射频处理功能，DU 和 RRU 之间通过 CPRI(Common Public Radio Interface，通用无线协议接口)或 eCPRI(enhance Common Public Radio Interface，增强通用无线协议接口)相连。

由于功能的分离，在 5G RAN 侧增加了 CU 和 DU 之间的 F1 接口，3GPP 对该接口的定义和消息交互也进行了标准化。CU/DU 具有多种切分方案，不同切分方案的适用场景和性能增益均不同，同时对前传接口的带宽、传输时延、同步等参数要求也有很大差异。

这种分离架构体现在硬件部分，相比于 4G 基站，BBU 功能在 5G 中被重构为 CU 和 DU 两个功能实体。采用 CU 和 DU 架构后，CU 和 DU 可以由独立的硬件来实现。从功能上看，一部分核心网功能可以下移到 CU 甚至 DU 中，用于实现移动边缘计算。此外，原先所有的 L1、L2、L3 等功能都在 BBU 中实现，新的架构下可以将 L1、L2、L3 功能分离，分别放在 CU 和 DU 甚至 RRU、AAU(Active Antenna Unit，基站有源天线单元)中来实现，以便灵活地应对传输和业务需求的变化。由此可见，5G 系统中采用 CU-DU 分离架构后，传统 BBU 和 RRU 网元及其逻辑功能都会发生很大变化。

CU-DU 功能灵活切分的好处在于硬件实现灵活，可以节省成本。CU 和 DU 分离的架构下可以实现性能和负荷管理的协调、实时性能优化并使用 NFV/SDN(网络功能虚拟化/软件定义网络)功能。功能分割可配置能够满足不同应用场景的需求，如传输时延的多变性。

总之，为了支持灵活的组网架构，适配不同的应用场景，5G 无线接入网将存在多种不同架构、不同形态的基站设备。从设备架构角度划分，5G 基站可分为 BBU-AAU、CU-DU-AAU、BBU-RRU-Antenna、CU-DU-RRU-Antenna、一体化 gNB 等不同的架构。从设备形态角度划分，5G 基站可分为基带设备、射频设备、一体化 gNB 设备以及其他形态的设备。

无线网 CU-DU 架构的好处还体现在能够获得小区间协作增益，实现集中负载管理，以及高效实现密集组网下的集中控制，比如多连接、密集切换、获得池化增益、使能 NFV/SDN 等等，满足运营商某些 5G 场景的部署需求。需要注意的是，在设备实现上，CU 和 DU 可以灵活选择，即二者可以是分离的设备，通过 F1 接口通信；或者 CU 和 DU 也完全可以集成在同一个物理设备中，此时 F1 接口就变成了设备内部的接口，CU 之间通过 Xn 接口进行通信。CU-DU 架构如图 4-3 所示。

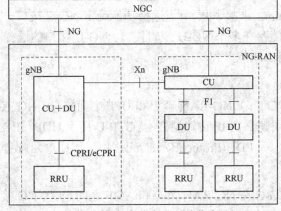

图 4-3　CU-DU 分离和一体化实现

4.2 接口协议和功能

NG-RAN 接口主要包括 RAN 和 5G 核心网之间的 NG 接口，NG-RAN 节点(gNB 或 ng-eNB)之间的 Xn 接口，NG-RAN 内部 gNB 的 CU 和 DU 功能实体之间互联的 F1 接口，NG-RAN 内部的 gNB-CU-CP 和 gNB-CU-UP 之间的点对点逻辑接口 E1。gNB 的 NG、Xn、F1 三个接口都可以在逻辑上分为控制面(-C)和用户面(-U)两部分，如图 4-4 所示。5G UE 和 NG-RAN 之间的接口名字仍然沿用了 Uu 的名称，功能也和 LTE Uu 接口类似，在此不再赘述。

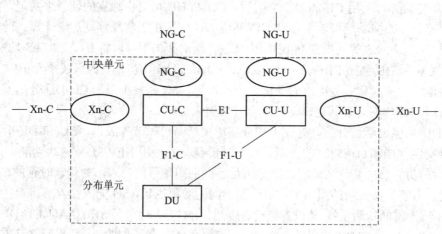

图 4-4 gNB 逻辑节点和接口

4.2.1 NG 接口

NG 接口是一个逻辑接口，规范了 NG-RAN 节点与不同制造商提供的核心网 AMF(Access Mobility Function，接入和移动管理功能)节点和 UPF(User Plane Function，用户平面功能)节点的互连，同时分离 NG 接口无线网络功能和传输网络功能。

NG 接口分为 NG-C 接口(控制面接口)和 NG-U 接口(用户面接口)两部分。

从任何一个 NG-RAN 节点向 5GC 连接可能存在多个 NG-C 逻辑接口，然后通过 NAS(Non-Access Stratum，非接入层)节点选择功能确定 NG-C 接口。从任何一个 NG-RAN 节点向 5GC 连接也可能存在多个 NG-U 逻辑接口。NG-U 接口的选择在 5GC 内完成，并由 AMF 发信号通知 NG-RAN 节点。

1. NG-U

NG 用户面接口(NG-U)在 NG-RAN 节点和 UPF 之间定义。NG 接口的用户面协议栈如图 4-5 所示。传输网络层建立在 IP 传输层之上，GTP-U 用于 UDP / IP 之上，以承载 NG-RAN 节点和 UPF 之间的用户面 PDU(ProtocolDataUnit，协议数据单元)数据。

2. NG-C

NG 控制面接口 NG-C 在 NG-RAN 节点和 AMF 之间定义。NG 接口的控制面协议栈如图 4-6 所示。传输网络层建立在 IP 传输层之上，为了可靠地传输信令消息，在 IP 之上添加了 SCTP(Stream Control Transmission Protocol，流控制传输协议)，提供有保证的应用层消息传递。应用层信令协议称为 NGAP(NG Application Protocol，NG 应用协议)。在传输中，IP层点对点传输用于传递信令 PDU。

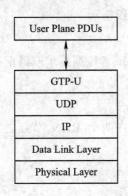

图 4-5　NG-U 协议栈

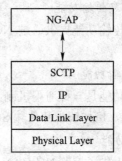

图 4-6　NG-C 协议栈

3. NG 接口功能

NG-C 提供以下主要功能：

1) 寻呼功能

寻呼功能支持向寻呼区域中涉及的 NG-RAN 节点发送寻呼请求消息，例如 UE 注册的 TAC(Trace Area Code，跟踪区域码)所属的 NG-RAN 节点。

2) UE 上下文管理功能

UE 上下文管理功能允许 AMF 在 AMF 和 NG-RAN 节点中建立、修改或释放 UE 上下文。

3) 移动性管理功能

移动性管理功能包括用于支持 NG-RAN 内的移动性的系统内切换功能和用于支持来自或到 EPS 系统的移动性的系统间切换功能。它包括通过 NG 接口准备、执行和完成切换。

4) PDU 会话管理功能

一旦 UE 上下文在 NG-RAN 节点中可用，PDU 会话功能负责建立、修改和释放所涉及的 PDU 会话 NG RAN 资源，以用于用户数据传输。NGAP 支持 AMF 对 PDU 会话相关信息的透明中继。

5) NAS 传输功能

NAS 传输功能通过 NG 接口传输 NAS 消息，或者重新路由特定 UE 的 NAS 消息(例如用于 NAS 移动性管理)。

6) NAS 节点选择功能

5G 架构支持 NG-RAN 节点与多个 AMF 的互连。因此，NAS 节点选择功能位于 NG-RAN 节点中，以基于 UE 的临时标识符确定 UE 的 AMF 关联，该临时标识符由 AMF 分配给 UE。当 UE 的临时标识符尚未被分配或不再有效时，NG-RAN 节点可以改为按照切片信息以确定 AMF。此功能位于 NG-RAN 节点中，可通过 NG 接口进行正确路由。在 NG 接口上，没有特定的过程对应 NAS 节点选择功能。

7) NG 接口管理功能

NG 接口管理功能提供对自身接口的管理，包括以下两种：

定义 NG 接口操作的开始或者重置；

实现不同版本的应用流程，如果出现错误则发送错误指示。

8) 警告信息传输功能

警告消息传输功能提供通过 NG 接口传输警告消息或者根据需求取消正在广播的警告消息的功能。

9) 配置传输功能

配置传输功能是一种通用机制，允许通过核心网络在两个 RAN 节点之间请求和传输 RAN 配置信息，例如请求和传输 SON(自组网)的信息。

10) 跟踪功能

跟踪功能提供了控制 NG-RAN 节点中跟踪会话的方法。

11) AMF 管理功能

AMF 管理功能支持 AMF 删除和 AMF 自动恢复。

12) 多个 TNL 关联支持功能

当 NG-RAN 节点和 AMF 之间存在多个(TNL Transport Network Layer，传输网络层)关联时，NG-RAN 节点基于从 AMF 接收的每个 TNL 关联的使用和权重因子来选择用于 NGAP 信令的 TNL 关联。如果 AMF 释放 TNL 关联，则 NG-RAN 节点会选择规范中规定的新节点。

13) AMF 负载平衡功能

NG 接口支持根据多个 NG-RAN 节点的相对容量选择接入的 AMF，以便在池区域内实现 AMF 负载均衡。

14) 位置报告功能

位置报告功能使 AMF 能够请求 NG-RAN 节点报告 UE 的当前位置，或者在不能确定当前 UE 位置的情况下，报告 UE 的最后已知位置以及时间戳信息。

15) AMF 重新分配功能

AMF 重新分配功能允许将 NG-RAN 节点发出的初始连接请求从初始 AMF 重定向到由 5GC 选择的目标 AMF。在这种情况下，NG-RAN 节点在一个新的 NG 接口实例上发起 UE 初始化消息过程，并且在接收到第一个下行链路消息后通过原先的 NG 接口实例关闭 UE 原先的逻辑连接。

4.2.2　Xn 接口

Xn 接口是 NG-RAN 节点(gNB 或 ng-eNB)之间的网络接口，分为 Xn-U 接口(用户面接口)和 Xn-C 接口(控制面接口)两部分。Xn 接口的规范原则如下：

(1) Xn 接口是开放的；

(2) Xn 接口支持两个 NG-RAN 节点之间的信令信息交换，以及 PDU 到各个隧道端点的数据转发。

从逻辑角度来看，Xn 是两个 NG-RAN 节点之间的点对点接口。即使在两个 NG-RAN

节点之间没有物理直接连接的情况下，点对点逻辑接口也应该是可行的。

1. Xn-U

Xn 用户面 Xn-U 接口在两个 NG-RAN 节点之间定义，协议栈如图 4-7 所示。传输层建立在 IP 网络层之上，GTP-U 用于 UDP/IP 之上以承载用户面 PDU。

Xn-U 提供无保证的用户面 PDU 传送，并支持以下功能：

(1) 数据转发功能：允许 NG-RAN 节点间数据转发从而支持双连接和移动性操作；

(2) 流控制功能：允许 NG-RAN 节点接收第二个节点的用户面数据从而控制数据流向。

2. Xn-C

Xn 控制面接口(Xn-C)在两个 NG-RAN 节点之间定义，协议栈如图 4-8 所示。传输层建立在 IP 网络层之上的 SCTP 上。应用层信令协议称为 XnAP(Xn Application Protocol，Xn 应用协议)。SCTP 层提供有保证的应用层消息传递。在网络 IP 层中，点对点传输用于传递信令 PDU。

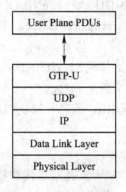

图 4-7　Xn-U 协议栈

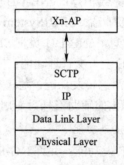

图 4-8　Xn-C 协议栈

Xn-C 接口支持以下功能：

(1) 通过 Xn-C 接口提供可靠的 XnAP 消息传输；

(2) 提供网络和路由功能；

(3) 在信令网络中提供冗余；

(4) 支持流量控制和拥塞控制；

(5) Xn-C 接口管理和差错处理功能，包括 Xn 建立、差错指示、Xn 重置、Xn 配置数据更新、Xn 移除等功能；

(6) UE 移动管理功能，包括切换准备、切换取消、恢复 UE 上下文、RAN 寻呼、数据转发控制等功能；

(7) 双连接功能，激活 NG-RAN 中辅助节点资源的使用。

4.2.3　F1 接口

1. F1 接口概述

F1 接口定义为 NG-RAN 内部的 gNB 的 CU 和 DU 功能实体之间互连的接口，或者与 E-UTRAN 内的 en-gNB(经过升级支持 5G 的 4G 基站)之间的 CU 和 DU 部分的互连接口。F1 接口规范的目的是实现由不同制造商提供的 gNB-CU 和 gNB-DU 之间进行互连。

F1 接口规范的一般原则如下：

(1) F1 接口是开放的；

(2) F1 接口支持端点之间的信令信息交换，此外接口支持向各个端点的数据传输；

(3) 从逻辑角度来看，F1 是端点之间的点对点接口，即使在端点之间没有物理直接连接的情况下，点对点逻辑接口也应该是可行的；

(4) F1 接口支持控制平面和用户平面分离；

(5) F1 接口分离无线网络层和传输网络层；

(6) F1 接口可以交换 UE 相关信息和非 UE 相关信息。

2．F1 接口功能

1) F1-C 接口功能

(1) F1 接口管理功能：包括差错指示、重置、F1 建立(gNB-DU 发起 F1 建立)、配置更新等功能(允许 gNB-CU 和 gNB-DU 间应用层配置数据更新，激活/去激活小区)。

(2) 系统信息管理功能：系统广播信息的调度在 gNB-DU 执行，gNB-DU 根据获得的调度参数传输系统消息；gNB-DU 负责 NR-MIB(Master Information Block，主系统信息块)编码，若需要广播 SIB1(System Information Blocks，系统信息块)和其他 SI(System Information)消息，gNB-DU 负责 SIB1 编码，gNB-CU 负责其他 SI 消息的编码。

(3) F1 UE 上下文管理功能：支持所需要的 UE 上下文建立和修改。

(4) RRC 消息转发功能：允许 gNB-CU 与 gNB-DU 间 RRC 消息转发，gNB-CU 负责使用 gNB-DU 提供的辅助信息对专用 RRC 消息编码。

2) F1-U 接口功能

(1) 数据转发功能：允许 NG-RAN 节点间数据转发，从而支持双连接和移动性操作；

(2) 流控制功能：允许 NG-RAN 节点接收第二个节点的用户面数据，从而提供数据流相关的反馈信息。

4.2.4　E1 接口

1．E1 接口概述

E1 接口定义为 NG-RAN 内部的 gNB-CU-CP 和 gNB-CU-UP 之间的点对点接口，它是逻辑接口。E1 接口规范的一般原则如下：

(1) E1 接口是开放的；

(2) E1 接口支持端点之间信令信息的交换；

(3) 从逻辑角度来看，E1 是 gNB-CU-CP 和 gNB-CU-UP 之间的点对点接口，即使在端点之间有物理直接连接的情况下，点对点逻辑接口也应该是可行的；

(4) E1 接口分离无线网络层和传输网络层；

(5) E1 接口可以交换 UE 相关信息和非 UE 相关信息；

(6) E1 接口是开放性的，可满足不同的新要求，支持新服务和新功能，但 E1 接口是控制接口，不能用于用户数据转发。

2．E1 接口功能

E1 接口提供用于在 NG-RAN 内互连 gNB-CU-CP 和 gNB-CU-UP，或用于互连

gNB-CU-CP 和 en-gNB 的 gNB-CU-UP 的功能。E1 接口的主要功能如下：

1) 接口管理功能

(1) 错误指示功能：由 gNB-CU-UP 或 gNB-CU-CP 使用该功能向 gNB-CU-CP 或 gNB-CU-UP 指示已发生错误，并可以通过重置节点来解决错误。重置节点功能用于在节点设置后和故障事件发生后初始化对等实体。该功能可以由 gNB-CU-UP 和 gNB-CU-CP 使用。

(2) E1 设置功能：允许交换 gNB-CU-UP 和 gNB-CU-CP 在 E1 接口上正确互操作所需的应用级数据。E1 设置由 gNB-CU-UP 和 gNB-CU-CP 发起。

(3) gNB-CU-UP 配置更新和 gNB-CU-CP 配置更新功能：允许更新 gNB-CU-CP 和 gNB-CU-UP 之间所需的应用级配置数据，以通过 E1 接口正确地互操作。

(4) E1 设置和 gNB-CU-UP 配置更新功能：允许通过 E1 接口通知 gNB-CU-UP 支持的 NRCGI (Cell Global Identifier，5G 全球小区识别码)、S-NSSAI(Single Network Slice Selection Assistance Information，网络切片选择辅助信息)、PLMN-ID(公共陆地移动网标识)和 QoS 信息。

(5) E1 设置和 gNB-CU-UP 配置更新功能：允许 gNB-CU-UP 向 gNB-CU-CP 发送其容量信息。

(6) E1 gNB-CU-UP 状态指示功能：允许通过 E1 接口通知过载或非过载状态。

2) E1 承载上下文管理功能

(1) 设置和修改 QoS 流到 DRB(Data Radio Bearer，数据无线承载)映射配置；

(2) gNB-CU-UP 向 gNB-CU-CP 通知 DL 数据到达检测的事件；

(3) gNB-CU-UP 通知 gNB-CU-CP 在默认 DRB 处第一次接收到 UL 分组数据时，其中尚未完成流映射的需要封装在 SDAP 报头中的 QFI(QoS Flow ID，5G QoS 流标识)信息；

(4) gNB-CU-UP 监视用户状态，如果用户当前锚定的 gNB-CU-CP 处于不活动状态，则 gNB-CU-UP 通知用户并可以重新激活用户到新的 gNB-CU-CP；

(5) gNB-CU-UP 向 gNB-CU-CP 报告数据量；

(6) gNB-CU-CP 可以通知暂停和恢复到 gNB-CU-UP 的承载上下文；

(7) 允许支持基于 CA(Carrier Aggregation，载波聚合)的分组复制。

3) TEID(Tunnel Endpoint Identifier，隧道终结点标识)分配功能

(1) gNB-CU-UP 负责为每个数据无线承载分配 F1-U UL GTP TEID(F1 接口用户面上行隧道终结点标识)；

(2) gNB-CU-UP 负责为每个 PDU 会话分配每个 E-RAB(Evolved Radio Access Bearer，演进的无线接入承载)的 S1-U DL GTP TEID(S1 接口用户面下行隧道终结点标识)和 NG-U DL GTP TEID(NG 接口用户面下行隧道终结点标识)；

(3) gNB-CU-UP 负责为每个数据无线承载分配 X2-U DL/UL GTP TEID(X2 接口用户面下行/上行隧道终结点标识)或 Xn-U DL/UL GTP TEID(Xn 接口用户面下行/上行隧道终结点标识)。

4.3　无线协议架构

NR 无线协议栈分为两个平面：用户面和控制面。用户面(User Plane，UP)协议栈即用户数据传输采用的协议簇，控制面(Control Plane，CP)协议栈即系统的控制信令传输采用的

协议簇。如图 4-9 所示。

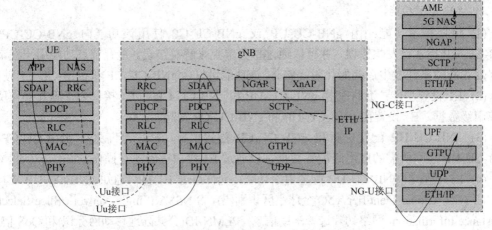

图 4-9   协议栈控制面和用户面数据流向图

在图 4-9 中，虚线标注的是信令数据的流向。一个 UE 在发起业务之前，首先要和核心网 AMF 建立信令连接，因此控制面的信令流程总是要先于用户面的数据流程。UE 经过认证、授权和加密等非接入层信令处理后，通过 RRC 信令和 gNB 建立无线信令连接；信令数据经过 PDCP 封装、RLC 封装，经过 MAC 层、PHY 层处理后，通过 Uu 空中接口发送到 gNB；gNB 经过和一个 UE 相同的逆向处理过程后，发给 NGAP；封装成 SCTP 信令后，通过 NG-C 接口发给 AMF；AMF 物理层接收到数据后，经过 SCTP 的解封装、NGAP解封装，转换为 5G 的非接入层信令被 AMF 处理。

NR 用户面和控制面协议栈稍有不同，NR 控制面协议栈与 LTE 控制面协议栈一致，用户面协议栈相比 LTE 用户面协议栈在 PDCP 层之上增加了一个 SDAP 层。一个 UE 通过 APP发起业务，首先经过 SDAP 协议封装，在经过 PCDP 封装和 RLC 封装后，经过 MAC 层、PHY 层处理后，通过 Uu 接口发送到 gNB；gNB 经过和一个 UE 相同的逆向处理过程后，经过 GTPU 和 UDP 封装后，通过 NG-U 接口发给 UPF；UPF 接收数据后，经过 UDP、GTPU的解封装，最终被 UPF 处理。

下面详细介绍如下：

1．用户面协议栈

用户面协议栈如图 4-10 所示。

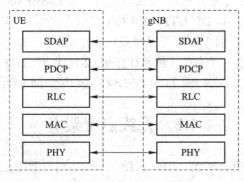

图 4-10   用户面协议架构

用户面协议从上到下依次是：
- SDAP 层：Service Data Adaptation Protocol，服务数据适配协议层；
- PDCP 层：Packet Data Convergence Protocol，分组数据汇聚协议层；
- RLC 层：Radio Link Control，无线链路控制层；
- MAC 层：Medium Access Control，介质访问控制层；
- PHY 层：Physical，物理层。

从用户面来看，5G NR 增加了一个新的 SDAP(服务数据适配协议)，其他结构与 LTE 完全相同。增加 SDAP 的目的非常明确，因为 5G 网络中无线侧依然沿用 4G 网络中的无线承载的概念，但 5G 中的核心网为了更加精细化业务实现，其基本的业务通道从 4G 时代的 Bearer(承载)的概念细化到以 QoS Flow(服务质量流)为基本业务传输单位。因此，在无线侧的承载 DRB 就需要与 5GC 中的 QoS Flow 进行映射，这便是 SDAP 协议栈的主要功能。SDAP 子层是通过 RRC 信令来配置的，SDAP 子层负责将 QoS Flow 映射到对应的 DRB 上。一个或者多个 QoS Flow 可以映射到同一个 DRB 上，而且一个 QoS Flow 只能映射到一个 DRB 上。

2. 控制面协议栈

控制面协议栈如图 4-11 所示。

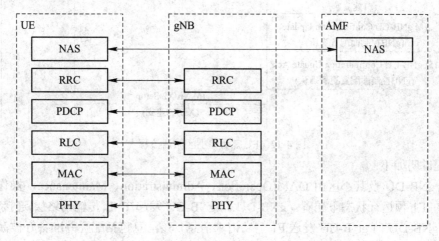

图 4-11　控制面协议架构

NR 控制面协议几乎与 LTE 协议栈一模一样，从上到下依次为：
- NAS 层：Non-Access Stratum，非接入层；
- RRC 层：Radio Resource Control，无线资源控制层；
- PDCP 层：Packet Data Convergence Protocol，分组数据汇聚协议层；
- RLC 层：Radio Link Control，无线链路控制层；
- MAC 层：Medium Access Control，介质访问控制层；
- PHY 层：Physical，物理层。

UE 所有的协议栈都位于 UE 内，而在网络侧，NAS 层不位于基站 gNB 上，而是在核心网的 AMF 实体上。控制面协议栈不包含 SDAP 层。

4.4 无线接入架构中的几个典型流程

本节重点介绍 5G 中与 4G 有所区别的几个流程: F1 启动和小区激活流程、Inter-gNB-DU 移动性、在 F1-U 上设置承载上下文流程、gNB-CU-CP 发起的承载上下文释放流程、涉及 gNB-CU-UP 改变的 gNB 间切换流程。

1. F1 启动和小区激活流程

F1 接口是 gNB-DU 和 gNB-CU 之间的接口,两者之间的数据交互首先要允许在 gNB-DU 和 gNB-CU 之间设置 F1 接口,并允许激活 gNB-DU 小区。这个流程如图 4-12 所示。

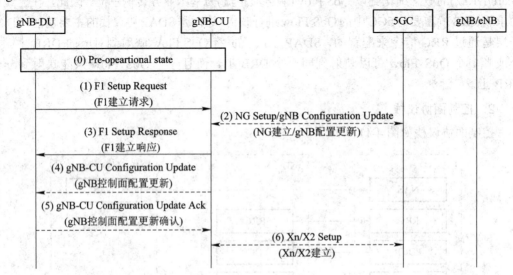

图 4-12 F1 启动和小区激活流程

流程说明如下:

(1) gNB-DU 及其小区由 OAM(Operation、Administration、Maintenance,操作、管理和维护)在 F1 预运行状态下配置。gNB-DU 向 gNB-CU 发起 TNL(传输网络层)连接。

(2) gNB-DU 向 gNB-CU 发送 F1 建立请求消息,该消息包括配置并准备好被激活的小区列表。

(3) 在 NG-RAN 中,gNB-CU 确保了与核心网络的连接。出于这个原因,gNB-CU 可以向 5GC 发起 NG 建立或 gNB 配置更新过程。

(4) gNB-CU 向 gNB-DU 发送 F1 建立响应消息,该消息可选地包括要激活的小区列表。如果 gNB-DU 成功激活小区,则小区变得可操作。如果 gNB-DU 未能激活一些(一个或多个)小区,则 gNB-DU 可以向 gNB-CU 发起 gNB-DU 配置更新过程。gNB-DU 在 gNB-DU 配置更新消息中包括活动的小区(即 gNB-DU 能够为其服务的小区)。gNB-DU 还可以指示删除未能激活的小区,在这种情况下,gNB-CU 移除相应的小区信息。

(5) gNB-CU 可以向 gNB-DU 发送 gNB-CU 配置更新消息,例如在使用 F1 建立响应消息时未激活这些小区的情况下,gNB-CU 可以向 gNB-DU 发送要激活的小区的列表信息。

(6) gNB-DU 回复 gNB-DU 配置更新确认消息,这些消息中包括未能被激活的小区列表。

(7) gNB-CU 可以向邻居NG-RAN节点发起Xn建立或者向邻居eNB发起EN-DC(NSA组网选项 3,请参考第 7 章)X2 建立过程。

注意:如果 F1 设置响应不用于激活任何小区,则可以在流程(3)之后执行流程(2)。在 gNB-CU 和 gNB-DU 对之间的 F1 接口上,可能存在以下两种小区状态:

- 非活动:gNB-DU 和 gNB-CU 都知道小区,小区不应为 UE 服务;
- 活动有效:gNB-DU 和 gNB-CU 都知道小区,小区应该能够为 UE 服务。

gNB-CU 决定小区状态是非活动还是活动。gNB-CU 可以使用 F1 建立响应,gNB-DU 配置更新确认或 gNB-CU 配置更新消息来请求 gNB-DU 改变小区状态。gNB-DU 可以使用 gNB-DU 配置更新或 gNB-CU 配置更新确认消息来确认(或拒绝)改变小区状态的请求。

2. Inter-gNB-DU 移动性

一个 gNB-CU 控制管理若干个 gNB-DU,如果 UE 从一个 gNB-DU 移动到同一 gNB-CU 内的另一个 gNB-DU,则业务的用户面发生了变化,这时就会启动 inter-gNB-DU 流程,即 gNB 内部 DU 切换流程。图 4-13 显示了 NR 内的 gNB-DU 移动过程。

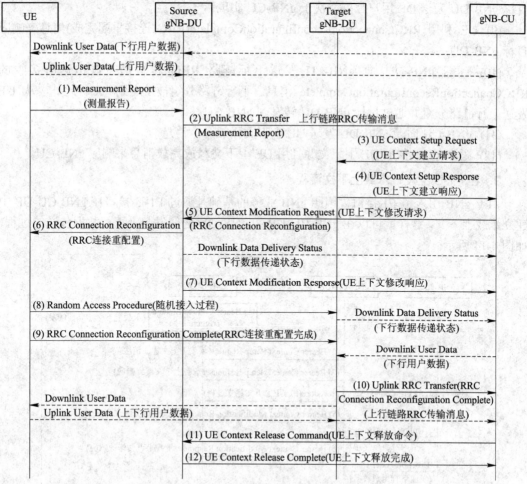

图 4-13　NR 内的 gNB-DU 移动过程

流程说明如下:

(1) UE 向源 gNB-DU 发送测量报告消息。

(2) 源 gNB-DU 向 gNB-CU 发送上行链路 RRC 传输消息以传达所接收的测量报告。

(3) gNB-CU 向目标 gNB-DU 发送 UE 上下文建立请求消息以创建 UE 上下文并设置一个或多个承载。

(4) 目标 gNB-DU 利用 UE 上下文建立响应消息来响应 gNB-CU。

(5) gNB-CU 向源 gNB-DU 发送 UE 上下文修改请求消息，包括生成的 RRCConnection Reconfiguration(RRC 连接重配)消息，并指示停止 UE 的数据传输。源 gNB-DU 还发送下行链路数据传递状态帧(消息)以向 gNB-CU 通知 UE 未成功传输的下行链路数据。

(6) 源 gNB-DU 将接收到的 RRCConnectionReconfiguration 消息转发给 UE。

(7) 源 gNB-DU 利用 UE 上下文修改响应消息来响应 gNB-CU。

(8) 在目标 gNB-DU 处执行随机接入过程。目标 gNB-DU 发送下行链路数据传递状态帧(消息)以通知 gNB-CU。那些未在源 gNB-DU 中成功发送的 PDCP PDU 的下行链路分组数据从 gNB-CU 发送到目标 gNB-DU；在接收下行链路数据传递状态之前或之后，开始向目标 gNB-DU 发送 DL 用户数据取决于 gNB-CU 实现。

(9) UE 利用 RRCConnectionReconfigurationComplete(RRC 连接重配完成)消息来响应目标 gNB-DU。

(10) 目标 gNB-DU 向 gNB-CU 发送上行链路 RRC 传输消息以传达所接收的 RRCConnectionReconfigurationComplete 消息。下行链路分组被发送到 UE。此外，从 UE 发送上行链路分组并通过目标 gNB-DU 转发到 gNB-CU。

(11) gNB-CU 向源 gNB-DU 发送 UE 上下文释放命令消息。

(12) 源 NB-DU 释放 UE 上下文并且用 UE 上下文释放完成消息来响应 gNB-CU。

3. 在 F1-U 上设置承载上下文流程

由于 gNB 引入了 F1 接口，因此 gNB 业务的基础是通过 F1-U 接口在 gNB-CU-UP 中建立承载上下文，这样就可以在 gNB-CU-UP 和 gNB-DU 之间发起上下行数据传送的过程，如图 4-14 所示。

图 4-14　在 F1-U 上设置承载上下文流程

流程说明如下:

(1) 在 gB-CU-CP 中触发承载上下文设置(例如,在来自 MeNB(LTE 基站为锚定基站或者主基站)的 SgNB(gNB 为辅基站)添加请求之后)。

(2) gNB-CU-CP 发送包含用于 S1-U 或 NG-U 的 UL TNL 地址信息的承载上下文建立请求消息,并且如果需要,发送用于 X2-U 或 Xn-U 的 DL 或 UL TNL 地址信息以在 gNB-CU-UP 中建立承载上下文。对于 NG-RAN,gNB-CU-CP 决定流到 DRB 的映射,并将生成的 SDAP 和 PDCP 配置发送到 NB-CU-UP。

(3) gNB-CU-UP 以 Bearer Context Setup Response (承载上下文建立响应)消息响应,该消息包含 F1-U 的 UL TNL 地址信息,以及 S1-U 或 NG-U 的 DL TNL 地址信息,如果需要,还包含 DL 或 TNL 地址信息。

(4) 为在 gNB-DU 中设置一个或多个承载,执行 F1 UE 上下文设置过程。

(5) gNB-CU-CP 发送包含用于 F1-U 和 PDCP 状态的 DL TNL 地址信息的 Bearer Context Modification Request(承载上下文修改请求)消息。

(6) gNB-CU-UP 以 Bearer Context Modification Response(承载上下文修改响应)消息响应。

4. gNB-CU-CP 发起的承载上下文释放流程

当 gNB 结束业务时,需要释放 gNB-CU-CP 发起的 gNB-CU-UP 中的承载上下文,以结束 gNB-CU-UP 和 gNB-DU 之间上下行数据传送的过程,如图 4-15 所示。

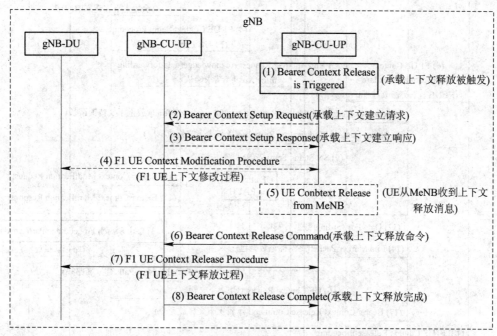

图 4-15　gNB-CU-CP 发起的承载上下文释放流程

流程说明如下:

(1) 在 gNB-CU-CP 中触发承载上下文释放(例如在来自 MeNB 的 SgNB 释放请求之后)。

(2) gNB-CU-CP 向 gNB-CU-UP 发送 Bearer Context Modification Request(承载上下文修改请求)消息。

(3) gNB-CU-UP 以承载 PDCPUL/DL 状态的承载上下文修改响应进行响应。

(4) 执行 F1 UE 上下文修改过程以停止 UE 的数据传输。在停止 UE 调度时由 gNB-DU 实现(注意：仅当需要保留承载的 PDCP 状态，例如在承载类型改变时才执行步骤(2)~(4)。

(5) gNB-CU-CP 可以在 EN-DC 操作中从 MeNB 接收 UE Context Release(UE 上下文释放)消息。

(6) 执行承载上下文释放过程。

(7) 执行 F1-UE 上下文释放过程以释放 gNB-DU 中的 UE 上下文。

(8) gNB-CU-UP 释放承载上下文。

5. 涉及 gNB-CU-UP 改变的 gNB 间切换流程

当 UE 从一个 gNB 移动到另外一个 gNB 下时，就会发生 gNB 间切换。这种情况下，gNB 的 CU 和 DU 都发生了切换，如图 4-16 所示。

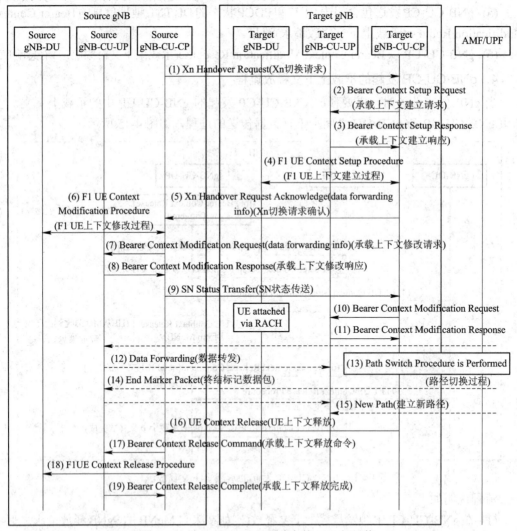

图 4-16　涉及 gNB-CU-UP 改变的 gNB 间切换

流程说明如下：

(1) 源 gNB-CU-CP 向目标 gNB-CU-CP 发送 Xn Handover Request(Xn 口切换请求)消息。

(2) 目标 gNB-CU-CP 向目标 gNB-CU-UP 发送承载上下文建立请求消息。

(3) 目标 gNB-CU-UP 向目标 gNB-CU-CP 回复响应消息。

(4) 承载上下文设置过程。

(5) 目标 gNB-QU-CP 用 Xn Handover Request Acknowledge(Xn 口切换请求确认)消息来响应源 gNB-CU-CP。

(6) 执行 F1 UE 上下文修改过程以停止 gNB-DU 处的 UL 数据传输，并将切换命令发送到 UE。

(7)-(8) 执行承载上下文修改过程(gNB-CU-CP 发起)，以使 gNB-CU-CP 能够检索 UL/DL 状态并交换承载的数据转发信息。

(9) 源 gNB-CU-CP 向目标 gNB-CU-CP 发送 SN 状态转移消息。

(10)-(11) 承载上下文修改过程。

(12) 从源 gNB-CU-UP 到目标 gNB-CU-UP 执行数据转发。

(13)-(15) 执行路径切换过程以将 NG-U 的 DL TNL 地址信息更新为核心网络。

(16) 目标 gNB-CU-CP 向源 gNB-CU-CP 发送 UE 上下文释放消息。

(17) 源 gNB-CU-CP 向源 gNB-CU-UP 发送承载上下文释放命令消息。

(18) 执行 F1 UE 上下文释放过程。

(19) 源 gNB-CU-UP 向源 gNB-CU-CP 发送承载上下文释放完成消息。

本 章 小 结

本章主要内容为 5G 接入网(NG-RAN)的整体架构和接口协议，重点介绍了 gNB 的 CU/DU 分离架构概念和 NG-RAN 的内部与外部接口协议，最后介绍了几个 5G NR 中的典型流程。

gNB 可以由 gNB-CU 和一个或多个 gNB-DU 组成，通过 NG 接口，即 5G 基站和核心网之间的接口，连接到 5G 核心网(NGC)。

NG-RAN 接口主要包括 RAN 和 NGC 间的 NG 接口、NG-RAN 节点(gNB 或 ng-eNB)之间的 Xn 接口、NG-RAN 内部 gNB 的 CU 和 DU 功能实体之间互联的 F1 接口、NG-RAN 内部的 gNB-CU-CP 和 gNB-CU-UP 之间的点对点逻辑接口 E1。NG、Xn、F1 三个接口都可以在逻辑上分为控制面(-C)和用户面(-U)两部分。

习 题

1. 简述 5G RAN 结构以及 gNB 的主要功能。
2. 简述 CU 和 DU 的概念和功能。
3. 5G RAN 采用分离架构的优势是什么？
4. NG RAN 连接核心网的接口是什么？它的主要功能是什么？
5. NG RAN 内部有什么接口？简述其主要功能。
6. 请简述 F1 启动和小区激活流程。

第 5 章   5G 核心网和接口协议

【本章内容】

核心网是移动通信的主要组成部分，核心网接口则用来实现核心网的不同功能单元之间以及核心网和接入网之间的数据处理和交互。5G 核心网根本特征是控制平面和用户平面分离，基于服务的接口和参考点架构。本章分析了 5G 核心网的架构，介绍了核心网的网络功能和 5G 基于服务的接口和参考点，阐述了用户平面和控制平面的协议栈，并以此为基础介绍了 5G 核心网几个主要的功能架构。最后部分，详细介绍了 SDN 和 NFV 的概念、架构和应用，并重点阐述了 SDN 和 NFV 技术在 5G 网络中的应用，以及给 5G 核心网架构和功能带来的重大影响。

5.1 5G 核心网网络功能和架构

5.1.1 5G 核心网的原则

5G 系统架构被定义为支持数据连接和服务，能够使用比如 NFV(Network Functions Virtualization，网络功能虚拟化)技术和 SDN(Software Defined Network，软件定义网络)架构这样的信息技术，5G 系统架构可以确保各控制平面网络功能之间实现基于服务的无阻碍流畅交互。

5G 核心网的十大关键原则如下：

(1) 将 UP 功能与 CP 功能分开，允许独立扩展、演进和灵活部署，例如集中式扩展或分布式(远程)扩展；

(2) 模块化功能设计，例如：实现灵活和有效的网络切片；

(3) 支持统一的身份验证框架；

(4) 在适用的情况下，将流程定义为服务，以便可以重复使用；

(5) 支持网络能力对外开放，例如：开放接口，非 3GPP 网络也可以接入；

(6) 如果需要，允许每个 NF(Network Function，网络功能)直接与其它 NF 交互。该体系结构不排除使用中间节点功能来帮助路由控制平面消息，例如像 DRA(Diameter Routing Agent，路由代理节点)；

(7) 支持"无状态" NF，其中"计算"资源与"存储"资源分离；

(8) 最小化 AN(接入网络)和 CN(核心网络)之间的依赖关系，这种依赖关系由核心网络和共同的 AN-CN 接口定义，该接口集成了不同的接入类型；

(9) 支持并发接入到本地和集中服务。为了支持低延迟服务接入到本地数据网络，UP 功能可以部署在 AN 附近；

(10) 支持漫游，包括归属路由区流量以及访问 PLMN 中的本地之外流量。

5.1.2　5G 核心网架构解析

3GPP 规范里规定了 5G 核心网最基本的网络架构——基于服务接口的非漫游网络架构，如图 5-1 所示。

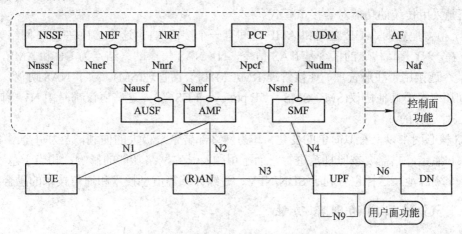

图 5-1　5G 核心网非漫游参考架构

图 5-1 中描述了基于服务接口的非漫游参考架构中的控制面和用户面，图中的网络功能单元将在 5.1.3 小节中详细介绍。对比 LTE 架构有下面几个关键的变化：

(1) 相比传统的核心网，5G 核心网中用网络功能代替网络网元。

(2) 接口明显分成了两种，一种是基于服务的接口，一种是基于参考点的功能接口。基于服务的接口已经不是传统意义上的一对一，而是由一个总线结构接入，每个网络功能通过接口接入一个类似于计算机的总线结构。基于服务架构下的核心网网元之间的接口为 SBI(Servec Based Interface，基于服务的接口)，采用 HTTP/TCP 协议，而基于参考点的接口更接近 LTE 网络架构中接口的概念。

服务化接口和参考点是 5G 架构所引入的两种不同网络实体之间模型化的交互方式，通过灵活定义网络功能块和网络实体之间的接口和连接，5G 网络对于多样的特定服务类型在各个协议层可以采取灵活的处理方法和处理流程。

服务化接口和参考点有联系，有相同点，也有区别。一个服务化接口只针对于某个网络功能块，网络功能块通过这个接口向外与其他的功能块进行交互，而其他的功能块通过与那个接口相对应的接口与此功能块进行交互；参考点是特定两个功能块之间的交互界面，是标准的双方之间的协议映射关系。所以，两个功能块之间的参考点一般可以通过一个或更多的服务化接口来代替，从而提供完全相同的功能实现，如图 5-2 所示。

同一个功能块既可以用不同的参考点面向不同的功能块网元，也可以以相同的接口面向不同的功能网元，需要通过实际的网络应用和网络结构来确定。

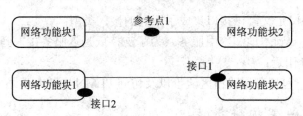

图 5-2　5G 中服务化接口和参考点

(3) 在核心网控制平面内，接口基于服务，Nnssf、Nnef、Nnrf 等为网络功能之间的接口，这些接口的命名都是在网络功能单元前面加上一个字母 N。但是，5GC 与接入网的 N2 接口还是采用传统的功能对等接口模式。

(4) 值得注意的是 UE 之间和 AMF 之间有一个接口 N1，这个接口在 LTE 网络架构中并不存在。N1 接口传送的信令是 NAS 信令，N1 NAS 信令的终结点为 UE 和 AMF，一个 NAS 信令连接用于注册管理、连接管理(RM/CM)和会话管理(SM)。除了 NAS 协议，UE 和 5GC 间还有多个其他协议(SM、SMS、UE policy、LCS 等)，这些协议都是由 N1 接口通过 RAN 进行透传的。

5G 核心网中以上看似简单的变化，却为网络部署带来极大的便利，因为每个网络功能的接入和撤走，只需要按照规范进行，而不用顾及其它网络功能的影响，相当于总线架构建立了个资源池，这样也有利于 SDN/NFV、边缘计算等信息技术和通信技术的融合。

5.1.3　5G 核心网的网络功能

5G 核心网系统架构主要由 NF(Network Function，网络功能)组成，采用分布式的功能，根据实际需要部署，新的网络功能加入或撤出，并不影响整体网络的功能。这些 NF 主要包括：

AMF(Access and Mobility Management Function，接入和移动管理功能)；

UPF(User Plane Function，用户平面功能)；

SMF(Session Management Function，会话管理功能)；

NEF(Network Exposure Function，网络开放功能)；

PCF(Policy Control Function，控制策略功能)；

UDM(Unified Data Management，统一数据管理)；

NRF(NF Repository Function，网络存储库功能)；

AUSF(Authentication Server Function，认证服务器功能)；

AF(Application Function，应用功能)；

SMSF(SMS Service Function，短消息服务功能)；

SEPP(Security Edge Protection Proxy，安全边缘保护代理)；

N3IWF(Non-3GPP InterWorking Function，非 3GPP 网络互操作功能)；

UDR(Unified Data Repository，统一数据存储库)；

UDSF(Unstructured Data Storage Network Function，非结构化数据存储功能)；

NSSF(Network Slice Selection Function，网络切片选择功能)；

5G-EIR(5G Equipment Identity Register，5G 设备识别寄存器)；

LMF(Location Management Function，位置管理功能)；

NWDAF(Network Data Analytics Function，网络数据分析功能);

DN(Data Network，数据网络)，例如运营商服务，互联网接入或第三方服务;

UE(User Equipment，用户设备);

AN(接入网络)或 RAN(无线接入网)。

这些网元的具体功能如下所述:

1. AMF 的主要功能

(1) 终止 RAN CP 接口(N2);

(2) 终止 NAS(N1 接口)，对 NAS 进行加密和完整性保护;

(3) 注册管理、连接管理、可达性管理、移动性管理;

(4) 合法拦截;

(5) 在 UE 和 SMF 之间传输 SM(会话管理)消息;

(6) 接入身份验证，接入授权;

(7) 在 UE 和 SMSF(短消息服务功能)之间提供传输 SMS(短消息服务)消息的功能;

(8) 安全锚功能;

(9) 用于监管的定位服务管理;

(10) 为 UE 和位置管理功能之间以及 RAN 和位置管理功能之间传输位置服务消息;

(11) 当与 EPS(演进分组系统)互通时，分配 EPS 承载的 ID;

(12) UE 移动事件通知。

在 AMF 的单个实例中可以支持部分或全部 AMF 功能，无论网络功能的数量如何，UE 和 CN 之间的每个接入网络只有一个 NAS 接口实例，至少实现 NAS 安全性和移动性管理的网络功能之一。

除了上述 AMF 的功能之外，AMF 还可以包括以下功能以支持非 3GPP 接入网络:

(1) 支持 N2 接口与 N3IWF(Non-3GPP InterWorking Function，非 3GPP 互操作功能)互操作。在该接口上，可以不应用通过 3GPP 接入定义的一些信息(例如 3GPP 小区标识)和过程(例如与切换相关过程)，并且可以应用不适用于 3GPP 接入的非 3GPP 接入特定信息。

(2) UE 通过 N3IWF 支持 NAS 信令。由 3GPP 接入的 NAS 信令支持的一些过程可能不适用于不可信的非 3GPP(例如寻呼)接入。

(3) 支持对通过 N3IWF 连接的 UE 进行认证。

(4) 管理通过非 3GPP 接入连接或通过 3GPP 和非 3GPP 同时连接的 UE 的移动性、认证和单独的安全上下文状态。

(5) 支持管理混合的 RM(注册管理)上下文，该上下文对 3GPP 和非 3GPP 访问有效。

(6) 支持管理针对 UE 的专用 CM(连接管理)上下文，用于通过非 3GPP 接入进行连接。

在网络切片的实现上，并非所有功能都需要在网络切片的实例中使用，AMF 支持使用部分或全部功能进行灵活部署网络切片。除了上述 AMF 的功能之外，AMF 还包括安全策略的相关功能。

2. UPF 的主要功能

(1) 用于 RAT(Radio Access Technology，无线接入技术)内或 RAT 间移动性的锚点;

(2) 用于外部 PDU 与数据网络互连的会话点;

(3) 分组数据路由和转发,例如支持上行链路分类器以将业务流路由到具体的数据网络实例,支持分支点以支持多宿主的 PDU 会话;

(4) 数据包检查,支持基于数据流模板的应用流程检测,也可以支持从 SMF 接收的可选 PFD(Packet Flow Description,分组流描述)检测;

(5) 用户平面部分策略规则实施,例如门控、重定向、流量转向;

(6) 合法拦截;

(7) 流量使用报告;

(8) 用户平面的 QoS 处理,例如 UL(上行)/DL(下行)速率控制、DL 中的反射 QoS 标记等;

(9) 上行链路流量验证,比如服务数据功能到 QoS 流量映射;

(10) 对上行链路和下行链路中的传输数据进行分组标记;

(11) 下行数据包缓冲和下行数据通知触发;

(12) 将一个或多个"结束标记"发送和转发到源 NG-RAN 节点。

UPF 通过提供与请求发送的 IP 地址相对应的 MAC 地址来响应 ARP 或 IPv6 邻居请求。在 UPF 的单个实例中可以支持部分或全部 UPF 功能,并非所有 UPF 功能都需要在网络切片的用户平面功能的实例中得到支持。

3. SMF 的主要功能

(1) 会话管理,例如会话建立、修改和释放,包括 UPF 和 AN 节点之间的通道维护;

(2) UE IP 地址分配和管理;

(3) DHCPv4 功能和 DHCPv6 功能:SMF 通过提供与请求发送的 IP 地址相对应的 MAC 地址来响应 ARP 或 IPv6 邻居请求;

(4) 选择和控制 UP 功能,包括控制 UPF 代理 ARP 和 IPv6 邻居发现,或将所有 ARP 或 IPv6 邻居请求流量转发到 SMF;

(5) 配置 UPF 的流量控制,将流量路由到正确的目的地;

(6) 根据策略控制功能终止接口;

(7) 合法拦截;

(8) 收费数据收集和支持计费接口;

(9) 控制和协调 UPF 的收费数据收集;

(10) 终止 SM 消息的 SM 部分;

(11) 下行数据通知;

(12) 发起针对 AN 的特定 SM 信息,通过 AMF N2 发送到 AN;

(13) 确定会话的 SSC(Session and Service Continuity Mode,会话和服务连续模式);

(14) 漫游功能:根据 QoS SLA(Service-Level Agreement,服务等级协议)处理漫游呼叫,处理手机计费数据,访问计费接口,合法拦截,支持与外部 DN 的交互,以便通过外部 DN 传输授权或认证的 PDU 信令数据。

在 SMF 的单个实例中可以支持部分或全部 SMF 功能,并非所有功能都需要在网络切片的实例中得到支持。除了上述 SMF 的功能之外,SMF 还可以包括与安全策略相关的功能。

4．NEF 的主要功能

(1) 能力和事件的开放：3GPP NF 通过 NEF 向其他 NF 公开功能和事件，例如三方接入、应用功能、边缘计算等。NEF 使用标准化接口 Nudr 将信息作为结构化数据存储或检索到 UDR。

注意：NEF 可以接入位于与 NEF 相同的 PLMN 中的 UDR。

(2) 从外部应用程序提供安全信息给 3GPP 网络：它为应用功能提供了一种手段，可以安全地向 3GPP 网络提供信息，例如预期的 UE 行为。在这种情况下，NEF 可以验证、授权外部应用，在需要时协助限制应用功能。

(3) 内部-外部信息的翻译：它在与 AF 交换的信息和与内部网络交换的信息之间进行转换。例如，它在 AF-Service-Identifier(AF 服务标识)和内部 5GC 的信息如 DNN(Data Network Name，数据网络名称)、S-NSSAI 之间进行转换。特别指出，NEF 根据网络策略对外部 AF 的网络和用户敏感信息进行屏蔽。

(4) 网络开放功能从其他网络功能接收信息(基于其他网络的公开功能)，NEF 使用标准化接口将接收到的信息作为结构化数据存储到 UDR 中。所存储的信息可以由 NEF 访问并"重新展示"到其他网络功能和应用功能，并用于其它目的。

(5) NEF 还支持 PFD 功能：NEF 中的 PFD 功能可以在 UDR 中存储和检索 PFD，并且响应 SMF 的拉模式请求将 PFD 提供给 SMF。特定 NEF 实例可以支持上述功能中的一个或多个。

(6) 支持 CAPIF(Common API Framework，通用 API 框架)：当 NEF 用于外部开放时，可以支持 CAPIF。支持 CAPIF 时，用于外部开放的 NEF 支持 CAPIF API 过程域功能。

5．PCF 的主要功能

(1) 支持统一的策略框架来管理网络行为；

(2) 为控制平面功能提供策略规则并强制执行；

(3) 访问与 UDR 中的策略决策相关的用户信息，PCF 访问位于与 PCF 相同的 PLMN 中的 UDR。

6．UDM 的主要功能

(1) 生成 3GPP AKA(Authentication and Key Agreement，认证与密钥协商)身份验证凭证；

(2) 用户识别处理，例如对 5G 系统中每个用户的 SUPI(SUbscription Permanent Identifier，订购永久标识符)进行存储和管理；

(3) 支持对需要隐私保护的用户隐藏用户标识符；

(4) 基于用户数据的接入授权，例如漫游限制；

(5) NF 注册管理 UE 的各种服务，例如为 UE 存储 AMF 服务信息，为 UE 的 PDU 会话存储 SMF 服务信息；

(6) 保持服务/会话的连续性，例如通过 SMF/DNN 的分配保持正在进行的会话和服务不中断；

(7) 支持 MT-SMS(Mobile Terminate SMS，手机收短信，即服务提供商发给用户的信息)；

(8) 合法拦截功能；

(9) 用户管理；

(10) 短信管理。

为了提供此功能，UDM 不需要在 UDM 内部存储用户数据，而使用存储在 UDR 中的用户数据(包括身份验证数据)实现应用流程逻辑，几个不同的 UDM 在不同的交互中可以为同一用户提供服务。UDM 位于其服务的用户的 HPLMN(Home Public Land Mobile Network，本地公用陆地移动网)中，接入位于同一 PLMN 的 UDR。

7. NRF 的主要功能

(1) 支持服务发现功能。从 NF 实例接收 NF 发现请求，并将发现的 NF 实例的信息提供给 NF 实例。

(2) 维护可用实例及其支持服务的 NF 配置文件。

(3) 在网络切片的背景下，基于网络实现，可以在不同级别部署多个 NRF，包括：

· PLMN 级别，NRF 配置有整个 PLMN 的信息；

· 共享切片级别，NRF 配置有属于一组网络切片的信息；

· 切片特定级别，NRF 配置有属于 S-NSSAI 的信息。

(4) 在漫游环境中，可以在不同的网络中部署多个 NRF，包括：

· 被访问 PLMN 中的 NRF，称为 vNRF，配置有被访问 PLMN 的信息；

· 归属 PLMN 中的 NRF，称为 hNRF，配置有归属 PLMN 的信息，由 vNRF 通过 N27 接口引用。

8. AUSF 的主要功能

AUSF 主要是对 3GPP 接入和不受信任的非 3GPP 接入进行认证。

9. AF 的主要功能

(1) 根据应用流程合理选择流量路径；

(2) 利用网络开放功能访问网络；

(3) 根据业务调整控制策略框架；

(4) 基于运营商要求部署，可以允许运营商信任的应用功能直接与相关网络功能进行交互。

应用流程不允许直接使用接入的网络功能，而是通过 NEF 使用外部展示框架与相关的网络功能进行交互。

10. SMSF 的主要功能

(1) SMS 管理、检查用户数据并相应地进行 SMS 传递；

(2) 支持带有 UE 的 SM-RP(SM-Rendezvous Point，短消息汇集点)功能/SM-CP(SM-Control Point，短消息控制点)功能；

(3) 将 SM 从 UE 中继到 SMS-GMSC(SMS-Gateway Mobile Switching Center，短消息网关移动交换中心)/IWMSC(短消息-互联移动交换中心)/SMS- Router(短消息路由器)；

(4) 将 SMS 从 SMS-GMSC/ IWMSC/SMS- Router 中继到 UE；

(5) 记录短信相关的 CDR(Call Detail Records，呼叫详细记录)；

(6) 合法拦截；

(7) 与 AMF 和 SMS-GMSC 进行交互，当 UE 不可用于 SMS 时，SMS-GMSC 通知 UDM。

11. SEPP 的主要功能

SEPP 是非透明代理，它对 PLMN 间控制平面接口上的消息进行过滤和监管。SEPP 从安全角度保护服务使用者和服务生产者之间的连接，SEPP 不会复制服务生产者应用的服务授权。SEPP 将上述功能应用于 PLMN 间信令中的每个控制平面消息，充当实际服务生产者与实际服务消费者之间的服务中继。对于服务使用者和服务生产者，使用服务中继的结果和它们之间直接交换的结果是等效的，SEPP 之间的 PLMN 间信令中的每个控制平面消息可以通过交换实体进行传递。

12. N3IWF 的主要功能

N3IWF 是在不受信任的非 3GPP 接入的情况下实现如下功能：

(1) 支持使用 UE 建立 IPsec 通道。N3IWF 通过 Nwu(位于 UE 和 N3IWF 之间，为了通过非信任的非 3GPP 接入，在 UE 和 5G 核心网之间进行控制面和用户面交换的安全传输，可以在 UE 和 N3IWF 之间建立安全隧道，这个隧道就是 Nwu)上的 UE 终止 IKE2(Internet Key Exchange Version 2，因特网密钥交换协议版本 2)/ IPsec 协议，并通过 N2 中继认证 UE 并将其接入授权给 5G 核心网络。

(2) N2 和 N3 接口终止于 5G 核心网络，分别用于控制平面和用户平面。

(3) 在 UE 和 AMF 之间中继上行链路和下行链路控制平面 NAS(N1)信令。

(4) 处理来自 SMF(由 AMF 中继)的 N2 信令、PDU 会话以及和 QoS 相关的数据。

(5) 建立 IPsec 安全关联以支持 PDU 会话流量。

(6) 在 UE 和 UPF 之间中继上行链路和下行链路用户平面数据包。

13. UDR 的主要功能

(1) 通过 UDM 存储和检索用户数据；

(2) 由 PCF 存储和检索策略数据；

(3) 存储和检索用于开放的结构化数据；

(4) NEF 应用数据，包括用于应用检测的分组流描述 PFD，以及用于多个 UE 的 AF 请求信息等。

统一数据存储库位于与使用 Nudr 存储和从中检索数据的 NF 服务使用者相同的 PLMN 中，Nudr 是 PLMN 内部接口，可以选择将 UDR 与 UDSF 一起部署。

14. UDSF 的主要功能

UDSF 是非结构数据存储功能，是 5G 系统架构中可选的功能模块，主要用于存储任意 NF 产生的非结构化数据。

15. NSSF 的主要功能

(1) 选择为 UE 提供服务的网络切片实例集；

(2) 确定允许的 NSSAI，并在必要时确定到用户的 S-NSSAI 的映射；

(3) 确定已配置的 NSSAI，并在需要时确定到用户的 S- NSSAI 的映射；

(4) 确定 AMF 集用于服务 UE，或者基于配置，可能通过查询 NRF 来确定候选 AMF 列表。

16. 5G-EIR 的主要功能

5G-EIR 是个可选的网络功能，它检查 PEI(Permanent Equipment Identifier，永久设备标识符)的状态，例如检查它是否已被列入黑名单，是否是一个合法的真实有效的设备标识。

17. LMF 的主要功能

(1) 支持 UE 定位功能；

(2) 从 UE 获得下行链路位置测量或位置估计数据；

(3) 从 NG RAN 获得上行链路位置测量数据；

(4) 从 NG RAN 获得非 UE 相关的辅助数据。

18. NWDAF 的主要功能

NWDAF 为 NF 提供特定切片的网络数据分析，NWDAF 在网络切片实例级别上向 NF 提供网络分析信息(即负载级别信息)，并且 NWDAF 不需要知道使用该切片的当前用户。NWDAF 将切片特定的网络状态分析信息通知给用户的 NF，NF 可以直接从 NWDAF 收集切片特定的网络状态分析信息。

PCF 和 NSSF 都会利用 NWDAF 提供的网络分析数据，PCF 可以在其策略决策中使用该数据，NSSF 可以使用 NWDAF 提供的负载级别信息进行网络切片选择。

另外，DN、UE 和 RAN 的功能在此不再赘述。

5.1.4　基于服务的接口和参考点

1. 基于服务的接口

在 5G 核心网架构中，基于服务的接口是每个网络功能单元和总线直接的接口，它是核心网基于服务架构的体现，控制平面的 NF(比如 AMF)使其它授权的 NF 能够访问它提供的服务。基于服务的接口主要包括：

NAMF：AMF 展示的基于服务的接口；

Nsmf：SMF 展示的基于服务的接口；

Nnef：NEF 展示的基于服务的接口；

NPCF：PCF 展示的基于服务的接口；

Nudm：UDM 展示的基于服务的接口；

NAF：AF 展示的基于服务的接口；

Nnrf：NRF 展示的基于服务的接口；

Mnssf：NSSF 展示的基于服务的接口；

Nausf：AUSF 展示的基于服务的接口；

Nudr：UDR 展示了基于服务的接口；

Nudsf：UDSF 展示的基于服务的接口；

N5g-EIR：5G-EIR 展示的基于服务的接口；

Nnwdaf：NWDAF，展示的基于服务的接口；

Nsmsf：SMSF 展示的基于服务的接口。

2．参考点

5G 系统架构参考点聚焦于成对网络功能之间的交互，这两个网络功能的交互通过点对点的参考点进行(比如 N11 接口)，两个网络之间的交互并不一定在任意两个网络功能之间，而是为了实现功能需要在两个网络之间进行数据传送时才会在两个网络功能之间交互，比如 AMF 和 SMF 之间。参考点主要包括：

N1：UE 和 AMF 之间的参考点；

N2：(R)AN 和 AMF 之间的参考点；

N3：(R)AN 和 UPF 之间的参考点；

N4：SMF 和 UPF 之间的参考点；

N6：UPF 和数据网络之间的参考点；

N9：两个 UPF 之间的参考点；

N5：PCF 和 AF 之间的参考点；

N7：SMF 和 PCF 之间的参考点；

N24：访问网络中的 PCF 与旧属网络中的 PCF 之回的参考点；

N8：UDM 和 AMF 之间的参考点；

N10：UDM 和 SMF 之间的参考点；

N11：AMF 和 SMF 之间的参考点；

N12：AMF 和 AUSF 之间的参考点；

N13：UDM 和 AUSF 认证服务器之间的参考点；

N14：两个 AMF 之间的参考点；

N15：在非漫游场景的情况下 PCF 和 AMF 之间的参考点，在访问网络中的 PCF 和在漫游场景下的 AMF；

N16：两个 SMF 之间的参考点(在访问网络中的 SMF 和归属网络中的 SMF 之间的漫游情况下)；

N17：AMF 和 5G-EIR 之间的参考点；

N18：任何 NF 和 UDSF 之间的参考点；

N22：AMF 和 NSSF 之间的参考点；

N23：PCF 和 NWDAF 之间的参考点；

N24：NSSF 和 NWDAF 之间的参考点；

N27：访问网络中的 NRF 与归属网络中的 NRF 之间的参考点；

N31：访问网络中的 NSSF 与归属网络中的 NSSF 之间的参考点；

N32：拜访网络中的 SEPP 与归属网络中的 SEPP 之间的参考点；

N33：NEF 和 AF 之间的参考点；

N40：SMF 和 CHF(计费功能)之间的参考点；

N1：通过 NAS 在 UE 和 AMF 之间进行 SMS 传输的参考点；

N8：AMF 和 UDM 之间 SMS 用户数据检索的参考点；

N20：AMF 和 SMS 功能之间 SMS 传输的参考点；

N21：SMS 功能地址注册管理、SMS 管理、SMS 功能和 UDM 之间的用户数据检索的参考点。

5.2　5G 核心网用户面和控制面协议栈

5.2.1　用户平面协议栈

下面以 PDU 会话的用户平面协议栈为例，介绍用户平面协议栈的主要功能，如图 5-3 所示。

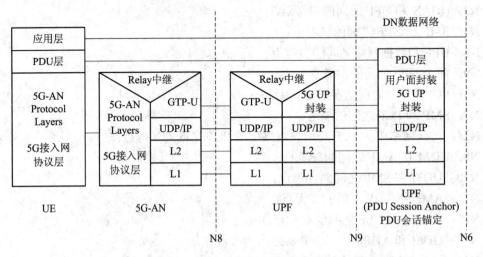

图 5-3　PDU 会话用户平面协议栈

PDU 层：该层对应于 PDU 会话中 UE 和 DN(数据网络)之间承载的 PDU。当 PDU 会话类型为 IPv4 或 IPv6 它对应于 IPv4 数据包或 IPv6 数据包；当 PDU 会话类型是以太网时它对应于以太网帧；等等。

GTP-U：用户平面的 GPRS 通道协议，该协议支持通过在骨干网络中的 N3(即在 5G-AN 节点和 UPF 之间)隧道穿透用户数据来复用不同 PDU 会话的流量(可能对应于不同的 PDU 会话类型)。GTP 应封装所有最终用户 PDU，它在每个 PDU 会话级别上提供封装，该层还携带 QoS 流相关联的标记。

5G 用户面封装：该层支持在 N9 上，即在 5GC 的不同 UPF 之间复用不同 PDU 会话的流量，它在每个 PDU 会话级别上提供封装，该层还携带 QoS 流相关联的标记。

5G-AN 协议层：该层是 5G 的接入网协议层，取决于具体的接入网类型，从 eNB 接入、从 gNB 接入或者从 non-3GPP 网络接入，对应的协议栈是不同的。

UDP/IP：该层是骨干网络协议。数据路径中的 UPF 的数量不受 3GPP 规范的约束，在 PDU 会话选择 UPF 路径的时候，可能有的 UPF 路径中并不支持该 PDU 会话，因此有可能会造成因为路由失败而引发的业务故障。

图 5-3 中描述的"非 PDU 会话锚"UPF 是可选的。N9 接口可以在 PLMN 内或 PLMN 间(在归属路由部署的情况下)。

如果在 PDU 会话的数据路径中存在 UL CL(上行链路分类器)或分支点，则 UL CL 或分支点充当非 PDU 会话锚 UPF。在这种情况下，有多个 N9 接口分支出 UL CL/分支点，每个接口导致不同的 PDU 会话点。因此，UL CL 或分支点与 PDU 会话锚点的共址是部署选项。

5.2.2　控制平面协议栈

1. 5G-AN 和 5G 核心之间的控制平面协议栈 N2

以下过程在 N2 上定义：

(1) 与 N2 接口管理相关且与单个 UE 无关的过程，例如 N2 接口的配置或复位。这些过程旨在适用于任何接入，但可能对应于仅在某些接入上带某些信息的消息(例如仅用于 3GPP 接入的默认寻呼 DRX(不连续接收)的信息)。

(2) 与个人 UE 相关的流程。

(3) 与 NAS Transport 相关的过程，这些过程旨在适用于任何接入，在 UL NAS 传输的消息中携带一些接入相关信息，例如用户位置信息。

(4) 与 UE 上下文管理相关的过程，这些流程适用于任何接入，其相应的消息可能包含：

- 仅在某些接入上使用的信息(例如仅用于 3GPP 接入的切换限制列表)；
- 一些将由 AMF 在 5G-AN 和 SMF 之间透明转发的信息，例如与 N3 寻址和 QoS 要求相关的信息。

(5) 与 PDU 会话资源相关的流程，这些流程适用于任何接入，它们可以携带信息(例如与 N3 寻址和 QoS 要求相关的消息)，这些消息将由 AMF 在 5G-AN 和 SMF 之间透明地转发。

(6) 与移交管理相关的流程，这些流程仅适用于 3GPP 接入。

5G-AN 和 5GC 之间的控制平面接口支持以下功能：

(1) 通过独特的控制平面协议将多种不同类型的 5G-AN(例如 3GPP RAN，用于不可信接入到 5GC 的 N3IWF)连接到 5GC；单个 NG-AP 协议用于 3GPP 接入和非 3GPP 接入。

(2) 无论 UE 的 PDU 会话的数量如何，对于给定的 UE，在每个接入的 AMF 中存在唯一的 N2 终止点。

(3) AMF 与诸如 SMF 等其他功能之间的去耦可能需要控制 5G-AN 支持的服务(例如控制用于 PDU 会话的 5G-AN 中的 UP 资源)。为此，NG-AP 支持 AMF 负责在 5G-AN 和 SMF 之间进行中继的信息，该信息称为 N2 SM 信息。N2 SM 信息在 SMF 和 5G-AN 之间透明地交换到 AMF。

AN-AMF 之间控制面协议栈如图 5-4 所示。

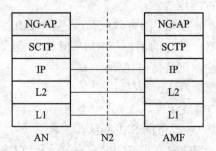

图 5-4　AN-AMF 控制平面协议栈

(1) NG-AP NG(应用协议)：5G-AN 节点和 AMF 之间的应用层协议。

(2) SCTP(流控制传输协议)：该协议保证在 AMF 和 5G-AN 节点(N2)之间可靠地传递信令消息。

5G-AN 与 AMF 之间的控制平面如图 5-5 所示。

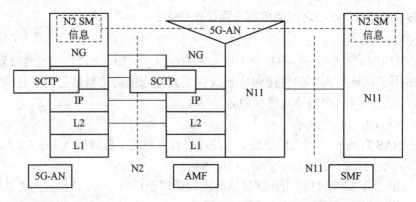

图 5-5 AN AMF 控制平面协议栈

N2 SM information 层：这是 AMF 在 AN 和 SMF 之间透明传输的 NG-AP 信息的子集，并且包括在 NG-AP 消息和 N11 相关消息中。AN 和 SMF 之间的控制平面从 AN 的角度来看，可以发生 N2 单个终止的情况，即 N2 信令主动终结于 AMF。其它协议栈层在此不再赘述。

2. UE 和 5GC 之间的控制平面协议栈 N1

UE 和 AMF 之间的接口是 N1 接口，单个 N1 NAS 信令连接用于 UE 所连接的每个业务的接入，单个 N1 终端点位于 AMF 中；单个 N1 NAS 信令连接也可以用于注册管理和连接管理(RM/CM)以及用于 UE 的 SM 相关消息和过程。N1 上的 NAS 协议包括 NAS-MM(移动管理)和 NAS-SM(消息管理)组件。

UE 与核心网络功能(不包括 AMF)之间存在多种协议，需要通过 NAS-MM 协议在 N1 上传输，包括会话管理信令、短信、UE 策略、LCS(Location Service，定位业务)。

AMF 在 N1 接口上支持以下功能：

(1) 决定是否在 RM/CM 过程期间接受 N1 信令的 RM/CM 部分，而不考虑在相同的 NAS 信令内容中可能组合的其他非 NAS-MM 消息(例如 SM)；

(2) 知道在 RM/CM 过程中是否应将一条 NAS 消息由一个 NF 路由到另一个 NF，或在内部使用 NAS 路由功能进行本地处理；

(3) 通过支持 NAS 传输不同类型的有效载荷或不在 AMF 终止的消息(比如 NAS-SM、SMS)，可以将这些不在 AMF 上终止的消息与 RM/CM NAS 消息(比如 UE 策略、UE 与 AMF 之间的 LCS)等消息一起传输。这些信息包括：

- 有关 Payload(有效载荷)类型的信息；
- 用于转发目的的附加信息；
- Payload(例如 SM 信令情况下的 SM 消息)。

单一的 NAS 协议适用于 3GPP 和非 3GPP 多种接入，当 UE 由单个 AMF 服务而 UE 通过多个(3GPP/非 3GPP)接入连接时，每次访问都有 N1 NAS 信令连接。

(4) 基于在 UE 和 AMF 之间建立的安全性上下文来提供 NAS 消息的安全性。

图 5-6 描述了 N1 接口 SM 信令、SMS、UE 策略和 LCS 的 NAS 传输路径。图中的 LCS 消息、UE policy(UE 策略)消息可以直接通过 NAS 信令在 N1 接口上传输，而 SMS 消息和 NAS-SM 消息也可以作为有效载荷随 NAS 信令在 N1 接口上传输。

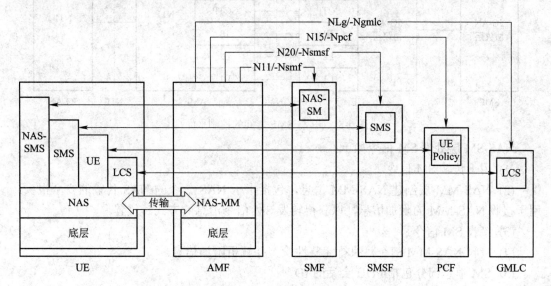

图 5-6　SMS、UE 策略和 LCS 的 NAS 传输

UE 和 AMF 之间的控制面如图 5-7 所示。

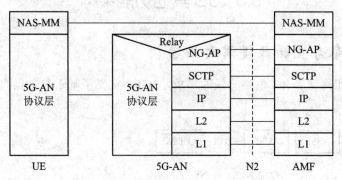

图 5-7　UE 与 AMF 之间的控制平面

NAS-MM：用于 MM 功能的 NAS 协议支持注册管理功能，连接管理功能以及用户平面连接、激活和停用。它还负责 NAS 信令的加密和完整性保护。

5G-AN 协议层：该层是 5G 的接入网协议层，取决于具体的接入网类型，从 eNB 接入、从 gNB 接入或者从 non-3GPP 网络接入，对应的协议栈是不同的。

UE 和 SMF 之间的控制面如图 5-8 所示。

NAS-SM：用于 SM 功能的 NAS 协议，支持用户平面 PDU 会话建立、修改和发布。它通过 AMF 传输，对 AMF 透明。

NAS-SM 支持处理 UE 和 SMF 之间的会话管理，在 UE 和 SMF 的 NAS-SM 层中创建和处理 SM 信令消息，AMF 不解释 SM 信令消息的内容。

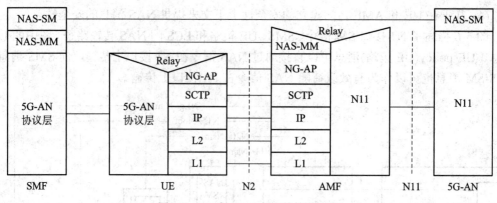

图 5-8　UE 与 SMF 之间的控制平面

NAS-SM 层处理 SM 信令如下：

(1) 用于传输 SM 信令。

(2) NAS-MM 层创建 NAS-MM 消息，包括指示 NAS 信令的 NAS 传输的安全报头；用于接收 NAS-MM 的附加信息，以获得转发 SM 信令消息的方式和位置。

(3) 接收 SM 信令。

(4) 接收 NAS-MM 信令，执行完整性检查并解析附加信息。

(5) SM 消息部分包括 PDU 会话的 ID。

5.3　5G 其他功能架构

5.3.1　基于参考点的非漫游网络架构

为了 NSA 组网或者 4G 网络升级的需求，3GPP 定义了基于参考点的网络架构图，如图 5-9 所示。

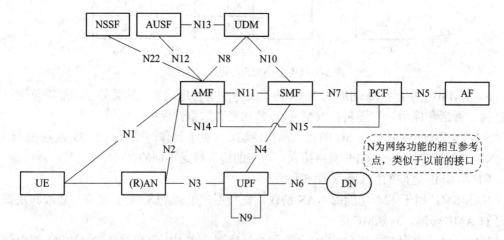

图 5-9　基于参考点的 5G 系统架构图

图 5-9 描述了非漫游情况下的 5G 系统传统架构，各网元之间的接口使用点对点的参考

点表示，显示了各种网络功能单元如何相互连接，比如 NSSF 和 AMF 之间通过 N22 接口连接，AUSF 和 UDM 之间通过 N13 接口连接，SMF 和 PCF 之间通过 N7 接口连接等等。这种架构的无线侧和核心网侧保持一致，更加适合 4G 核心网到 5G 核心网的演进升级。

5.3.2　数据存储参考架构

UDSF 被网络功能所在的同一 PLMN 的所有 NF 所共享，控制面网络功能可以共享用于存储它们各自的非结构化数据的 UDSF，或者每个 NF 可以有属于它们自己的 UDSF(UDSF 可以位于归属的 NF 附近)，3GPP 指定 NF 使用 N18/ Nudsf 接口访问 UDSF。系统架构允许任何 NF 在 UDSF(例如 UE 上下文)中存储和检索其非结构化数据。数据存储参考架构如图 5-10 所示。

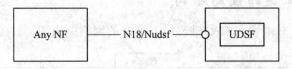

图 5-10　来自任何 NF 的非结构化数据的数据库存储架构

5G 系统架构允许 UDM、PCF 和 NEF 在 UDR 中存储数据，包括 UDM 和 PCF 的用户数据和策略数据、用于开放和应用数据的结构化数据(包括数据包流)、NEF 对应的用于应用检测描述的信息以及多个 UE 的 AF 请求信息等。数据存储参考架构如图 5-11 所示。

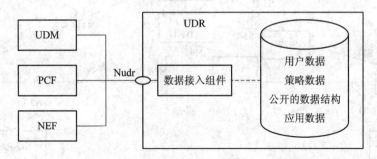

图 5-11　数据存储架构

UDR 可以部署在每个 PLMN 中，它可以提供不同的功能，具体如下所述：
- NEF 访问的 UDR 属于 NEF 所在的 PLMN；
- 如果 UDM 支持分离架构，则 UDM 访问的 UDR 和 UDM 在同一 PLMN 内；
- PCF 访问的 UDR 属于 PCF 所在的 PLMN。

部署在每个 PLMN 中的 UDR 都可以存储漫游用户的应用数据。可以在网络中部署多个 UDR，每个 UDR 可以容纳不同的数据集或子集(例如用户数据、用户策略数据、用于展示的数据和应用数据)服务于不同的 NF 组。UDR 为单个 NF 提供服务并存储其数据，因此提供了灵活部署的可能性，可以灵活与 NF 进行部署，图 5-12 中 UDR 的内部结构仅供参考，具体根据网络需要部署。Nudr 接口是为网络功能即为 NF 服务用户定义的，例如 UDM、PCF 和 NEF，接入是一组特定的数据存储和读取、更新(包括添加、修改)、删除和用户 UDR 中相关数据变更的通知。通过 Nudr 访问 UDR 的每个 NF 服务用户应能够添加、修改、更新或删除它有权更改的数据,此授权应由 UDR 根据每个数据集和 NF 服务使用者继续执行,并且可能基于每个 UE 用户粒度执行。

通过 Nudr 向相应的 NF 服务用户公开并集中存储于 UDR 的数据包括：用户数据、策略数据、结构化数据和应用数据，这些数据必须进行标准化，以利于多个 NF 进行访问和处理。

基于服务的 Nudr 接口由 3GPP 定义的数据集中公开信息单元的内容和格式编码确定。此外，NF 服务用户可以从 UDR 获取接入操作员特定属性组以及每个属性组的操作员特定数。值得注意的是，运营商特定数据和运营商特定数据集的内容和格式/编码不受标准化的约束，存储在 UDR 中的不同数据的组织形式也不是标准化的，这和 UDR 中的用户数据、策略数据等要求不一样。

5.3.3　与 EPC 互通非漫游架构

3GPP 规定了 5G 核心网与 EPC 非漫游互通时的网络架构图，如图 5-12 所示。

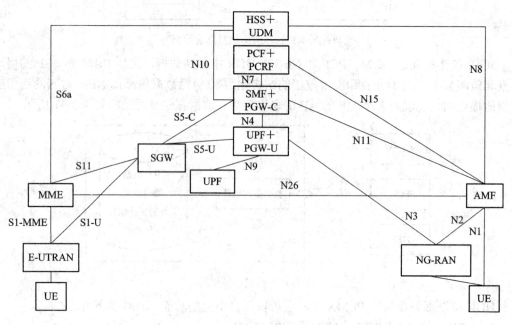

图 5-12　5GS 和 EPC/E-UTRAN 之间互通的非漫游架构

图 5-12 表示 5GC 和 EPC/E-UTRAN 之间互通的非漫游架构，N26 接口是 MME(Mobility Management Entity，LTE 核心网移动性管理实体)和 5GS AMF 间的 CN 间接口，以实现 EPC 和 NG 核心网之间的互通，网络中支持 N26 接口是互通的可选项。5GC 和 EPC/E-UTRAN 之间互通可以由 5GNF 和 EPC 网元组合来实现，比如图 5-13 中的 PCF(Policy Control Function，策略控制功能)+PCRF(Policy and Charging Rules Function，策略和计费功能)组合，SMF+PGW(PDN GateWay，PDN 网关)-C 组合和 UPF+PGW-U 组合，专用于 5GC 和 EPC 之间的互通，依据核心网能力和 UE 用户的选择进行灵活选择。

如果 5GC 和 EPC 之间不互通，UE 可以由不专用于互通的实体服务，比如通过 PGW/PCRF 或 SMF/UPF/PCF 服务。在 NG-RAN 和 UPF+PGW-U 之间可以存在另外一个 UPF，比如如果考虑到业务负载的需要，UPF+PGW-U 可以支持 N9 指向另外的 UPF。

5.4　SDN

5.4.1　SDN 的定义

软件定义网络(Software Defined Network，SDN)是由美国斯坦福大学 CLean State 研究组提出的一种新型网络创新架构，可通过软件编程的形式定义和控制网络，其控制平面和转发平面分离及开放性可编程的特点，被认为是网络领域的一场革命，为新型互联网体系结构研究提供了新的实验途径，也极大地推动了下一代互联网的发展 。

传统网络世界是水平标准开放的，每个网元可以和周边网元进行完美互联。而在计算机的世界里，网络不仅在水平方向是标准和开放的，同时网络在垂直方向也是标准和开放的，从下到上有硬件、驱动、操作系统、编程平台、应用软件等，编程者可以很容易地创造各种应用。从某个角度和计算机对比，在垂直方向上，网络是"相对封闭"和"没有框架"的，在垂直方向创造应用、部署业务是相对困难的。

利用分层的思想，SDN 将数据与控制相分离。在控制层，包括具有逻辑中心化和可编程的控制器，可掌握全局网络信息，方便运营商和技术人员管理配置网络和部署新协议等。在数据层仅提供简单的数据转发功能，可以快速处理匹配的数据包，适应流量日益增长的需求。两层之间采用开放的统一接口进行交互。控制器通过标准接口向交换机下发统一标准规则，交换机仅需按照这些规则执行相应的动作即可。

软件定义网络的思想是通过控制与转发分离，将网络中交换设备的控制逻辑集中到一个计算设备上，为提升网络管理配置能力带来新的思路。此外，南北向和东西向的开放接口及可编程性，也使得网络管理变得更加简单、动态和灵活。

因此，SDN 技术能够有效降低设备负载，协助网络运营商更好地控制基础设施，降低整体运营成本，成为了最具前途的网络技术框架之一。

5.4.2　SDN 的架构

SDN 的整体架构由下到上(由南到北)分为转发层、控制层和业务层，具体结构如图 5-13 所示。

其中，转发层由交换机等网络通用硬件组成，各个网络设备之间通过不同规则形成的 SDN 数据通路连接；控制层包含了逻辑上为中心的 SDN 控制器，它掌握着全局网络信息，负责各种转发规则的控制；应用层包含着各种基于 SDN 的网络应用，用户无需关心底层细节就可以编程、部署新应用。具备以上特点的网络架构都可以被认为是一种广义的 SDN。

有多个组织对 SDN 的架构进行了定义，其中 ONF 定义的架构被广泛接受。ONF(Open Networking Foundation，开放网络基金会)定义的架构共由四个平面组成，即数据平面、控制平面、应用平面以及右侧的控制管理平面，各平面之间使用不同的接口协议进行交互，如图 5-14 所示。

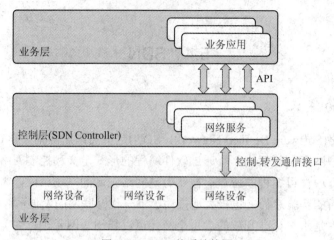

图 5-13　SDN 体系结构图

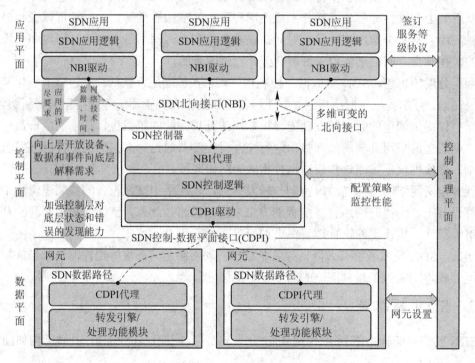

图 5-14　ONF 的 SDN 架构

1．数据平面

　　数据平面由若干网元组成，每个网元可以包含一个或多个 SDN Datapath(SDN 数据路径)。每个 SDN Datapath 是一个逻辑上的网络设备，它没有控制能力，只是单纯用来转发和处理数据，它在逻辑上代表全部或部分的物理资源。一个 SDN Datapath 包含控制数据平面接口代理、转发引擎表和处理功能三部分。

2．控制平面

　　控制平面即所谓的 SDN 控制器。SDN 控制器是一个逻辑上集中的实体，它主要负责两个任务，一是将 SDN 应用层请求转换到 SDN Datapath，二是为 SDN 应用提供底层网络的抽象模型(可以是状态、事件)。一个 SDN 控制器包含北向接口代理、SDN 控制逻辑以及控制数据平面接口驱动三部分。SDN 控制器只是要求逻辑上完整,因此它可以由多个控制器实例组成,也可以是层级式的控制器集群;从地理位置上讲,既可以是所有控制器实例在同一位置,也可以是多个实例分散在不同的位置。

3. 应用平面

应用平面由若干 SDN 应用组成。SDN 应用是用户关注的应用程序,它可以通过北向接口与 SDN 控制器进行交互,即这些应用能够通过可编程方式把需要请求的网络行为提交给控制器。一个 SDN 应用可以包含多个北向接口,使用多种不同的北向 API,同时 SDN 应用也可以对本身的功能进行抽象、封装来对外提供北向代理接口。封装后的接口就形成了更为高级的北向接口。

4. 管理平面

管理平面负责一系列静态工作,这些工作比较适合在应用、控制、数据平面外实现,比如对网元进行配置、指定 SDN Datapath 的控制器,同时负责定义 SDN 控制器以及 SDN 应用能控制的范围。

5. SDN 控制-数据平面接口(SDN Control-Data-Plane Interface,SDN CDPI)

SDN CDPI 是控制平面和数据平面之间的接口,它提供的主要功能包括:对所有的转发行为进行控制,进行设备性能查询、统计报告、事件通知。SDN 一个很重要的价值就体现在 CDPI 的实现上,它是一个开放的、与厂商无关的接口。

6. SDN 北向接口(SDN NorthBound Interfaces,SDN NBI)

SDN NBI 是应用平面和控制平面之间的一系列接口。它主要负责提供抽象的网络视图,并使应用能直接控制网络,其中包含从不同层对网络及功能进行抽象。这个接口也是一个开放的、与厂商无关的接口。

5.4.3　SDN 的核心概念

SDN 的核心思想就是要分离控制平面与数据平面,并使用集中式的控制器来完成对网络的可编程任务,控制器通过北向接口和南向接口协议分别与上层应用和下层转发设备实现交互。正是这种集中式控制和数据控制分离(解耦)的特点使 SDN 具有了强大的可编程能力,这种强大的可编程性使网络能够真正地被软件所定义,达到简化网络运维、灵活管理调度的目标,同时为了使 SDN 能够实现大规模的部署,就需要通过东西向接口协议支持多控制器间的协同。

1. SDN 数控分离

(1) 从功能实现来说,控制平面的主要功能是建立本地的数据集合,该数据集合一般被称为 RIB(Routing Information Base,路由信息库),RIB 需要与网内其他控制平面实例的信息保持一致,这一点通常使用分布式路由协议(如 OSPF)来完成。

(2) 接下来,控制平面需要基于 RIB 创建转发表,用于指导设备出入端口之间的数据流量转发。转发表通常被称为 FIB(Forwarding Information Base,转发信息库)。FIB 需要经常在设备的控制和数据平面之间进行镜像,以保证转发行为与路由决策一致,因此,FIB

实际上是两个平面之间连接的纽带。

(3) 数据平面的主要功能是，根据 RIB 创建的 FIB 进行数据的高速转发。另外，数据平面还可以根据需要处理一些其他的服务功能，如较短的事件侦测时间等，这是因为某些服务有非常严格的性能需求，需要放在数据平面以保证快速执行。

2．NF 网络架构实现转发抽象、分布状态抽象和配置抽象

(1) 转发抽象是将数据平面抽象成通用的转发模型，隐藏了底层的硬件实现。转发行为与硬件无关，如将 MAC 表、MPLS 标签表、路由表、ACL 访问控制列表等抽象成统一的流表。

(2) 分布状态抽象屏蔽分布式控制的实现细节，为上层应用提供全局网络视图。

(3) 配置抽象是网络行为的表达，通过网络编程语言实现，将抽象配置映射为物理配置。

3．网络可编程

(1) SDN 可编程通过为开发者提供强大的编程接口，从而使网络有了很好的编程能力。对上层应用的开发者来说，SDN 的编程接口主要体现在北向接口上。北向接口提供了一系列丰富的 API，开发者可以在此基础上设计自己的应用而不必关心底层的硬件细节，就像目前在 x86 体系的计算机上编程一样，不用关心底层寄存器、驱动器等具体细节。SDN 南向接口用于控制器和转发设备建立双向会话，通过不同的南向接口协议，SDN 控制器就可以兼容不同的硬件设备，同时可以在设备中实现上层应用的逻辑。SDN 的东西向接口主要用于控制器集群内部控制器之间的通信，用于增强整个控制平面的可靠性和可拓展性。

(2) 可编程能力体现在很多的层次上，从下往上依次为芯片可编程、FIB 可编程、RIB 可编程、设备 OS 可编程、设备配置可编程、控制器可编程和业务可编程。

5.4.4 SDN 的优缺点

1．SDN 的优点

(1) 全局集中控制和分布高速转发。这是 SDN 的最主要的优势，一方面可以实现控制平面的全局优化，另一方面可以实现高性能的网络转发能力。

(2) 灵活可编程与性能的平衡。SDN 数控分离的设计更加平衡，以 FIB 为分界线实际上降低了 SDN 的编程灵活性，但是没有暴露商用设备的高速转发实现细节，因此也使得网络设备商更容易接受 SDN 的理念。

(3) 开放性和 IT 化。数据控制分离在一定程度上可以降低网络设备和控制软件的成本。当前的网络设备是捆绑着控制平面功能软件一起出售的。由于软件开发由网络设备公司完成，对用户不透明，因此网络设备及其控制平面软件的定价权完全掌握在少数公司手中，造成了总体价格高昂。在数据控制平面分离以后，尤其是使用开放的接口协议之后，将会实现交换设备的制造与功能软件的开发相分离，这样可以实现模块的透明化，从而有效降低成本。

2．SDN 的缺点

(1) 可扩展性问题。这是 SDN 面临的最大问题，数据控制分离后，原来分布式的控制平面集中化了，即随着网络规模扩大，单个控制节点的服务能力极有可能会成为网络性能

的瓶颈(即单点故障)。

(2) 一致性问题。在传统网络中，网络状态一致性是由分布式协议保证的，在 SDN 数据控制分离后，集中控制器需要负起这个责任。如何快速侦测到分布式网络节点的状态不一致性，并快速解决这类问题，这是 SDN 需要解决的主要问题之一。

(3) 可用性问题。可用性是指网络无故障的时间占总时间的比例，传统网络设备是高可用的，即发向控制平面的请求会实时得到响应，因此，网络比较稳定，但是在 SDN 数据控制分离后，控制平面网络的延迟可能会导致数据平面可用性问题。

5.4.5　OpenFlow

1. OpenFlow 概述

要实现 SDN，目前总体上有三种方式：基于专用接口的方案、基于叠加网络的方案和基于开放协议的方案。

基于专用接口的方案的实现思路是不改变传统网络的实现机制和工作方式，通过对网络设备的操作系统进行升级改造，在网络设备上开发专用的 API 接口，管理人员可以通过 API 接口实现网络设备的统一配置管理和下发，改变原先需要一台台设备登录配置的手工操作方式，同时这些接口也可以供用户开发网络应用，实现网络设备的可编程。这类方案由目前主流的网络设备厂商主导。

基于叠加网络的方案的实现思路是以现行的 IP 网络为基础，在其上建立叠加的逻辑网络，屏蔽掉底层物理网络差异，实现网络资源的虚拟化，使得多个逻辑上彼此隔离的网络分区，以及多种异构的虚拟网络可以在同一共享网络基础设施上共存。该类方案的主要思想可被归纳为解耦、独立、控制三个方面。

基于开放协议的方案是当前 SDN 实现的主流方案，而 OpenFlow 就是目前应用最为广泛的实现 SDN 的开放协议，该协议的提出与应用是 SDN 思想发展的主要推动力之一。

OpenFlow 协议于 2006 年诞生于斯坦福大学的一个资助项目，2008 年在 Nick McKeown 教授发表的论文《OpenFlow:Enableing Innovationin Campus Networks》中被正式提出。SDN 核心思想为数据与控制分离，硬件与软件解耦。openflow 协议通过引入"流"的概念，控制器根据某次通信中"流"的第一个数据分组的特征，使用 openflow 协议提供的接口对数据平面设备部署策略，也就是在交换机上部署流表，这些通信的后续流量则按照相应流表在硬件上进行匹配、转发，从而实现网络设备在数据转发平面的灵活变动，所以网络设备的功能不再是一成不变的。

2. OpenFlow 的组成

OpenFlow 网络由 OpenFlowSwitch(OpenFlow 交换机)、FlowVisor(网络虚拟化层)和 Controller(控制器)三部分组成，如图 5-15 所示。

OpenFlow 交换机进行数据层的转发，FlowVisor 对网络进行虚拟化，Controller 对网络进行集中控制，实现控制层的功能。

OpenFlowSwitch 是整个 OpenFlow 网络的核心部件，主要管理数据层的转发。OpenFlowSwitch 拥有一个 FlowTable(流表)，它只按照流表进行转发，流表的生成、维护和下发由外置的 Controller 来实现。OpenFlow1.0 规范定义了包括输入端口、MAC 源地址、

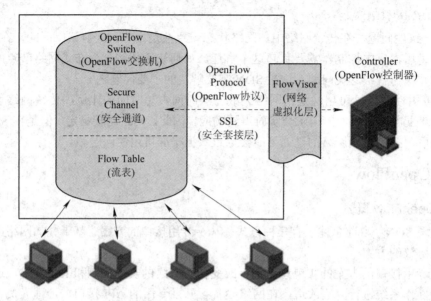

图 5-15　OpenFlow 网络组成

MAC 目的地址、以太网类型、VLANID(虚拟局域网 ID)、IP 源地址、IP 目的地址、IP 端口、TCP 源端口、TCP 目的端口在内的流表中的 10 个关键字。流表中的每个关键字都可以通配，网络的运营商可以决定使用何种粒度的流，比如运营商只需要根据目的 IP 进行路由，那么流表中就可以只有 IP 目的地址字段是有效的，其它全为通配。传统网络中数据包的流向是人为指定的，虽然交换机、路由器拥有控制权，却没有数据流的概念，只进行数据包级别的交换。而在 OpenFlow 网络中，统一的 Controller 取代路由，决定了所有数据包在网络中的传输路径。

FlowVisor 对网络进行虚拟化，FlowVisor 是建立在 OpenFlow 协议上的网络虚拟化工具。它将物理网络划分为不同的逻辑网络，从而实现虚网划分。它让管理员通过定义流规则来管理网络，而不是修改路由器和交换机的配置。FlowVisor 部署在标准 OpenFlow 控制器与 OpenFlow 交换机之间，并对两者是透明的。它将物理网络划分为多个虚网，使每个控制器控制一个虚网，并保证各虚网相互隔离。

OpenFlow 消息在进行传输时，FlowVisor 会根据配置策略对 OpenFlow 消息进行拦截、修改、转发等操作。这样，控制器就只能控制其被允许控制的流，但是控制器并不知道它所管理的网络被 FlowVisor 进行过分片操作。同样，交换机发出的消息经过 FlowVisor 过滤后，也会被发送到相应的控制器。

Controller 将控制层与数据转发层分离，其中 OpenFlow 交换机实现了数据转发功能，而 OpenFlow Controller 则实现了控制层功能。Controller 通过 OpenFlow 协议提供的标准数据接口，对 OpenFlow 交换机中的流表进行控制、管理，实现了对整个网络的集中控制。

3. OpenFlow 与 SDN

在图 5-16 所示 SDN 的架构图中，南向接口是控制层与转发层之间的通信通道，是数据与控制分离类的协议接入 SDN 架构的切入点，如果应用了 OpenFlow 协议，就将以 OpenFlow 的协议架构进行控制器与交换机之间的信息交互。

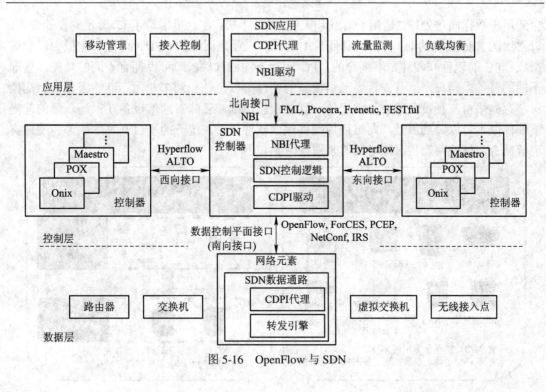

图 5-16　OpenFlow 与 SDN

5.5　NFV

5.5.1　NFV 的产生背景

　　NFV(Network Function Virtualization，网络功能虚拟化)技术是为了解决现有专用通信设备的不足而产生的。通信行业为了追求设备的高可靠性、高性能，往往采用软件和硬件结合的专用设备来构建网络。比如专用的交换机、路由器、防火墙、DPI(Deep Packet Inspection，深度包检测技术)等设备，均为专用硬件加专用软件的架构。这些专用通信设备带来高可靠性和高性能的同时，也带来一些问题。网元是软硬件垂直一体化的封闭架构，业务开发周期长、技术创新难、扩展性受限、管理复杂。一旦部署了 NFV，后续升级改造就受制于设备制造商。网络是复杂而刚性的，由大量单一功能的、专用网络节点和碎片化、昂贵、专用的硬件设备构成。资源不能共享，业务难融合，需要面对大量不同厂家、不同年代、不同设备的采购、设计、集成、部署、维护运行、升级改造问题。这其中最重要的一点是网络设备投资和维护成本居高不下，而与此同时运营商网络流量不断增长，收入增长却不明显，形成增量不增收的现象。如果能够打开软硬件垂直一体化的封闭架构，用通用工业化标准的硬件和专用软件来重构网络设备，可以极大地减少资金投入，缓解增量不增收的现象。为此，NFV 技术应运而生。

　　NFV 希望通过标准的 IT 虚拟化技术，把网络设备统一到工业化标准的高性能、大容量的服务器、交换机和存储平台上。该平台可以位于数据中心、网络节点及用户驻地网等。NFV 将网络功能软件化，使其能够运行在标准服务器虚拟化软件上，以便能根据需要安装/移动到网络中的任意位置而不需要部署新的硬件设备。NFV 不仅适用于控制面功能，同样也适用于数据面包处理，适用于有线和无线网络。NFV 在这里借鉴了 IT 设备的设计理念，以常用的 X86 架构的 PC 为例，其硬件由统一到工业化标准的 CPU、内存、主板、硬盘等组成。PC 的软件和硬件是解耦合的，PC 运行不同的软件，即可以拥有不同的功能，处理不同的任务。同理，运营商认为通信设备的硬件可以由统一到工业化标准的服务器、交换机和存储平台三种设备组成。由于统一到工业化标准，意味着通信设备在保证质量的前提下硬件成本可以降到最低，同时通用硬件保证软件可以在统一的平台开发，软件和硬件实现解耦合。传统网元与虚拟网元的区别如图 5-17 所示。

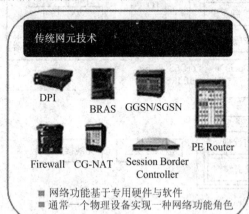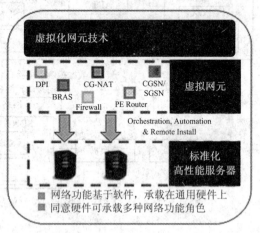

图 5-17 传统网元与虚拟网元的区别

NFV 将网络功能软件化，使其能够运行在标准服务器虚拟化软件上，通用硬件安装何种软件，则设备就具有何种功能。

5.5.2 NFV 的典型架构

NFV 将服务器、交换机、路由器和存储设备等许多类型的网络设备构建为一个 DCN(Data Center Network)，通过借用 IT 的虚拟化技术虚拟化形成 VM(Virtual Machine，虚拟机)，然后将传统的 CT 业务部署到 VM 上。一个 NFV 的标准架构包括三部分：一是网络功能虚拟化基础设施(NFVI)，二是网络功能虚拟化管理及业务编排(MANO)，三是虚拟化的网络功能模块(VNFs)，三者是标准架构中顶级的概念实体。

如图 5-18 所示，在 NFV 架构中，底层为具体物理设备，如服务器、存储设备、网络设备。计算虚拟化即虚拟机，在一台服务器上创建多个虚拟系统。存储虚拟化，即多个存储设备虚拟化为一台逻辑上的存储设备。网络虚拟化，即网络设备的控制平面与底层硬件分离，将设备的控制平面安装在服务器虚拟机上。在虚拟化的设备层面上可以安装各种服务软件。

NFVI(NFV Infrastructure，网络功能虚拟化基础设施)包含了虚拟化层或者容器管理系统如 Docker(一种应用容器引擎)、vSwitch(虚拟交换机)以及物理资源，如 COTS(Commercial Off-The-Shelf，商品化)服务器、交换机、存储设备等。NFVI 是一种通用的虚拟化层，所有虚拟资源在一个统一共享的资源池中，不应该受制或者特殊对待某些运行其上的 VNF。

VNF(Virtual Network Function，虚拟网络功能)指的是具体的虚拟网络功能，提供某种网络服务。VNF 是软件，它利用 NFVI 提供的基础设施部署在虚拟机、容器或者裸物理机中。相对于 VNF，传统的基于硬件的网元可以称为 PNF(Physical Network Function，物理网络功能)。VNF 和 PNF 能够单独或者混合组网，形成所谓的服务链，提供特定场景下所需的端到端网络服务。

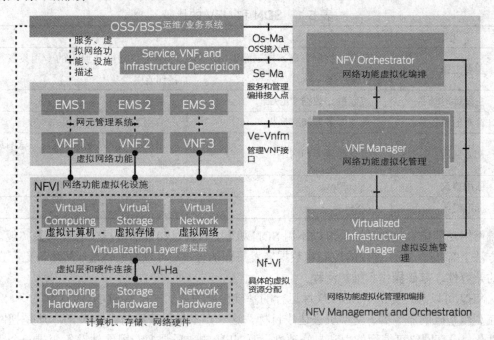

图 5-18　NFV 的体系结构

　　MANO(Management and Orchestration，管理和编排)提供了 NFV 的整体管理和编排功能，向上接入 OSS(Operation Support Systems，运营支持系统)/BSS(Business Support System，业务支撑系统)，由 NFVO(NFV Orchestrator，NFV 编排)、VNFM(VNF Manager，VNF 管理)以及 VIM(Virtualised Infrastructure Manager，虚拟化基础设施管理器)三者共同组成。Orchestration 的本意是管弦乐团，在 NFV 架构中，凡是带"O"的组件都有一定的编排作用，各个 VNF、PNF 及其它各类资源只有在合理编排下，在正确的时间做正确的事情，整个系统才能发挥应有的作用。

　　VIM 管理 NFVI，VIM 控制着 VNF 的虚拟资源分配，如虚拟计算、虚拟存储和虚拟网络。VNFM 管理 VNF 的生命周期，如上线、下线，进行状态监控、图像引导页。VNFM 基于 VNFD(VNF Describe，VNF 描述)来管理 VNF。NFVO 用以管理网络业务生命周期，并协调网络业务生命周期的管理、协调 VNF 生命周期的管理、协调 NFVI 各类资源的管理，以此确保所需各类资源与连接的优化配置。NFVO 基于 NSD(网络服务描述)运行，NSD 中包含服务链、NFV 以及操作目标等。

5.6　SDN/NFV 和 5G 网络

5.6.1　SDN 与 NFV 的关系

　　NFV 和 SDN 是高度互补关系，但并不互相依赖。网络功能可以在没有 SDN 的情况下进行虚拟化和部署，SDN 也可以通过使用通用硬件作为 SDN 的控制器和服务交换机，然而这两个理念和方案结合可以产生潜在的、更大的价值。在移动网络中，NFV 是网络演进的主要架构，在一些特定场景将引入 SDN。SDN 和 NFV 的比较见表 5-1。

表 5-1 SDN 和 NFV 的比较

类型	SDN	NFV
主要主张	转发与控制分离，控制面集中，网络可编程化	将网络功能从原来的专用设备上移到通用设备上
主要针对场景	校园网、数据中心/云	运营商网络
针对的设备	商用服务器和交换机	专用服务器和交换机
初始应用	云资源调度和网络	路由器、防火墙、网关、广域网加速器
通用协议	OpenFlow	目前没有
标准组织	ONF	ETSI NFV 工作组

网络功能虚拟化的目标是可以不用 SDN 机制，仅通过当前的数据中心技术去实现。但从方法上有赖于 SDN 提议的控制和数据转发平面的分离，可以增强性能、简化与已存在设备的兼容性、基础操作和维护流程。

NFV 可以通过提供给 SDN 软件运行的基础设施的方式来支持 SDN，而且 NFV 和 SDN 都在利用基础的服务器、交换机去达成目标，这一点上是很接近的。SDN 的本质是把网络软件化，提高网络可编程能力和易修改性，而 NFV 的本质是把专用硬件设备变成一个通用软件设备，共享硬件基础设施。SDN 没有改变网络的功能，而是重构了网络的架构；NFV 没有改变设备的功能，而是改变了设备的形态。

5.6.2 基于 SDN/NFV 的 5G 网络架构

5G 的服务化网络将网络功能原子化，可以基于云化架构更加灵活地编排，满足网络业务快速拓展的需要，将可灵活编排的 5G 网络功能组合起来，可以支持灵活的网络切片。运营商将以 SDN/NFV 技术为依托，逐步实现网络由传统的烟囱式网络向服务化网络的演进。

服务化网络的演进将经历烟囱式网络、云化网络和服务化网络三个阶段，如图 5-19 所示。

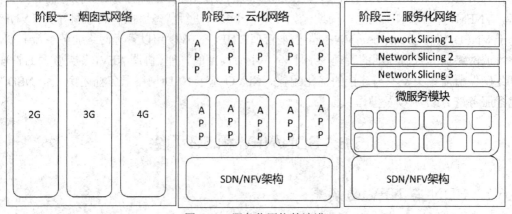

图 5-19 服务化网络的演进

烟囱式网络即为目前的 EPC 网络现状，每一个网元都由专用服务器实现，彼此之间的资源无法共享和重用。

云化网络是当前通信产业正在大力推进的网络能力，利用 SDN/NFV 技术实现对虚拟化资源的高效管理以满足不同网元实时、动态的业务处理能力要求。云化网络架构下，网络资源基于虚拟化进行管理，可以在 DC 内部和各 DC 之间灵活调配，形成对整个网络资源的云化部署。

服务化网络是基于云化网络架构的进一步演进，主要对应用层逻辑网元和架构进行进一步优化，把各网元的能力通过"服务"进行定义，并通过 API 形式供其它网元进行调用，基于服务化定义的应用层逻辑网元和架构将进一步适配于底层基 NFV/SDN 技术的原生云基础设施平台，真正实现 5G 服务化网络的目标。

当前，移动网络正处于烟囱式网络向云化网络的转变期，利用 NFV/SDN 技术逐步实现对网络资源的动态共享和灵活调配。待云化网络系统搭建完成后，将开始实现应用层向服务化网络的重要改变，实现基于"原子粒度"的服务化网元的实例化和强大的生命周期管理功能，支持网络按需自由组合各网元的能力，实现网络切片服务。

本 章 小 结

本章主要介绍了 5G 核心网和接口协议，包括 5G 核心网的网络功能、架构、接口和参考点、用户面和控制面的协议栈；SDN 定义、架构、核心概念以及优缺点，OpenFlow；NFV 的产生背景、典型架构；SDN/NFV 对 5G 网络架构的影响等内容。

5G 核心网采用分布式的功能，根据实际需要进行新的网络功能的加入或撤出。通过不同的用户面网元可同时建立多个不同的会话，并由多个控制面网元同时管理，实现本地分流和远端流量的并行操作，5G 的核心网络架构分为两种架构呈现，即参考点方式呈现和服务化架构方式呈现。

SDN 即软件定义网络，利用分层的思想，SDN 将数据与控制相分离。SDN 的本质特点是控制平面和数据平面的分离以及开放可编程性。通过分离控制平面和数据平面以及开放的通信协议，SDN 打破了传统网络设备的封闭性。

NFV 即网络功能虚拟化，是一种对于网络架构的概念，其核心是虚拟网络功能。NFVI 是用来部署和执行 VNF 的一组资源，VNF 是 NFV 架构中的虚拟网络功能单元。传统 EPC 网络的耦合主要体现在控制平面和用户平面的耦合以及硬件和软件的耦合两个方面。

5G 的服务化网络将网络功能原子化，可以基于云化架构更加灵活地编排，满足网络业务快速拓展的需要，将可灵活编排的 5G 网络功能组合起来，可以支持灵活的网络切片。运营商将以 SDN/NFV 技术为依托，逐步实现网络由传统的烟囱式网络向服务化网络的演进。

习　题

1. 5G 核心网的十大关键原则是什么？

2．简述 5G 核心网的网络功能分类。

3．请列举 5G 的核心网络架构。

4．请列举 5G 核心网基于服务的接口和参考点。

5．什么是 SDN？它有哪些特点及优势？

6．简述 SDN 的架构和核心概念。

7．什么是 OpenFlow？请简述其特点及网络组成。

8．简述 NFF 的典型架构。

9．SDN 和 NFV 之间有无关系？如有，它们之间的关系是什么？

10．SDN 和 NFV 对 5G 核心网架构有哪些方面的影响？

第 6 章　5G 关键技术

【本章内容】

本章详细介绍了 5G 采用的一些关键技术与新型技术，这些技术的应用，是 5G 具备新的特性和强大性能的基础。这些技术可以大致分为无线侧的关键技术和网络侧的关键技术。无线侧的关键技术包括正交、非正交的波形技术，同时同频全双工和灵活双工技术，大规模 MIMO 技术，毫米波技术，频谱共享管理技术等等；网络侧的关键技术包括网络切片技术、边缘计算技术、SON 技术等。

6.1　正交波形和多址技术

波形技术是无线通信网络物理层最基础的技术，4G 网络的物理层采用的是 CP-OFDM(Cyclic Prefix Orthogonal Frequency Division Multiplexing，带循环前缀的正交频分复用)技术。CP-OFDM 技术的基本思想是将一定频谱带宽的原始信道分成若干个正交子信道，同时将高速数据流转换成并行的若干低速子数据流，并分别调制到上述子信道上进行传输。在接收端，各正交子信道上的信号通过相应的技术进行分离，以避免子信道之间的相互干扰。同时，由于每个子信道上的信号带宽小于信道的相干带宽，故其所经历的衰落可以看成是平坦性衰落，不受频率选择的影响，而且由于每个子信道的带宽仅仅是原信道带宽的一小部分，信道均衡变得相对容易。然而这种技术在面对 5G 丰富的业务场景需求时，弱点被放大，主要体现在以下三个方面：

(1) CP-OFDM 的灵活性不足以应对 5G 的多场景应用。

uRRLC 应用场景要求端到端时延为 1ms 或低于 1ms，同时系统必须具有极短的时域符号和极短的 TTI(TransmissionTime Interval，传输时间间隔)，这就需要频域较宽的子载波带宽。但是一方面 CP-OFDM 增加了循环前缀，拉长了符号间检核和 TTI，因此对于 uRRLC 业务来说 CP-OFDM 技术并不适合；另一方面对于 mMTC 业务来说，当物联网的很多传感器同时连接时，其中单个连接传送数据量极低，这种短包类突发式通信业务，需要在频域上配置带宽比较窄的子载波，这就会使时域符号和 TTI 足够长，因此对于物联网业务几乎可以不考虑时延扩展的问题，也就不需要 CP，由此可见 CP-OFDM 也不十分适用于 mMTC 业务。

(2) CP-OFDM 对精确同步有严苛要求。

CP-OFDM 的优势主要体现在子载波间的正交性上，这就需要精确的同步，但如果在

5G mMTCP 场景中，要求海量的连接都采用精确的同步，那么网络将存在大量的同步信令，造成网络阻塞。

(3) CP-OFDM 对零散频段的利用效率不高。

在 LTE 中，CP-OFDM 使用矩形窗进行脉冲成形，因此旁瓣功率泄露较大，这会导致严重的子载波间的干扰，而且对零散频段的利用造成极大困难。在中低段频率，连续的频率资源比较稀缺，但是对于物联网应用却具备很大的优势。因此，5G 可以有效利用零散频谱，提升物联网应用效果。

因此，为了沿袭 OFDM 技术而且能够适用 5G 技术，必须为 CP-OFDM 技术做出改进。当前主流的基于正交的新波形研究主要包括 FBMC(Filter Bank Multicarrier，基于优化滤波器设计的滤波器组多载波)、UFMC(Universal Filtered Muticarrier，通用滤波多载波)、GFDM(Generalized Frequency Division Mulipeing，通用频分复用)和 F-OFDM (Filtered OFDM，基于子带滤波的正交频分复用)等。这些新波形的共同特点在于它们都使用了滤波器组技术。滤波器组技术是指在发射端经由一个分析滤波器组实现多载波调制，相应地在接收端也需要经过一个合成滤波器组来完成信号的解调。基于滤波器组的多载波技术，由于原型滤波器是可以根据需求定制化设计的，因此各子载波之间可以不再满足正交性的要求。这也导致了各子载波之间天生就有干扰，所以一般不采用循环前缀来抵抗 ISI(Inter-Symbol Interference，符号间干扰)和 ICI(Inter-Carrier Interference，载波间干扰)。此外，由于滤波器可以人为控制，因此可以通过滤波器组的合理设计来很好地控制子载波间的干扰。

6.1.1 FBMC

FBMC 技术采用 OQAM(Offset Quadrature Amplitude Modulation，交错正交调制)方式，通过使用特定设计的原型滤波器，在不使用 CP 的前提下仍然可以有效地抵消符号间干扰(ISI)和载波间干扰(ICI)，因此采用 FBMC 技术的系统的频谱效率较采用 CP-OFDM 技术的系统更高。

对于 4G，由于子载波带宽仅有 15 kHz，且旁瓣衰减很快，因此没有专门针对子载波设计的滤波器，只是在系统带宽内使用了 Sinc 函数原型滤波器。而实际上，我们可以视各个子载波都使用了滤波器组，只不过这些滤波器组在原型滤波器的基础上做了 $e^{j2\pi ki/M}$ 的依次频偏。但是，使用这样的滤波器组，CP-OFDM 的带外抑制性很差，各个子载波需要严格同步，否则会带来严重的 ICI。如果能够设计出性能优良的原型滤波器，且对每个子载波进行滤波，那么将能大幅度减少子载波间的干扰，进而改善 CP-OFDM 系统带外泄漏过高的固有缺陷。

FBMC 正是基于这样的思路，在各个子载波上增加了特殊设计的滤波器来改善带外衰减，同时由于带外衰减很快，各个不相邻子载波都是独立的，由于 FBMC 发射端使用了原型滤波器，接收端也使用了与其匹配的滤波器，所以，在设计 FBMC 原型滤波器时只需要频域参数的平方满足奈奎斯特(Nyquist)第一准则即可。奎斯特第一准则是：

理想低通信道下的最高码元传输速率 = $2W$ Baud，其中 W 是理想低通信道的带宽，单位为赫兹；Baud 是波特，即码元传输速率的单位，1 波特为每秒传送 1 个码元。

在实验室里，分别采取了 4QAM 和 16QAM 调制，对 CP-OFDM 和 FBMC 做了 BER(bit error ratio，比特错误率)性能仿真，仿真图如图 6-1 所示。

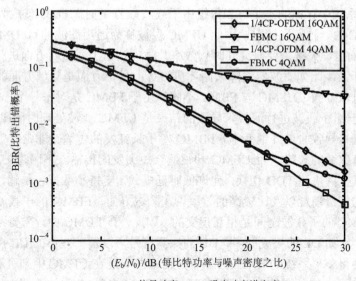

E_b：信号功率；N_0：噪声功率谱密度

图 6-1　FBMC 与 CP-OFDM 性能比较

从图 6-1 可以看出，在 4QAM 调制情况下，当信噪比较低时，FBMC 系统的 BER 性能要优于 CP-OFDM 系统，但是在高信噪比时，CP-OFDM 系统的性能要优于 FBMC 系统，这主要是因为 FBMC 系统在多径信道条件下，由于系统固有干扰的存在，导致系统性能会出现瓶颈，而 CP-OFDM 系统由于 CP 的作用则不会出现性能瓶颈，而且在高阶调制的情况下，这种影响更为明显，这是 FBMC 系统的不足之处。

综上所述，FBMC 系统相对 CP-OFDM 系统具有更优良的特性，具体表现如下：

(1) 无 CP 方案的使用带来了频谱和功率效率的提升。由于原型滤波器的冲击响应和频率响应可以根据需要进行设计，各子载波之间不必是正交的，允许更小的频率保护带，因此不需要插入 CP。相比而言，FBMC 拥有更高的频谱和功率效率。

(2) 具备较强的抗 ISI 和 ICI 能力。在传统 OFDM 系统中，通过添加 CP 可以抵抗 ISI，但是对于抵抗 ICI 却无能为力；而在 FBMC 系统中，由于引进了时频聚焦特性，使得 FBMC 对于抵抗 ISI 和 ICI 效果更好。

(3) FBMC 系统实现相对简单。与传统的 OFDM 系统类似，FBMC 系统也可以基于 IFFT(Inverse Fast Fourier Transform，离散快速傅里叶变换)和 FFT(Fast Fourier Transform，快速傅里叶变换)实现，并且子载波成型可以使用基于多相网络结构的方法来高效实现。

(4) FBMC 系统具有很低的带外功率辐射。对于传统的 OFDM 系统而言，使用矩形成型带来的带外功率衰减为−25 dB 左右，而 FBMC 系统使用了优良的 TFL(Time Frequency Localization，基于时频域定位)特性的原型滤波函数带来的带外功率衰减可以达到−50 dB 以下。因此在 FBMC 系统中，业界不需要提供保护频带或者做额外的带外辐射抑制处理。

6.1.2　UFMC

由于 FBMC 滤波器的帧的长度要求使得 FBMC 不适用于短包类通信业务以及对时延要求较高的业务，所以诞生了一种针对 FBMC 的改进方案——通用滤波多载波技术 UFMC。UFMC 通过对一组连续的子载波进行滤波操作(其中子载波的个数根据实际应用进行配置)，克服了 FBMC 系统中存在的不足。当每组中子载波数为 1 时 UFMC 就成为 FBMC，所以 FBMC 是 UFMC 的一种特殊情况，因此 UFMC 也被称为通用滤波的 OFDM。

对 UFMC 而言，关键是要研究其时频效率。时频效率主要从两方面进行考虑，一方面是时域方面的开销，比如滤波器滚降、循环前缀等；另一方面是频域方面的开销，比如频率保护等。在时域方面，UFMC 与 FBMC 不同，由于 FBMC 是对每一个子载波进行滤波，而 UFMC 是对一组子载波进行滤波，导致的结果是 UFMC 滤波处理时间比 FBMC 短，滤波器长度变短直接导致时域开销变小。FBMC 对于长突发的传输是非常有效的，但是对短突发的传输却有致命的缺陷，而 UFMC 却很适合短突发的传输。正因为 UFMC 的这个特性，UFMC 可以支持快速 TDD 切换，允许低时延模式，支持小数据包传输，这样整体而言就有了比较低的能量消耗以及比较高的效率。在频域方面，FBMC 的子载波之间不是相互正交的，而 UFMC 的子载波之间是相互正交的，因此，在 FBMC 中，需要一些额外的信令开销来做保护，比如 DL 的集成同步、UL 的探测符号，以及一些小的 UL 控制信息等，这些信令的引入使得整个系统的效率较为低下，而这些问题在 UFMC 中则可避免。

UFMC 具有更高的频谱效率，经过验证，在带宽为 10 MHz 的系统中做仿真，UFMC 的频谱效率比 OFDM 有 10%的增益，旁瓣可以低几十个 dB，干扰大为降低。UFMC 对时频偏移的容忍度较高，由于对时频同步的要求不是那么严格，信令开销必然会下降。

虽然 UFMC 相对 FBMC 更具优势，但是在实际应用中，大尺度的时延扩散，需要更高阶的滤波器来实现。同时，接收机处也需要更复杂的算法，因此增加了系统的复杂度。

6.1.3　GFDM

虽然相对于 OFDM 和 FBMC,UFMC 有更多优点,但因为没有 CP,UFMC 比 CP-OFDM 对短时间的不重合更敏感。因此 UFMC 可能对需要松散时间同步以节约能源的应用场景不适合。为解决这个问题，广义频分复用技术如 GFDM 被提了出来。

GFDM 是一种灵活的调制方式，它将若干时隙和若干子载波上的符号块视为一帧，能够将数据扩展成时频二维块结构(每个载波上有多个符号)，通过在每个子载波上使用可调节的脉冲成形滤波器，使得传输信号展现出很强的频域聚焦特性，降低旁瓣，并且将线性卷积转换为循环卷积，保护其块状结构的使用，并通过缩短 CP 的长度，使得数据在通过多径信道传输后，在接收端可以使用简单的均衡方式。此外，在扩展 GFDM 块中，采用时间窗方案可以进一步控制带外辐射，并且只会有很小的 CP 长度消耗。

在 GFDM 中，由于信号本身的设计而带来的自干扰，以及同步不理想而造成的损害都会影响多址接入场景下的系统性能。所以，为了解决这个问题，GFDM 将放宽对振荡器精度的要求，精度要求由当前 LTE 系统中的 0.1 ppm 扩大到 1~10 ppm(注：ppm 表示每百万单位，在表示频率偏差时，它表示在一个特定中心频率下允许偏差的值，实际上就是表示频率误差范围是中心频率点赫兹数的百万分之几)，略去复杂的同步过程和减少信号开销作为自己的目标。GFDM 的循环结构允许均衡在频域进行，而且可以很容易地克服扩展到多个符号中的多径影响，这就使其非常适合应用在短的突发数据传输中。

因此，GFDM 的特性是：频谱效率较高，带外功率泄露小，每个子载波无需同步。如图 6-2 是一张功率谱仿真图，对比一下 GFDM 和 OFDM 的带外衰减，从图中可以看到，OFDM 在带外的功率泄露区域远远大于 GFDM。

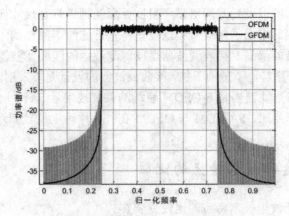

图 6-2　GFDM 和 OFDM 功率谱

6.1.4　F-OFDM

F-OFDM 是一种可变子载波带宽的自适应空口波形调制技术，是基于 OFDM 的改进方案。F-OFDM 能够实现空口物理层切片后向兼容 LTE 系统，又能满足未来 5G 发展的需求。

F-OFDM 技术的基本思想是：将 OFDM 载波带宽划分成多个不同参数的子带，并对子带进行滤波，而在子带间尽量留出较少的隔离频带。比如，为了实现低功耗大覆盖的物联网业务，可在选定的子带中采用单载波波形；为了实现较低的空口时延，可以采用更小的传输时隙长度；为了对抗多径信道，可以采用更小的子载波间隔和更长的循环前缀。F-OFDM 时频资源分配如图 6-3 所示。

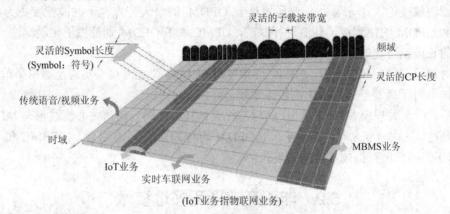

(IoT业务指物联网业务)

图 6-3　F-OFDM 时频资源分配图

由于 F-OFDM 要对不同的子带信号做滤波处理，子带滤波器的时频域特性也就决定了滤波后信号的性能：滤波器时域聚焦可以减少符号间干扰，而滤波器良好的频域聚焦性可以保证滤波后信号有较窄的频域过渡带和很低的带外频谱泄漏，所以，F-OFDM 系统滤波器设计的目标是获得兼顾时域与频域聚焦性好的滤波器响应，这将直接影响 F-ODMA 的链路可靠性。

发射子带滤波器的设计须遵守以下两个准则：性能很好的滤波，以获得较小的带外频谱泄漏，同时在时域有很好的聚焦性，以满足短突发通信较低符号间干扰的要求；不同用户采用的子带滤波器必须与其所占用的频谱资源匹配。但是由于用户所用的频谱资源随业务需求而动态变化，所以发射滤波器需要根据分配的频谱带宽尺寸而动态变化。滤波器可以采用离线生成，然后根据子带信号频谱位置将基带滤波器搬移到子带频谱中心位置，以更好的滤波来降低带外泄漏。接收滤波器是发射滤波器的匹配滤波器，这样就可以很好地恢复发射信号，并消除其他子带的干扰。接收滤波器的设计是以发射滤波器设计为前提的，所以设计性能好的发射滤波器是 F-OFDM 系统的关键技术。

与其他候选波形相比，F-OFDM 与 OFDM 在技术原理上比较相近，能够很好地完成从 4G 向 5G 的过渡。

6.1.5　四种新波形技术特点的比较

OFDM 与四种新波形技术特点的比较见表 6-1。

表 6-1　OFDM 与四种新波形技术特点的比较

比较项目	OFDM	FBMC	UFMC	GFDM	F-OFDM
是否有 CP	有	无	无	有	有
滤波粒度	按照完整频段	按照子载波	按照子频段	按照子载波	按照子频段
符号调整模式	不限	OQAM	不限	不限	不限
与 MIMO 结合	易	较难	较难	易	易

由表 6-1 可以发现以下几个特点：

从 CP 的取舍来看，FBMC 和 UFMC 都直接舍去了 CP，这取决于其原型滤波器设计对干扰的抑制，而 GFDM 和 F-OFDM 都保留了 CP。

从滤波粒度的大小来看，新波形相对于 OFDM 的最大特点在于滤波粒度更为灵活，FBMC 和 GFDM 细化到按子载波进行滤波，UFMC 和 F-OFDM 则是按子频段滤波，当然，子频段的长度是可选的。

从对符号调制的要求来看，FBMC 必须使用 OQAM 调制方式来实现全速率传输，其他几种新波形对于调制方式的要求则较为宽松。

最后，由于大规模 MIMO 是 5G 的标志性关键技术之一，还需关心新波形与 MIMO 结合的难易度。从这一点来看，GFDM 和 F-OFDM 均与 MIMO 较易结合，而 FBMC 和 UFMC 与 MIMO 的结合仍有待技术上的突破。

6.2　非正交波形和多址技术

移动通信系统从 1G 到 4G 都采用 OMA(Orthogonal Multiple Access，正交多址接入)技术，这主要受制于芯片的处理能力以及接收机实现的复杂度。多用户信息理论研究表明，OMA 技术只能达到多用户容量限的下限。随着信号检测器件的快速发展、移动通信技术的不断进步以及移动业务需求的爆发式增长，为了解决 5G 系统的传输容量问题，大幅提升频谱效率，NOMA (Non-Orthogonal Multiple Access，非正交多址接入)技术逐渐引起了业界的关注，在频率资源受限的情况下，NOMA 技术已经成为继 OFDMA 之后新型多址技术的发展趋势和突破方向。

NOMA 的基本思想是在发送端采用非正交发送，主动引入干扰信息，在接收端通过串行干扰删除(Serial Interference Cancellation，SIC)按收机实现正确解调。虽然采用 SIC 技术的接收机复杂度有一定的提高，但是这可以很好地提高频谱效率。用提高接收机的复杂度来换取频谱效率，这就是 NOMA 技术的本质。

NOMA 的子信道传输依然采用正交频分复用技术，子信道之间是正交的，互不干扰，但是一个子信道不再只分配给一个用户，而是多个用户共享。同一子信道上不同用户之间是非正交传输，这样就会产生用户间的干扰问题，这也就是在接收端要采用 SIC 技术进行检测的目的。在发送端，对同一子信道上的不同用户采用功率复用技术进行发送，不同的用户的信号功率按照相关的算法进行分配，这样到达接收端每个用户的信号功率都不一样。SIC 接收机再根据不同用户信号功率大小按照一定的顺序进行干扰消除，实现正确解调，同时也达到了区分用户的目的。

根据 5G 应用场景的特点，NOMA 技术需要解决两大类问题。一是在高速移动场景远离基站的小区边缘等条件下，小区的平均容量及边缘用户容量受限的问题，如何利用远近效应，在广域覆盖场景下大幅提升边缘用户的吞吐量性能，达到比 OMA 时更高的容量。二是智能家居、环境监测、智能电网和智能抄表等业务，要求无线网络能够支持大量的设备连接及其解决由此带来的控制信道开销过大的问题。

目前，主流的 NOMA 技术主要包括：PD-NOMA(Power Domain Non-Orthogonal Multiple Access，基于功率域复用的非正交多址接入)技术、SCMA(Sparse Code Multiple Access，基于码域复用的稀疏码多址接入)技术、MUSA(Multi-Uuser Shared Access，基于复数多元码及增强叠加编码的多用户共享的接入)技术和 PDMA(Patter Division Muliple Access，基于非正交特征图样的图样分割多址)技术等。这些 NOMA 技术通过开发功率域、码域等用户信息承载资源的方法，极大地拓展了无线传输带宽，使 NOMA 自身成为在 5G mMTC 上行场景多址接入的重要候选方案。

6.2.1　PD-NOMA

PD-NOMA 引入了一个新的维度，即功率域。它根据用户信道质量差异，给共享相同时频空资源的不同用户分配不同的功率，在接收端通过串行干扰删除技术将干扰信号删除，从而实现多址接入和系统容量的提升。研究结果表明，PD-NOMA 相对 OMA 可以显著提升单用户速率以及系统速率，尤其是小区边缘用户速率。

以一个小区服务两个用户为例，图 6-4 展示了 PD-NOMA 方案的发送端和接收端信号的处理流程。

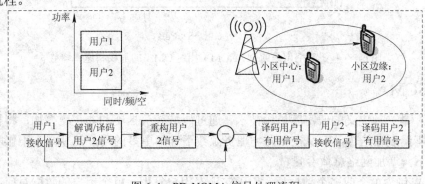

图 6-4　PD-NOMA 信号处理流程

1．基站发送端

假设用户 1 离基站较近，信噪比较高，分配较低的功率；用户 2 离基站较远，信噪比较低，分配较高的功率。基站将发送给两个用户的信号进行线性叠加，利用相同的物理资源发送出去。

2．用户 1 接收端

由于分给用户 1 的功率低于用户 2，若想正确译码用户 1 的有用信号，需先解调/译码并重构用户 2 的信号，然后进行删除，进而在较好的信噪比条件下译码用户 1 的信号。

3．用户 2 接收端

虽然用户 2 的接收信号中存在传输给用户 1 的信号干扰，但这部分干扰功率低于用户 2 的有用信号功率，不会对用户 2 带来明显的性能影响。因此，可以将用户 1 的干扰当作噪声处理，直接译码得到用户的有用信号。

图 6-5 表示了基于两个用户的 PD-NOMA 在最优功率分配时相对 OMA 方式的加权和速率性能增益。假设链路仿真采用 AWGN(Additive White Gaussian Noise，加性高斯白噪声)，近端用户与远端用户的信噪比差值分别为 3 dB、6 dB 和 9 dB。在 OMA 方式中，两个用户各占一半资源；在 PD-NOMA 中，两用户获得最优功率分配，然后在此条件下得到最优加权和速率。根据以上的假设条件，如图 6-5，近端用户与远端用户的 SNR 差值越大，PD-NOMA 的性能增益越大，而当远近用户差值固定时，随着两用户的信噪比增大，PD-NOMA 的性能增益也增大。在两用户 SNR 差值为 9 dB，近端用户 SNR = 10 dB 时，最优功率分配因子 α = 0.2574，此时 PD-NOMA 相对 OMA 的性能增益为 24%。

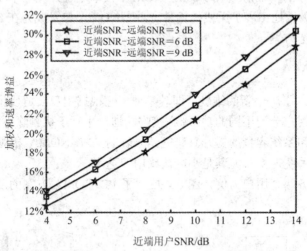

图 6-5　基于两个用户的 PD-NOMA 相对 OMA 的加权和速率增益

6.2.2　SCMA

SCMA 是一种广义的低密度扩频技术，通过码域稀疏扩展和非正交叠加，将稀疏编码与多维星座调制相结合，实现在相同物理资源数下容纳更多的用户，使得在不影响用户体验的前提下，增加网络总体吞吐量。

SCMA 包含单个或多个数据层，用于实现多用户复用。单个用户的数据对应其中的一层或多层，每一个数据层有一个预定义的 SCMA 码本，并且同一 SCMA 码本中的码字具有相同的稀疏图样。在发送端，SCMA 通过一个编码器将发送的用户数据流直接映射得到稀疏的 SCMA 码字。比特到码字的映射过程如图 6-6 所示，共有 6 个数据层，每一数据层对应每一个码本。每个码本包含 4 个码字，码字长度为 4，每个码字包含两个非零元素和两个零元素。在映射时，根据比特对应的编号从码本中选择码字，不同数据层的码字直接叠加。比如对于用户 1 的编码数据 00，SCMA 编码器选择用户 1 对应的码本 1 中第 1 个码字，对于用户 2 的编码数据 01，其选择用户 2 对应码本 2 中的码字 2，其他用户依此类推。

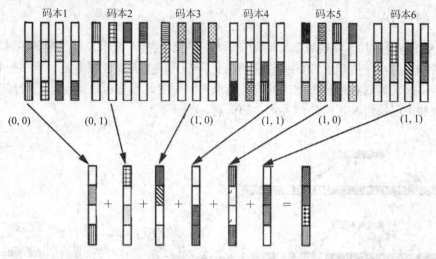

图 6-6　SCMA 比特到码字的映射过程

　　SCMA 的多用户码本设计是取得良好性能的关键。采用多维星座图设计可以获得编码增益和波束成形增益，基于此，SCMA 利用稀疏扩展模式设计和多维调制设计的联合优化，在整个多维星座点之间提供良好的距离特性，以实现编码/成形增益最大化。图 6-7 展示了利用多维调制星座点降阶投影后的星座设计(4 点星座 3 点投影)。编码的数据比特首先被映射成了从 SCMA 码本中选出的稀疏码字，然后对码字进行降阶投影后的星座设计。某稀疏码字的非零单元 1 中映射的 01 和 10 数据进行合并，非零单元 2 映射的 00 和 11 数据进行合并，虽然在一个单元中两个符号的非零元素相同，但是在另一单元中的非零元素不同，因此，两个符号依然可以进行区分。通过对码字的降阶投影设计，在接收端就可以减少码字判断的次数，使判断次数由 4 的指数次方降到 3 的指数次方。

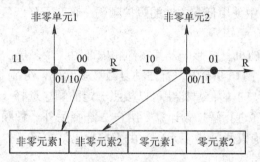

图 6-7　采用降阶投影的 SCMA 码字设计

综上所述，SCMA 是一种基于码域叠加的新型多址技术，它将低密度码和调制技术相结合，通过共轭、置换以及相位旋转等方式选择最优的码本集合，不同用户基于分配的码本进行信息传输。由于采用非正交稀疏编码叠加技术，在同样资源条件下，SCMA 技术可以支持更多用户连接，同时，利用多维调制和扩频技术，单用户链路质量将大幅度提升。此外业界还可以利用盲检测技术以及 SCMA 对码字碰撞不敏感的特性，实现免调度随机竞争接入，有效降低实现复杂度和时延，以适合小数据包、低功耗、低成本的物联网业务应用。

6.2.3   MUSA

MUSA 是一种基于复数域多元码的上行非正交多址接入技术，其原理如图 6-8 所示。首先，各接入用户使用基于 SIC 接收机的、具有低互相关的复数域多元短码序列对其调制符号进行扩展，然后各用户扩展后的符号可以在相同的时频资源里发送，最后接收端使用线性处理加上码块级 SIC 来分离各用户的信息。

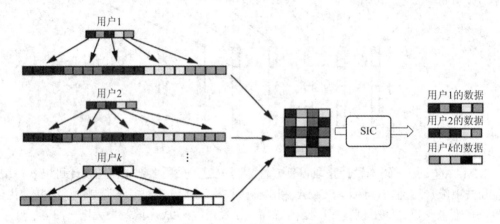

图 6-8   MUSA 原理示意图

扩频码决定了用户间的干扰及系统性能，因此，扩频码的设计对 MUSA 系统来说至关重要。传统的 CDMA 技术使用的是长伪随机扩频序列，这种序列具有相对较低的序列相关性并可以达到较高的系统容量。但是，在支持海量通信使用 SIC 接收机时，共同使用长扩频码与 SIC 接收机会导致接收端的处理复杂度、时延、误码率等随着用户数目的增加而急剧上升。此外，长扩频码会产生较宽的时频扩展，这会降低传播效率、增大时延并产生更大的功耗。因此 MUSA 中使用低相关性的短扩频码，有助于降低复杂度、时延、误码率以及功耗。

MUSA 中使用的短随机复扩频码，其实部和虚部由一个多层次的均匀分布的实值集得到，如图 6-9 所示。在图 6-9(a)中，有四种复数域多元码，分别是{-1, 1}、{1, -1}、{1, 1}、{-1, -1}，用户 1 的信息比特可以按照一定的顺序选择一个组合进行扩频计算，在接收侧按照相同的顺序进行解扩频计算，用户 2 选择另外一种顺序进行相同的操作。以此类推，在图 6-9(b)中有九种复数多元码。由于扩频码是短码，扩频灵活，在时域和频域均可扩频，并可支持符号级调制。

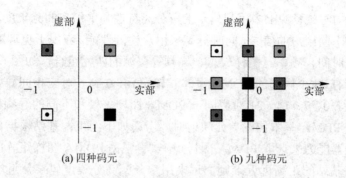

图 6-9 复扩频码的元素

在接收端，MUSA 采用基于 SIC 的接收机。在第一次检测之前，根据功率或信噪比的大小对用户进行排序，然后对具有最大功率或者信噪比的用户进行检测；接着，从总的接收信号中减去该干扰信号，并对其他用户再次进行估计、判决、重构以及干扰删除，直至检测出所有用户的数据。

6.2.4 PDMA

PDMA 是一种发送端和接收端联合设计的 NOMA 技术，发送端基于在多用户间引入合理不等分集度提升容量的原理，通过设计多用户不等分集的 PDMA 图样矩阵，实现时频域、功率域和空域等多维度的非正交信号叠加传输，以获得更高多用户复用和分集增益；在接收端可以采用 EBP(Error Back Propagation，误差反向传播)算法或者 SIC 算法进行信号分离检测，从而可以实现上、下行非正交传输，逼近多用户信道的容量边界。

非正交接入技术使得多个用户共享资源，免调度传输会使得调用相同传输资源的用户传输数据时发生冲突；冲突会导致单次传输可靠性下降，增加传输时延。尤其是当网络处于重负荷状态时，冲突会使得系统无法满足 5G 提出的"超可靠低时延"的要求。PDMA 提出的免调度传输方案，通过增加免调度资源池的大小，使得一个免调度资源块上的复用用户数成倍提升，显著降低免调度资源上用户冲突的概率，保证免调度用户的低传输时延。

PDMA 的图样矩阵可以表示成 N 行 M 列的矩阵形式，其中行代表复用的资源单元，列代表用户的图样，且图样之间具有不等分集度的特点，这有利于减少 SIC 接收机的误差传播，其相对等分集度的多用户检测可以获得更优的性能。为了构造好的不等分集度特性，PDMA 图样的设计准则主要考虑如下两方面：

(1) 具有不同分集度的组数尽量多，以获得尽量高的复用能力。

(2) 具有相同分集度的组内的干扰尽量小，使得干扰删除时性能尽量优。

PDMA 通过用户在发送端对发送信号采用编码、资源映射等处理，进一步增强了复用在相同时频资源上多用户信号的可分离特性和单用户的分集度，从而使得基站可以更好地分离不同用户的信号，同时提高单用户检测性能。

由于上行免调度传输的时频资源是多个用户共享的，则在特定的时频资源上可能出现多用户的上行传输发生碰撞的情况，如果发端不进行处理，有可能恶化检测性能。为了提升免调度传输碰撞情况下的检测性能，PDMA 通过用户在发端对发送信号采用不同的图样，增强了复用在相同时频资源上多用户信号的可分离特性和单用户的分集度，从而使得基站可以更好地分离不同用户的信号，同时提高单用户检测性能。应用于免调度传输的 PDMA 基本传输单元是时间、频率、图样矢量、导频等资源的四元组合，如图 6-10 所示。在共享的时频资源上有 28 个候选的 PDMA 基本传输单元，0 到 6 对应相同导频资源和不同的 PDMA 图样矢量，0、7、14、21 对应同一 PDMA 图样矢量和不同的导频资源，其他依此类推。用户进行 PDMA 基本传输单元映射时，考虑如下约束：基站根据部署场景下的用户数和基站处理器能力来选取 PDMA 图样矩阵，再根据 PDMA 图样矩阵的不等分集度特点，考虑终端与基站的距离远近准则，远端用户分配高分集度码字，近端用户分配低分集度码字。

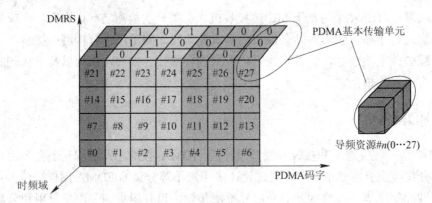

图 6-10   PDMA 基站传输单元

PDMA 免调度传输在技术方案上包含 5 个基本步骤：

(1) 基站和终端预定义上行免调度关键参数，包括系统带宽、免调度和有调度的时频资源划分比例、上行免调度的 PDMA 基本传输单元和终端到 PDMA 基本传输单元的映射关系；

(2) 终端通过随机接入过程向基站发起随机接入请求，并成功接入基站；

(3) 基站根据路损等映射参数建立该终端与 PDMA 传输基本单元的映射关系，并且将该映射关系通知该终端，通过该映射关系，基站可以获取每个 PDMA 基本传输单元上承载的所有候选终端用户；

(4) 终端获取基站下发的自身与 PDMA 传输基本单元的映射关系，当有数据业务发送时，在分配的 PDMA 基本传输单元上多个终端可以同时发送数据和导频；

(5) 基站在每个 PDMA 基本传输单元上实时监测所有候选终端用户的上行信号，判断候选终端用户是否有数据发送，对于有数据发送的终端用户进行导频信道估计和数据检测。

图 6-11 表示了基于 PDMA 和 SCMA 的 NOMA 方案与 OMA 之间的离散无记忆信道容量(Discrete Memoryless Channel Capacity，DMCC)性能比较。其中，PDMA 采用 4×6(6 个用户复用 4 个资源)和 3×2(3 个用户复用 2 个资源)的编码图样，SCMA 采用 6×4(6 个用户复用 4 个资源)的码本，过载率均为 150%。从图 6-11 可以看出，NOMA 较 OMA 显著地提升了信道容量，在 SNR = 25 dB 时，信道容量提升了大约 50%。

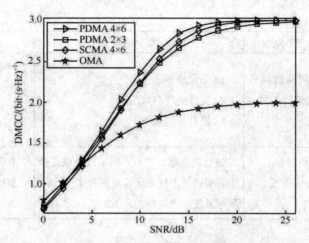

图 6-11　不同 NOMA 方案与 OMA 的 DMCC 性能比较

6.2.5　四种新波形技术特点的比较

不同于 SCMA、MUSA 及 PDMA，PD-NOMA 在发送端采用多个用户在功率域上进行线性叠加，相较于其他三种技术实现较为简单，但实际上发送端的低复杂度却导致接收端 SIC 接收机复杂度的提升，加大了其实际应用的难度。

对于 SCMA、MUSA 及 PDMA，通过仿真得出了这三种方案在瑞利衰落信道条件下的误码率。在相同信噪比条件下，SCMA 的误码率最小，性能最优，MUSA 与 PDMA 性能相近。即使 PDMA 采用与 SCMA 相同的因子图，SCMA 的性能仍优于 PDMA。

SCMA 在接收端采用 MPA(Message Passing Algorithm，消息传递算法)，MUSA 和 PDMA 在接收端采用 SIC 接收机。SIC 通过逐级干扰消除策略对多个用户进行联合译码，其对误差传播较为敏感，易产生误判。

MPA 通过 FN(Function Node，函数节点)和 VN(Variable Node，变量节点)之间的概率估计和反复迭代，虽然复杂度较 SIC 算法有增加，但性能更优。同时，SCMA 利用其码本的稀疏性也在一定程度上降低了 MPA 的复杂度，使其更具有优势。四种多址技术具体见表 6-2。

表 6-2　四种非正交多址接入技术的特征比较

多址技术	关键技术	优　势	存在问题
PD-NOMA	1. 功率域复用 2. SIC	1. 系统中用户的公平性较好 2. 提升了系统的频谱利用率和吞吐量	功率域复用技术待进一步研究，SIC 接收机的复杂度依然很高
SCMA	1. 低密度扩频 2. 多维调制技术 3. MPA 算法迭代	1. 码本具有一定的灵活性，适用场景广泛 2. 高维调制技术使星座图增加成形增益 3. 提升频谱效率 3 倍以上，上行容量为 OFDMA 的 28 倍，下行吞吐率比 OFDMA 提升 5%～8%	1. 码本的进一步优化 2. 降低 MPA 算法复杂度

续表

多址技术	关键技术	优　势	存在问题
MUSA	1. 采用复数域多元码序列进行扩频 2. SIC	1. 低误块率 2. 支持大用户数的接入 3. 提升频谱效率	1. 用户间的干扰较大 2. 低互相关性复数域多元码的设计如何承载更多用户
PDMA	1. 采用特征图样区分不同信号域 2. SIC	进行功率域、空域、码域联合或选择性的编码，上行系统容量提升 2～3 倍，下行系统频谱效率提升 1.5 倍	1. 特征图样的设计待进一步优化 2. 技术复杂度高

6.3　双工技术

双工技术是指终端与网络间上下行链路协同工作的模式，在 2G、3G 和 4G 网络中主要采用两种双工方式，即 FDD(Frequency-Division Duplex，频分双工)和 TDD(Time-Division Duplex，时分双工)。这两者都不是真正意义上的全双工，因为都不能实现在同一频率信道下同时发射和接收信号。

5G 为了应对三种场景的多种应用，提升应用系统性能，在双工模式上也进行了改进，目前主要的双工改进技术有同时同频全双工和灵活全双工。同时同频全双工技术允许在同一信道上同时接收和发送，大大提升了频谱效率，而灵活全双工技术则能从业务上灵活定义信道的全双工模式。二者殊途同归，共同从改进双工模式方面提升了 5G 的性能。

6.3.1　同时同频全双工

CCFD(Co-time Co-frequency Full Duplex，同时同频全双工)技术是指设备的发射机和接收机占用相同的频率资源同时进行工作，使得通信双方在上下行链路可以在相同时间使用相同的频率，突破了现有的 FDD 和 TDD 模式，是通信节点实现双向通信的关键。

TDD 发射和接收信号是在同一频率信道的不同时隙中进行的，如图 6-12(a)所示；FDD 采用两个对称的频率信道来分别发射和接收信号，如图 6-12(b)所示；同时同频全双工通信双方在上下链路行可以在相同时间使用相同的频率，如图 6-12(c)所示。全双工通信技术从根本上避免了半双工通信中由于信号发送或者接收之间的正交性所造成的频谱资源浪费，从而实现通信系统信道容量的倍增。相对于半双工通信而言，全双工通信具有显著的性能优势，包括数据吞吐量增益，无线接入冲突避免能力，有效解决隐藏终端问题，降低拥塞，降低端到端延迟，提高认知无线电环境下的主用户检测性能等。

但是，全双工技术面临一个严峻的问题：由于上下行链路是用同一频率同时传输信号，因而存在严重的自干扰问题。在全双工模式下，如果发射信号和接收信号不正交，再加上双工器泄漏、天线反射、多径反射等因素，发射信号掺杂进接收信号发射端产生的干扰信号比接收到的有用信号要强数十亿倍(大于 100 dB)，因此全双工最核心的技术就是消除这 100 dB 的自干扰。目前消除干扰的技术主要有：

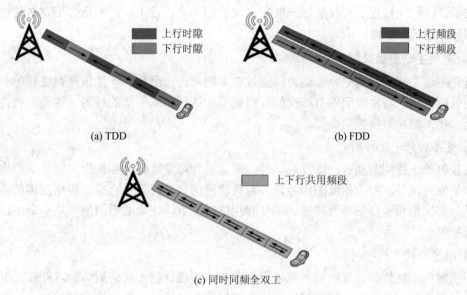

(a) TDD   （b) FDD

(c) 同时同频全双工

图 6-12   三种全双工技术对比

1. 天线干扰消除

天线被动干扰抑制技术的目标是通过使用天线设计减少全双工节点上发射天线与接收天线间的电磁耦合来降低自干扰信号功率。天线被动干扰抑制应用在自干扰信号和有用信号在全双工节点接收天线处发生碰撞之前。消极干扰消除量依赖于全双工设备上收发天线间的距离、收发天线的指向及天线的放置位置。因此，我们可将天线被动干扰抑制技术分为天线分离、方向分离和偏振去耦三类。

1) 天线分离

天线分离是一种最简单的天线被动干扰抑制机制。全双工无线节点采用一副全向发射天线和一副全向接收天线，通过发射天线与接收天线间的空间间隔产生的传播路径损耗来降低自干扰信号功率。在环境允许的情况下，发射天线与接收天线间的距离越大，自干扰消除性能越好。在常规的路径损耗模型中，功率衰减与发射天线和接收天线间的距离的平方成正比关系，与无线信号频率的平方成正比关系。

2) 方向分离

方向分离(天线指向)是指使用定向天线，保证发射天线不向接收天线方向辐射，反之亦然。当发射天线与接收天线的主瓣相互正交时，两天线间的互相耦合将明显减少。方向分离方法也可以通过将发射天线与接收天线安装在全双工设备的不同位置来最优化全双工节点的自干扰消除性能。

3) 偏振去耦

偏振去耦是通过发射天线与接收天线处于正交偏振状态来减少干扰的。全双工无线通信系统收发节点使用两根传输天线和一根接收天线，在接收天线的两侧放置两根传输天线，两根传输天线离接收天线的间隔分别为 d 和 $d+0.5\lambda$，λ 表示传输信号的电磁波波长。由于两根传输天线传输信号到达接收天线的距离之差为半个波长，电磁波信号的相位刚好相差 180°，在同一时间接收天线叠加消除自身传输信号，有利于接收其他节点的传输信号。但偏振去耦方法的缺点在于天线配置只能在单载波频率上进行工作，不适合于宽带传输，所以在实际中也较少使用。

2. 射频主动干扰抑制

射频主动干扰抑制的主要思路为：通过在本地重建一个与自干扰信号幅度相等、相位相反的射频信号，与接收到的自干扰信号相抵消，达到抑制干扰的目的。这类干扰抑制主要分为直接抑制和间接抑制两类。

1) 直接射频干扰抑制

直接射频干扰抑制耦合一路发射信号，对其进行时延、幅度和相位调整，重建出与自干扰信号幅度相等、相位相反的信号，并与接收到的自干扰信号合成，根据反馈的合成后信号功率，采用相关算法调整时延、幅度和相位等参数，使合成后的信号功率最小，实现自干扰抑制。

2) 间接射频干扰抑制

间接射频干扰抑制通过在数字域采用相关的算法进行自干扰信道估计，并经过另一条独立的发射通道重建出自干扰信号，其幅度相同、相位相反，再与接收到的自干扰信号相合成，并在数字域反馈接收 ADC(Analog-to-Digital Converte，模拟数字信号转换)后的信号功率，调整信道估计算法，使得接收 ADC 后的信号功率最小，完成自干扰抑制。

3. 数字干扰消除

在前面的天线和射频进行干扰消除后，仍存在的残留的自干扰信号将会与接收的有用信号一起通过 ADC 进入数字端，因此还需要进行数字干扰抑制。常用的数字干扰抑制技术主要有三类：导频估计干扰抑制、自适应干扰抑制和数控天线去耦。

1) 导频估计干扰抑制

导频估计干扰抑制的主要思路与间接射频干扰抑制类似：通过在基带发射信号时引入特定导频(如块状导频、梳状导频和离散导频，可根据不同的应用场景选择合适的导频方法)，接收机在获得发射导频信息后，通过相关算法得到自干扰信道，再根据已知的发射信号进行干扰重建抵消。

2) 自适应干扰抑制

自适应干扰抑制技术主要采用自适应滤波器的方法重建自干扰信号，与接收输入信号相减，同时将信号反馈回滤波器，调整滤波器参数，当反馈信号最小时，自干扰抑制程度最大。

3) 数控天线去耦

数控天线去耦是通过数字信号处理调节收发天线，使得发射天线处于接受零点区，从而达到抑制干扰信号的目的。

仿真结果表明，随着用户数的增加，频率被反向复用的概率增加，全双工载波利用率相对半双工提升明显；在干扰容限允许的条件下，空间大粒度区域划分更有利于全双工网络频谱效率的增加。实际网络测试结果显示同频同时全双工技术可以提升 90% 的容量。

全双工技术最大限度地提升了网络和设备收发设计的自由度，可消除 FDD 和 TDD 的差异性，具备潜在的网络频谱效率提升能力，适合频谱紧缺和碎片化的多种通信场景，有望在室内低功率低速移动场景下率先使用。由于复杂度和应用条件不尽相同，各种场景的应用需求和技术突破需要逐阶段推进。目前可预见的应用场景有：室内低功率场景，低速移动场景，宏站覆盖场景，中继节点场景。

6.3.2　灵活全双工

随着业务多样化，业务越来越多体现出上下行随时间、地点而变化等特性。目前通信系统采用相对固定的频谱资源分配将无法满足不同小区变化的业务需求。灵活全双工(Flexible Full-Duplex)配置能够根据上下行业务变化情况动态分配上下行资源，有效提高系统资源的利用率。

在图 6-13(a)中，基站 A 采用的是 FDD 双工模式，上行频率只能配置为上行符号，下行频率只能配置为下行符号，如果我们将基站 A 的配置做出变化，根据业务需求配置成不同的上下行符号配比，将上行频带配置为灵活频带以适应上下行非对称的业务需求，如基站 B；同样的，在 TDD 系统中，每个小区可以根据上下行业务量需求来决定用于上下行传输的符号数目，实现方式与 FDD 中上行频段采用的时域方案类似，如图 6-13(b)所示，这样将会节约一定资源。

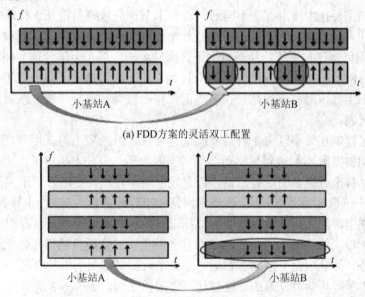

(a) FDD方案的灵活双工配置

(b) TD方案的灵活双工配置

图 6-13　TDD 与 TD 方案的灵活双工配置

但是，灵活双工的上下行符号配置并不是任意的，3GPP 协议规定的可以灵活配置的上下行符号有时域的位置要求，目前共有 62 种配置格式，其中 0～15 的配置格式如图 6-14 所示。

D 表示该符号只能配置为下行，U 表示只能配置为上行，X 表示可以灵活配置的符号，即灵活双工，可以根据业务需求配置为 D 或者 U。例如，如果配置成格式 0，则一个时隙里所有符号只能配置为下行；如果配置为格式 1，则一个时隙里所有符号只能配置为上行；如果配置为格式 15，则前五个符号由业务需求灵活定义为 U 或者 D。这样灵活双工的优势得到了展现。

格式	一个时隙的符号数量													
	0	1	2	3	4	5	6	7	8	9	10	11	12	13
0	D	D	D	D	D	D	D	D	D	D	D	D	D	D
1	U	U	U	U	U	U	U	U	U	U	U	U	U	U
2	X	X	X	X	X	X	X	X	X	X	X	X	X	X
3	D	D	D	D	D	D	D	D	D	D	D	D	D	X
4	D	D	D	D	D	D	D	D	D	D	D	D	X	X
5	D	D	D	D	D	D	D	D	D	D	D	X	X	X
6	D	D	D	D	D	D	D	D	D	D	X	X	X	X
7	D	D	D	D	D	D	D	D	D	X	X	X	X	X
8	X	X	X	X	X	X	X	X	X	X	X	X	X	U
9	X	X	X	X	X	X	X	X	X	X	X	X	U	U
10	X	U	U	U	U	U	U	U	U	U	U	U	U	U
11	X	X	U	U	U	U	U	U	U	U	U	U	U	U
12	X	X	X	U	U	U	U	U	U	U	U	U	U	U
13	X	X	X	X	U	U	U	U	U	U	U	U	U	U
14	X	X	X	X	X	U	U	U	U	U	U	U	U	U
15	X	X	X	X	X	X	U	U	U	U	U	U	U	U

图 6-14　灵活双工符号配置示意

灵活双工的主要技术难点在于不同通信设备上下行信号间的相互干扰问题，5G 系统采用新频段和新的多址方式，上下行信号将进行全新的设计，可根据上下行信号对称性原则来设计 5G 的通信协议和系统，从而将上下行信号统一，那么上下行信号间的干扰自然被转换为同向信号间的干扰，再应用现有的干扰删除或干扰协调等手段处理干扰信号。上下行对称设计要求上行信号与下行信号在多方面保持一致性，包括子载波映射、参考信号正交性等方面的问题。

此外，为了抑制相邻小区上下行信号间的互干扰，灵活双工将采用降低基站发射功率的方式，使基站的发射功率达到与移动终端对等的水平。未来宏站将承担更多用户管理与控制功能，小站将承载更多的业务流量，而且发射功率较低，更适合采用灵活双工模式。

FDD 系统上下行频谱对称分配，而当前网络中下行业务量占多数，上行频谱相对空闲。灵活双工可以在空闲的上行频段发送下行数据以有效提升系统吞吐量。我们通过一个 FDD 的仿真效果来加以说明，随着用来传输下行信号的空闲子帧数目的增加，系统整体吞吐量呈线性增长趋势。而且，由于宏站静默后，小站下行信号受到的干扰降低，当有 8 个空闲上行子帧可用于下行传输时，系统吞吐量达到之前的 2 倍，如表 6-3 所示。

表 6-3　灵活双工配置对吞吐量的影响

上行频段中下行子帧数目	下行吞吐量 /(Mb/s)	下行吞吐量增益	上行频段中下行子帧数目	下行吞吐量 /(Mb/s)	下行吞吐量增益
0	111.94	0.00%	5	181.066	61.68%
1	125.776	12.36%	6	194.934	74.15%
2	139.608	24.71%	7	208.769	86.38%
3	153.654	37.07%	8	222.666	98.76%
4	167.342	49.40%	9	236.432	111.21%

6.4　大规模 MIMO

6.4.1　大规模 MIMO 概述

MIMO 技术即多输入多输出技术，最早是由 Marconi 于 1908 年提出的，是一种在发射端和接收端采用多根天线，使信号在空间获得阵列增益、分集增益、复用增益和干扰抵消等提高系统容量的多天线技术。MIMO 系统配有 M 根发送天线和 N 根接收天线，在发送端经空时编码形成 M 个子信息流，送到天线进行发射，并行传送，在接收端根据不同天线信号在无线信道中的不相关性，通过各种空时检测技术把并行数据流合流为串行数据流。MIMO 技术对于提高数据传输的峰值速率与可靠性、扩展覆盖、抑制干扰、增加系统容量、提升系统吞吐量等都发挥着重要作用。但是要满足 5G 的关键性能指标，MIMO 技术在容量和峰值速率上还有很大差距。

为了继续提升 MIMO 技术在容量和峰值速率上的性能，通信业界继续对 MIMO 技术进行研究和开发，2010 年，贝尔实验室提出了大规模 MIMO 的概念。大规模 MIMO 技术是指在基站端配置远多于现有系统中天线数若干数量级的大规模天线阵列来同时服务于多个用户，如图 6-15 所示。

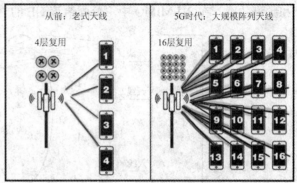

图 6-15　大规模 MIMO 示意图

通常认为大规模 MIMO 天线数为上百甚至几百根，而同时服务用户数为天线数的 1/10 左右，这些天线可分散在小区内，或以大规模天线阵列方式集中放置。大规模 MIMO 是 5G 中提高系统容量和频谱利用率的关键技术。该技术有一些传统 MIMO 系统无法比拟的物理特性和性能优势。大规模 MIMO 系统的优点主要体现在以下几个方面：

(1) 大大提升了系统总容量。随着天线数的急剧增长，不同用户之间的信道将呈现出渐近正交特性，用户间干扰可以得到有效的甚至完全的消除。由于天线数目远大于 UE 数目，系统具有很高的空间自由度，信道矩阵形成一个很大的零空间，很多干扰均可置于零空间内，使系统具有很强的抗干扰能力。当基站天线数目趋于无穷时，加性高斯白噪声和瑞利衰落等负面影响全都可以忽略不计。

(2) 改善了信道的干扰。基站天线数的增加，使得信道快衰落和热噪声被有效地平均，从而以极大概率避免了用户陷于深衰落，大大缩短了空中接口的等待延迟，简化了调度策略。更多的基站天线数目提供了更多的选择性和灵活性，系统具有更高的应对突发性问题的能力。

(3) 提升了空间分辨率。大量天线的使用，使得波束能量可以聚焦对准到很小的空间区域，能深度挖掘空间维度资源，使得基站覆盖范围内的多个用户在同一时频资源上利用大规模 MIMO 提供的空间自由度与基站同时进行通信，提升频谱资源在多个用户之间的复用能力，从而在不需要增加基站密度和带宽的条件下大幅度提高频谱效率。

(4) 有效地降低发射端的功率消耗。巨量天线的使用，使得阵列增益大大增加，系统总能效能够提升多个数量级。大规模 MIMO 系统可形成更窄的波束，集中辐射于更小的空间区域内，从而使基站与 UE 之间的射频传输链路上的能量效率更高，减少基站发射功率损耗。在多小区多用户大规模 MIMO 系统中，在保证一定的服务质量的情况下，具有理想的信道状态信息时，UE 的发射功率与基站天线数目成反比，而当信道状态信息不理想时，UE 的发射功率与基站天线数目的平方根成反比。因此，大规模 MIMO 系统能大幅提高能量效率。

6.4.2　大规模 MIMO 系统模型

大规模 MIMO 系统可以进一步划分为 SU-MIMO(Single-User，单用户大规模 MIMO 系统)和 MU-MIMO(Multi-User，多用户大规模 MIMO 系统)。

SU-MIMO 中，空间复用的数据流调度给一个单独的用户，以提升该用户的传输速率和频谱效率。在 SU-MIMO 中，分配给该 UE 的时频资源由该 UE 独占，如图 6-16 所示。

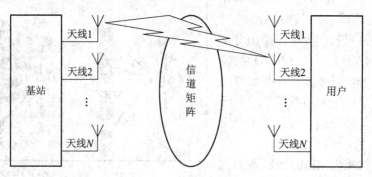

图 6-16　SU-MIMO

MU-MIMO 中，空间复用的数据流调度给多个用户，多个用户通过空分方式共享同一时频资源，系统可以通过空间维度的多用户调度获得额外的多用户分集增益。MU-MIMO 中，多个 UE 使用相同的时频资源，彼此之间通过空分方式予以区别，如图 6-17 所示。

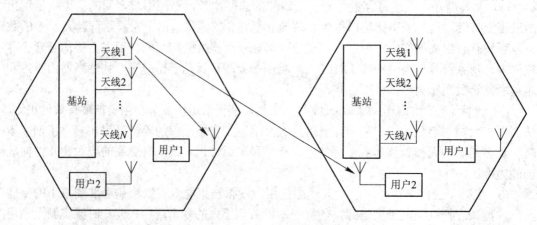

图 6-17　MU-MIMO

6.4.3　大规模 MIMO 的系统架构

大规模 MIMO 的架构以三个主要功能模块为代表：射频收发单元阵列、射频分配网络和多天线阵列。

射频收发单元阵列包含多个发射单元和接收单元。发射单元获得基带输入并提供射频发送输出，射频发送输出将通过射频分配网络分配到天线阵列，接收单元执行与发射单元操作相反的工作。RDN(RF Distribution Network，射频分配网络)将输出信号分配到相应天线路径和天线单元，并将天线的输入信号分配到相反的方向。

RDN 可包括在发射单元(或接收单元)和无源天线阵列之间简单的一对一的映射。在这种情况下，射频分配网络将是一个逻辑实体但未必是一个物理实体。

天线阵列可包括各种实现和配置，如极化、空间分离等。

射频收发单元阵列、射频分配网络和天线阵列的物理位置如图 6-18 所示。

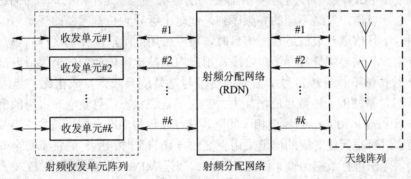

图 6-18　大规模 MIMO 系统架构

6.4.4　信道预处理

MIMO 系统的性能提升与 MIMO 无线信道的传输特性关系较大，如果系统能够准确获得信道的状态信息，并且充分将其利用于自适应传输技术中，能显著提升通信系统的系统容量。通信系统可以根据信道状态信息进行空时编码、预编码、自适应调制、功率控制等，提升通信质量，这个过程就是信道预处理。信道预处理需要从四个方面进行：信道状态信息获取、信道估计、预编码和信号检测。

1. 信道状态信息获取

在移动通信系统中，信号传输的有效性依赖于信道状态信息的准确性。然而，在大规模 MIMO 系统中，基站侧天线数以及小区内用户数目的增加，使信道状态信息的获取及准确性成为关键性问题。

在 FDD 中，上下行信号分别利用不同的频带进行传输，同时上下行频带之间留有一定的频段保护间隔，避免了上下行信号间的干扰。FDD 使用上下行成对的频段，同时进行信号的发送和接收，使得上下行传输之间的反馈时延较小。FDD 中信道状态信息的获取主要是通过"导频序列—反馈"这一流程。以下行链路为例，基站侧向小区内广播导频序列，用户在接收到导频序列后进行信道估计，并将得到的信息反馈至基站。这些信息包括信道状态信息、信道质量指示或者预编码矩阵指示等。基站利用这些信息决定 MIMO 处理的过程，比如预编码码本选择、天线选择、用户调度等。在大规模 MIMO 系统中，系统所需的反馈信息量随着天线数目的增加成正比例增长，由此引发的系统反馈开销增加以及反馈信息的准确性、及时性降低已经成为 FDD 模式发展的瓶颈。

在 TDD 中，信号的发送和接收利用相同的频带进行，上下行信号的区分主要通过时间轴进行。TDD 信号可以在非成对的频谱内传输，具有较为灵活的特性。在已有的大规模 MIMO 系统中，通常考虑 TDD 方式，因为可以利用信道互易性直接通过上行导频估计出信道矩阵，避免了大量的反馈信息需求。

2. 信道估计

所谓信道估计，就是从接收数据中将假定的某个信道模型的模型参数估计出来的过程，信道估计的精度将直接影响整个系统的性能。

当系统采用 FDD 模式时，上下行所需要的信道状态信息是不同的。基站侧进行的上行信道估计需要所有用户发送不同的导频序列，此时上行导频传输需要的资源与天线的数目无关。然而，下行信道获取信道状态信息时，需要采用两阶段的传输过程：第一阶段，基站先向所有用户传输导频符号；第二阶段，用户向基站反馈估计到的全部或者部分信道状态信息，此时传输下行导频符号所需要的资源与基站侧天线数目成正比。当采用大规模 MIMO 系统时，基站侧天线数目的增加大大扩大了信道状态信息获取时占用的资源量。例如，考虑一个 $1\,\mathrm{ms}\times100\,\mathrm{Hz}$ 的信道相干间隔，其可以传输 100 个数据符号，当基站侧装备 100 根天线，且每根天线对应的信道采用正交的导频波形时，所有的资源将全部用于导频信息的传输，无法进行数据传输。因此，针对大规模 MIMO 系统采用 FDD 模式，最关键的问题在于有效降低数据传输中反馈占用的资源量。

而 TDD 模式就不存在上述问题，因为上行信道状态信息可以利用信道互易性获得。然而，由于多用户大规模 MIMO 系统中，基站侧天线数目及系统中用户数目都很多，使得相邻小区的不同用户对应的导频序列可能不完全正交，从而引入了用户间干扰及导频污染问题。

按照利用无线信道统计信息的情况，信道估计算法主要可以分为盲信道估计、半盲信道估计和基于导频序列的信道估计。基于导频序列的信道估计往往能够提供较好的性能，但是需要提前发射导频符号，降低了系统的传输效率。

3. 预编码技术

预编码技术主要是在发射端对传输信号进行处理的过程，其主要目的是优化传输信号，简化接收端的复杂程度，提升系统容量及抗干扰能力。预编码有多种分类方式，根据是否存在固定的预编码备选码本，可分为基于码本的预编码和非码本预编码；根据预编码效果，可以分为干扰消除预编码、最大化信干噪比预编码、最大化信泄漏比预编码等。

对于传统的 MIMO 系统，线性及非线性预编码技术都能被采用。与线性预编码技术相比较，非线性预编码如脏纸编码或者矢量预编码往往会获得更佳的效果，同时也具有更高的计算复杂度。然而，在大规模 MIMO 系统中，随着基站侧天线数目的增加，一些线性预编码算法，比如匹配滤波器、迫零预编码等将会获得渐进最优的性能。因此，在实际应用中，采用低复杂度的线性预编码算法更为现实。

预编码技术从工作原理上可以理解成一种信道自由度的分配算法，即利用不同的子空间传输不同的数据流。根据数据流与子空间映射方式的不同，可以区分出不同的预编码算法。奇异值分解算法是根据信道矩阵信息将信道分解成几个并行子信道，进而将数据流映射到不同的特征向量方向进行传输；迫零预编码通过预编码矩阵的选择，使得不同数据流分配到的信道空间是相互正交的，达到消除数据流间干扰的目的。

4. 信号检测

接收端信号检测器主要用于 MIMO 上行链路中恢复多传输天线发送的期望接收信号，设计出低功耗且低计算复杂度的接收端虽然较为复杂，但这具有重大的实际意义。常用的信号检测算法包括最大似然检测、迫零检测、最小均方误差检测、连续干扰消除等。不同的检测算法在检测性能和复杂度上不同，检测者可以根据不同的需要选择不同的检测算法。

最大似然解码是最为经典的解码算法之一，它可以获得最小的差错概率以及全部的分集增益。从理论上说，最大似然解码算法可以达到最优的效果，但在实际中难以实现，尤其在大规模 MIMO 系统中，基站侧天线数目多，使最大似然解码通常作为性能分析的上限值，为其他解码算法的研究提供参考。

线性检测算法本质上都是利用信道矩阵求逆，因此，线性检测算法需要满足矩阵求逆唯一解的条件，即在多用户大规模 MIMO 系统中，满足发射天线数目小于等于接收天线的数目的要求。线性检测算法的性能与最大似然解码算法相差较大。

非线性检测算法通常具有较好的性能，但是也具有较高的复杂度。常见的非线性检测算法包括串行干扰消除、QR(正交三角)分解和球形译码等。串行干扰消除算法在进行期望信号检测时，将其他信号全部视为干扰。由于信噪比更高的信号更容易被正确解码，因此，在检测时，按照信号的强弱对解码顺序进行排序。每解出一路信号，则在剩余信号中将该信号剔除，继续解码其他路中信噪比最高的信号。

6.4.5 大规模 MIMO 波束赋形

1. 波束赋形的定义

波束赋形(Beamforming)又叫波束成型、空域滤波，是一种使用传感器阵列定向发送和接收信号的信号处理技术。波束赋形技术通过调整相位阵列的基本单元的参数，使得某些角度的信号获得相长干涉，而另一些角度的信号获得相消干涉。波束赋形既可以用于信号发射端，又可以用于信号接收端。波束赋形已经在 4G 系统里得到了广泛的应用。

在大规模 MIMO 多天线系统中，如果收发天线间的信道相位信息可以事先获得，则除了利用多天线进行常规的分集和复用传输外，还可以将多个天线用于波束赋形，实现将整个天线波束聚焦在目标通信方向。在发送端应用波束赋形技术可以使整个发送天线形成指向目标接收端方向的窄波束，期望接收端获得最大强度的接收信号，并最大程度抑制对非目标方向用户的干扰；而在接收端利用多个接收天线进行波束赋形，则可使信号接收窗口聚焦在来波方向，对有用信号进行最大限度的接收，而对非目标方向的干扰信号进行最大限度的抑制。而且大规模 MIMO 天线数量更多，波束赋形效果更好。

图 6-19(a)是没有波束赋形技术的普通天线的信号覆盖图，在多个用户之间的相干区域

是干扰区域，图6-19(b)是有波束赋形技术的普通天线的信号覆盖图，通过调整天线阵元的输出，从而产生强方向性的辐射方向图，使辐射方向图的主瓣自适应地指向移动终端所在的地方，不会产生干扰。

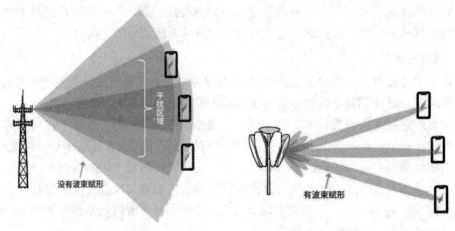

　　　(a) 普通天线的信号覆盖　　　　　　(b) 有波束赋形技术天线的信号覆盖

图6-19　天线信号覆盖示意

　　多天线阵列无疑是把双刃剑。一方面，多天线阵列的大部分发射能量聚集在一个非常窄的区域。这意味着使用的天线越多，波束宽度越窄。多天线阵列的好处在于不同的波束之间，不同的用户之间的干扰比较少，因为不同的波束都有各自的聚焦区域，这些区域都非常小，彼此之间不大有交集。另一方面，多天线阵列的不利之处在于，系统必须用非常复杂的算法来找到用户的准确位置，否则就不能精准地将波束对准这个用户。因此，我们不难理解波束管理和波束控制对大规模 MIMO 的重要性。

2. 波束赋形管理

波束管理主要包括四个步骤：

1) 波束扫描(Beam Sweeping)

　　在波束覆盖范围内，根据预定义的时间间隔与方向发送和接收一组波束。波束扫描是波束管理的第一步。gNB 在不同的空间方向上发送 m 个波束，UE 在 n 个不同的接收空间方向上监听/扫描来自 gNB 的波束传输，因此总共有 $m \times n$ 次波束扫描。

　　基于波束扫描，UE 确定波束的信道质量，并将信道质量信息上报给 gNB。周边建筑物、天气情况、UE 移动速度和方向，甚至手持 UE 的方式等都会影响波束信道质量。gNB 收到波束质量信息后，会基于上报的波束质量状况调整各种配置参数，比如调整波束扫描周期、切换门限判决等。

　　整个波束扫描过程采用穷尽搜索法，所谓穷尽搜索法，就是将所有可能性列出来，将所有的可能性都遍历一遍。穷尽搜索法用在波束扫描上，就是指先为 UE 和 gNB 在整个覆盖角度空间预定义方向码本，然后按顺序遍历发送/接收同步和参考信号。

　　如图 6-20 所示，一个波束组可以包括 8 个不同空间方向的波束，UE 基于接收到的波束参考信号来确定波束索引(波束 1-8)。

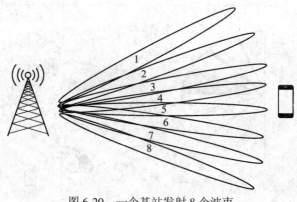

图 6-20　一个基站发射 8 个波束

2) 波束测量(Beam Measurement)

手机评估接收信号的质量，评估指标包括参考信号接收功率、参考信号接收质量、信号与干扰加噪声比等。

3) 波束决策(Beam Determination)

根据波束测量选择最优波束(或波束组)。UE 选择最佳波束，比如测量的参考信号接受功率值最高的波束。如图 6-21 所示，本例中 UE 选择了波束 6。

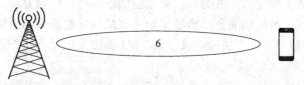

图 6-21　UE 选择了波束 6

4) 波束上报(Beam Reporting)

UE 向基站上报波束质量和波束决策信息，以建立基站与终端之间的波束定向通信。当 UE 选择完最佳波束后，通过执行随机接入过程将波束质量和波束决策信息上报给基站，以实现 UE 与 gNB 之间波束对齐建立定向通信，如图 6-22 所示。

图 6-22　UE 确定波束开始接入基站

在波束上报过程中，UE 必须等待 gNB 将 RACH 机会调度到其选择的最佳波束方向上执行随机接入。因此，若在 SA 模式下，gNB 可能需要再进行一次完整的波束扫描；若在 NSA 模式下，则可以通过 LTE 连接直接通知 gNB。

3. 波束选择原理

采用波束成形技术之后，5G 基站必须使用多个不同指向的波束才能完全覆盖小区。如图 6-23 所示，基站使用了 8 个波束覆盖其服务的小区。在下行过程中，基站依次使用不同指向的波束发射无线信号，执行波束扫描、波束测量、波束决策、波束上报的工作过程。

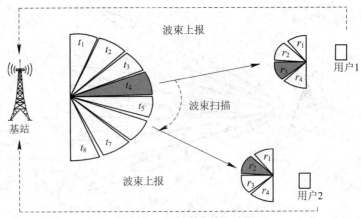

图 6-23   波束赋形工作过程

更为复杂的是，用户也有天线阵列。这意味着，我们在波束对准的过程中既要考虑发射波束，也要考虑接收波束。为此，5G 标准允许用户对发射波束变换不同的接收波束，并从中选择最佳接收波束，由此产生一对最佳发射对一对最佳接收波束。图 6-23 中用户 1 和 2 所对应的最佳波束对分别为 (t_4, r_3) 和 (t_6, r_2)。

为保证最终得到足够的信号增益，大规模天线阵列所产生的波束通常需要变得很窄。付出的代价是，基站需要使用大量的窄波束才能保证小区内任意方向上的用户都能得到有效覆盖。在此情况下，遍历扫描全部窄波束来寻找最佳发射波束的策略显得费时费力，与 5G 所期望的用户体验不符。为快速对准波束，5G 标准采取了分级扫描的策略，即由宽到窄扫描。

第一阶段为粗扫描，基站使用少量的宽波束覆盖整个小区，并依次扫描各宽波束对准的方向。如图 6-24 第一阶段所示，基站在此阶段使用了宽波束 t_A 和 t_B，且只为用户对准宽波束，对准方向精度不高，所建立的无线通信连接质量亦比较有限。

第二阶段为细扫描，基站利用多个窄波束逐一扫描已在第一阶段中被宽波束覆盖的方向。对单个用户而言，尽管此时的扫描波束变窄，但所需扫描的范围却已缩小，扫描次数便相应减少。如图 6-24 第二阶段所示，在第一阶段宽波束对准的基础上，基站只需继续细化扫描与各用户有关的 4 个窄波束，比如为用户 1 扫描波束 $t_1 \sim t_4$，为用户 2 扫描波束 $t_5 \sim t_8$。此时，基站改善了对准每个用户的波束方向的精度，所建立的无线通信连接质量得到提高。因此，在图 6-24 所示的两级波束管理过程中，基站只需为每位用户扫描 6 次，而无需对全部 8 个窄波束都进行扫描。

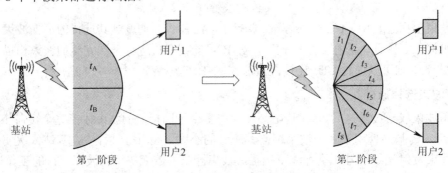

图 6-24   波束赋形工作过程

　　此外，波束管理过程可以通过波束估计算法得到进一步优化。以图 6-25 为例，基站使用 4 个适中宽度的波束扫描整个小区。如果用户 1 正好处于波束 t_2 与 t_3 之间，根据传统方法，基站为了提高波束对准精度需要进一步细化扫描用户 1 的方向。基站可以结合用户报告信息进一步估计用户的最佳波束方向，提高现有波束扫描结果的精度并修正波束方向，从而减少或避免进一步细化扫描。借助波束估计算法，基站可能只需要扫描 4 次适中宽度的波束就可以实现之前两级扫描 6 次不同宽度波束所达到的效果，从而实现快速波束管理。

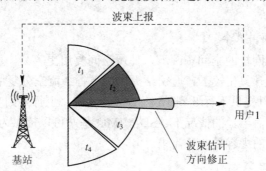

图 6-25　波束估计

　　最后，考虑到用户可能处于移动状态，为了更好地跟踪用户，分级扫描可以根据每个用户的需要随时展开，不断切换最佳波束；最佳波束会随着用户的位置而发生变化，为用户提供无缝覆盖，保证通信不中断、不掉线。

6.4.6　大规模 MIMO 天线分类及性能

大规模 MIMO 天线可以分为如下几类：

1. 3D-MIMO

3D-MIMO 技术是基于大规模 MIMO 的一种全新的天线覆盖方式。相较于传统 MIMO 技术，新型 3D-MIMO 技术无论是在覆盖深度、覆盖范围、信号识别度、抗干扰能力、容量等方面都有显著的提升。

1) 空间立体维度全覆盖

3D-MIMO 除调节天线水平维度的角度外，加入了垂直维度的角度机制，从而释放了垂直维度，可以进一步增强空间复用，提升小区容量，这是与传统 MIMO 技术只能进行平面信号传播的巨大区别。较之传统 MIMO 基站，1 个 3D-MIMO 基站即可覆盖整栋高楼，全新的 3D-MIMO 基站可覆盖 60° 垂直范围、10°～20° 水平范围。这样高层覆盖选址难、覆盖范围不足的问题就得到了大大改善，并且可以提高小区边缘业务速率。

2) 高精度波束降低干扰，精准覆盖

根据公式 $2\varphi_{0.5} \approx 51° \times (2/N)$（其中，$N$ 表示天线阵列单元数）可以粗略估算 8 天线宏站其水平方向是 4 列直线阵，波束宽度为 $51° \div 2 = 25°$。针对 3D-MIMO 天线，水平方向是 8 列直线阵，波束宽度为 $51° \div 4 = 12.25°$；在垂直方向，3D-MIMO 的垂直波束宽度是：$51° \times [10/(7 \times 8)] = 9.1°$。由此可得出 N 越大，波束越窄，也就是天线阵列单元数越多，波束越窄。因此 3D-MIMO 技术通过增加天线数量，使业务波束变窄，波束能量更集中，从而增强业务性能。

相较于普通宏站，赋型波束宽，易对邻区 UE 产生干扰，3D-MIMO 技术可以实现高精维度波束，波束宽度降低一半，从而降低干扰，并且 3D-MIMO 基站利用高精波束可以实现精准覆盖，通过智能权值来分区并精准覆盖场馆，可降低小区间干扰，同时节省站点数量，降低投资，同时还能够全方位立体追踪用户位置，实现 VIP 区域重点保护、VIP 用户精准保护业务性能。

此外，3D-MIMO 可以识别小区中心和边缘用户，消除由于用户物理位置变动而引发感知骤降的问题。

3) 高效空分提升频谱效率

由于波束的窄化，同样的空间资源下，使得空间复用更容易，可以容纳的流数也随之增多，小区容量得以提升。相较于普通宏站提供的下行 2 流空分复用以及 1UL：3DL 的上行配比，3D-MIMO 可以提供下行 8 到 16 流的空分复用、上行 4 到 8 流的空分复用。这使得在普通基站相同的覆盖半径的情况下，3D-MIMO 基站可以提供为之前 3～5 倍的容量，完全可以满足热点区域的大容量业务需求。

2. 紧耦合阵列天线

紧耦合效应的阵列天线是一种利用天线单元之间的电磁耦合来展宽天线工作带宽的天线阵列。紧耦合阵列天线具有超宽带的阻抗特性，能够达到超过 1：5 的频比，可以实现一定的波束扫描，是实现 5G 大规模阵列天线的优秀方案。

紧耦合天线的辐射部分为具有互相强烈耦合的短偶极子，相邻振子通过电容进行耦合。单元之间的耦合，可以在相邻单元之间传播从而增大工作带宽，同时减小单元的谐振频率。偶极子的长度通常为最大工作频率的半波长。紧耦合天线放置在一块金属背板上方，剖面小于最高工作频率的半波长。金属反射板能够消除后瓣，使得紧耦合阵列天线单向辐射。

由于紧耦合天线的辐射单元为偶极子形式，因此，当采用微带线、同轴线等不平衡的馈线进行馈电时，需要通过具有宽频带、低损耗性能的巴伦器件进行平衡至不平衡的转换。

阵列进行波束扫描时，相邻单元之间存在馈电相差。这种相差会引起有源驻波的强烈变化，降低工作带宽。在阵列上方放置特定厚度的介质板可以抵消波束扫描时的阻抗变化，从而增大带宽。

3. 有源大规模 MIMO

有源集成天线是由有源辐射功放集成电路与天线振子或微带贴片等辐射单元集成在一起形成的，因而是一个既可产生射频功率，又可直接辐射电磁波的天线模块。

首先，有源集成天线阵列是由多个有源集成天线单元组合形成的。在有源集成天线阵列中，由于每个单元的辐射功率是由有源辐射单元源产生的，既省去复杂的功率分配网络，又可减少额外功率的损耗，还能降低辐射单元的输出功率。其次，虽然每个有源天线单元的辐射功率有限，但利用空间功率合成就可以获得大功率辐射。再次，由于集成电路中的耦合振荡器具有非线性动态特性，可以控制每个有源天线单元的相位分布，方便实现空间波束反描构成相控阵列，产生高功率密度的波束赋形。最后，因为半导体集成器件具有良好的可靠性和直流、射频转换效率，适合制作多自由度架构的平面或立体有源集成天线阵列。

6.5　毫米波通信

6.5.1　毫米波技术概述

5G 在传输速率上比 4G 快 10 倍以上，即 5G 的传输速率至少可实现 1 Gb/s，要实现如此大的速度提升，大体上有两种方法：其一是增加频谱利用率，其二是增加频谱带宽。

相对于提高频谱利用率，增加频谱带宽的方法显得更简单直接。现在常用的 5 GHz 以下的频段已经非常拥挤，为了寻找新的频谱资源，各大厂商想到的方法就是使用毫米波技术。微波波段包括：分米波、厘米波、毫米波和亚毫米波。其中，毫米波(millimeterwave) 通常指频段在 30～300 GHz，相应波长为 1～10 mm 的电磁波，它的工作频率介于微波与远红外波之间，因此兼有两种波谱的特点。

由于 3GPP 决定 5G NR 继续使用 OFDM 技术(某些场景会使用 NOMA 技术)，而 5G 其他新技术的引入，比如大规模 MIMO、新的 numerology、LDPC/Polar 码等等，都与毫米波密切相关，都是为了让 OFDM 技术能更好地应用到毫米波段。为了适应毫米波的大带宽特征，5G 定义了多个子载波间隔，其中较大的子载波间隔 60kHz 和 120 kHz 就是专门为毫米波设计的。

根据 3GPP 38.101 协议的规定，5G NR 主要使用两段频率：FR1 频段和 FR2 频段。FR1 频段的频率范围是 450 MHz～6 GHz，又叫 sub 6 GHz 频段；FR2 频段的频率范围是 24.25 GHz～52.6 GHz，第二种就是毫米波 mmWave。我国工信部已确定将毫米波高频段 24.75 GHz～27.5 GHz、37 GHz～42.5 GHz 用于 5G 试验。

根据通信原理，无线通信的最大信号带宽大约是载波频率的 5% 左右，因此载波频率越高，可实现的信号带宽也越大。在毫米波频段中，28 GHz 频段和 60 GHz 频段是最有希望使用在 5G 上的两个频段。28 GHz 频段的可用频谱带宽可达 1 GHz，而 60 GHz 频段每个信道的可用信号带宽则到了 2 GHz，整个 9 GHz 的可用频谱分成了四个信道，如图 6-26 所示。

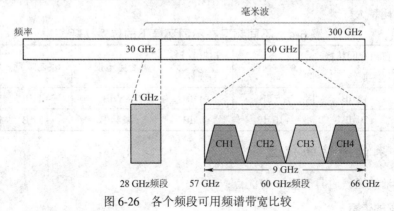

图 6-26　各个频段可用频谱带宽比较

6.5.2　毫米波的传播特性

毫米波通信就是指以毫米波作为传输信息的载体而进行的通信，目前绝大多数的应用研究集中在几个"大气窗口"频率和三个"衰减峰"频率上。毫米波具有以下特性：

1. 毫米波是一种典型的视距传输方式

毫米波属于甚高频段，它以直射波的方式在空间进行传播，波束很窄，具有良好的方向性。一方面，由于毫米波受大气吸收和降雨衰落影响严重，所以单跳通信距离较短；另一方面，由于频段高，干扰源很少，所以传播稳定可靠。因此，毫米波通信是一种典型的具有高质量、恒定参数的无线传输信道的通信技术。

2. 具有"大气窗口"和"衰减峰"

"大气窗口"是指 35 GHz、45 GHz、94 GHz、140 GHz、220 GHz 频段，在这些特殊频段附近，毫米波传播受到的衰减较小。一般说来，"大气窗口"频段比较适用于点对点通信，已经被低空空地导弹和地基雷达所采用。毫米波在 60 GHz、120 GHz、180 GHz 频段附近的衰减出现极大值，约高达 15 dB/km 以上，被称作"衰减峰"。通常这些"衰减峰"频段被多路分集的隐蔽网络和系统优先选用。

3. 降雨时衰减严重

与微波相比，毫米波信号在恶劣的气候条件下，尤其是降雨时的衰减要大许多，严重影响传播效果。经过研究得出的结论是，毫米波信号降雨时衰减的大小与降雨的瞬时强度、距离长短和雨滴形状密切相关。进一步的验证表明：通常情况下，降雨的瞬时强度越大、距离越远、雨滴越大，所引起的衰减也就越严重。因此，对付降雨衰减最有效的办法是在进行毫米波通信系统或通信线路设计时，留出足够的电平衰减余量。

4. 对沙尘和烟雾具有很强的穿透能力

大气激光和红外对沙尘和烟雾的穿透力很差，而毫米波在这点上具有明显优势。大量现场试验结果表明，毫米波对于沙尘和烟雾具有很强的穿透力，几乎能无衰减地通过沙尘和烟雾。甚至在由爆炸和金属箔条产生的较高强度散射的条件下，即使出现衰落也是短期的，很快就会恢复。随着离子的扩散和降落，不会引起毫米波通信的严重中断。

从表 6-4 中我们能够量化不同的频率在某种场景下各种环境对其损耗的影响，可见频率越高，损耗越大。

表 6-4　不同频率在不同环境下的传播损耗

频率	自由空间传播损耗	衍射损耗	树叶穿透损耗	房子穿透损耗	室内损耗	总损耗
10 GHz	+12 dB	+5 dB	+4 dB	+8 dB	+2 dB	+31 dB
28 GHz	+20 dB	+10 dB	+8 dB	+14 dB	+5 dB	+57 dB

6.5.3　毫米波通信的优点

采用毫米波通信时具有以下的优点：

1. 极宽的带宽

通常认为毫米波频率范围为 26.5～300 GHz，带宽高达 273.5 GHz，超过从直流到微波全部带宽的 10 倍。即使考虑大气吸收，在大气中传播时只能使用四个主要窗口，但这四个窗口的总带宽也可达 135 GHz，为微波以下各波段带宽之和的 5 倍，这在频率资源紧张的今天无疑极具吸引力。

2．波束窄

在相同天线尺寸下毫米波的波束要比微波的波束窄得多。例如一个 12 cm 的天线，在 9.4 GHz 时波束宽度为 18°，而 94 GHz 时波速宽度仅为 1.8°，因此能分辨相距更近的小目标或更为清晰地观察目标的细节。

3．探测能力强

可以利用宽带广谱能力来抑制多径效应和杂乱回波。有大量频率可供使用，有效地消除了相互干扰。在目标径向速度下可以获得较大的多普勒频移，从而提高对低速运动物体或振动物体的探测和识别能力。

4．安全保密好

毫米波通信的这个优点来自两个方面：第一，由于毫米波在大气中传播受氧、水汽和降雨的吸收衰减很大，点对点的直通距离很短，超过这个距离信号就会变得十分微弱，这就增加了敌方进行窃听和干扰的难度。第二，毫米波的波束很窄且副瓣低，这又进一步降低了其被截获的概率。

5．传输质量高

由于高毫米波频段通信基本上没有什么干扰源，电磁频谱极为干净，因此毫米波信道非常稳定可靠，其误码率可长时间保持在 $10^{-10}\sim10^{-12}$ 量级，可与光缆的传输质量相媲美。

6．全天候通信

毫米波对降雨、沙尘、烟雾和等离子的穿透能力要比大气激光和红外强得多。这就使得毫米波通信具有较好的全天候通信能力，保证通信网持续可靠的工作。

7．元件尺寸小

和微波相比，毫米波元器件的尺寸要小得多，因此毫米波系统更容易小型化。

6.5.4　5G 毫米波技术

毫米波在 5G 上的应用，就是通过技术手段强化毫米波的优势，解决或者弱化毫米波的劣势，扬长避短。这些技术包括：多天线技术、高频波束管理、高频帧结构和高频组网技术。前两者在 MIMO 技术中做了介绍，这里主要介绍后三者。

1．高频帧结构

在 5G NR 的帧结构中，基于不同的参数集，在一个统一的框架下能够灵活生成高频以及低频的帧结构。对于高频，定义较大的子载波间隔，有利于发挥毫米波带宽大的优势，而且高频系统更容易部署动态 TDD，可以灵活地变更上下行切换的时间点。如表 6-5 所示，3GPP 定义了适合毫米波的子载波参数。

表 6-5　3GPP 定义的适合毫米波的子载波参数

SCS/kHz	50 MHz-NRB	100 MHz-NRB	200 MHz-NRB	400 MHz-NRB
60	66	132	264	N.A
120	32	66	132	264

2. 自包含帧

5G NR 帧是自包含(self-contained)的。自包含帧的意思是解码一个时隙内的数据时，所有的辅助解码信息，比如参考信号和 ACK 消息，都能够在本时隙内找到，不需要依赖其它时隙；解码一个波束内的数据时，所有的辅助解码信息，比如参考信号和 ACK 消息，都能够在本波束内找到，不需要依赖其它波束。5G NR 的自包含特性同样能带来降低时延、降低接收机复杂性和降低功耗这三大好处。

在 TDD 制式的 5G NR 无线帧中，参考信号、DL 控制信息都放在长度为 14 个 OFDM 符号的时隙的前部。当终端接收到 DL 数据负荷时，已经完成了对参考信号和 DL 控制信息的解码，能够立刻开始解码 DL 数据负荷。根据 DL 数据负荷的解码结果，终端能够在 DL、UL 切换 GP(Guard Period，保护间隔)期间，准备好 HARQ ACK 等 UL 控制信息。一旦切换成 UL 链路，就发送 UL 控制信息。这样，基站和终端能够在一个时隙内完成数据的完整交互，大大减少了时延。

图 6-27(a)是自包含子帧，具备三个特点：

(1) 同一子帧内包含 DL、UL 和 GP；

(2) 同一子帧内包含对 DL 数据和相应的 HARQ 的反馈；

(3) 同一子帧内传输 UL 的调度信息和对应的数据信息。

考虑到自包含子帧对硬件处理能力的要求很高，低端手机可能不具备相应的硬件能力，出现了类似自包含帧的一种要求较低的方案，如图 6-27(b)所示。这种方案中 HARQ 反馈和调度都有更多的时间余量，对终端硬件的处理能力要求较低。而且，自包含子帧很容易通过信令指示终端支持这种配置。

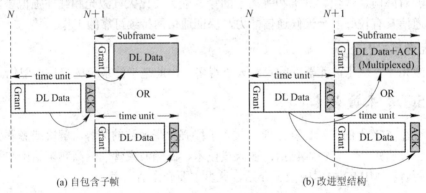

(a) 自包含子帧   (b) 改进型结构

图 6-27   5G 自包含帧结构

5G NR 的自包含特性使得基站或者终端在解码某一时隙或者某个波束的数据时，不需要缓存其它时隙或者波束的数据。如果没有这种特性，终端或者基站上就需要增加存储硬件的配置，这样也会额外产生相较于本时隙或者本波束数据与其它时隙或其它波束数据更多的计算负荷。可以说，5G NR 的自包含特性降低了对终端和基站的软硬件配置要求。

同样地，相比不具备自包含特性的 4G，5G NR 也减少了基站和终端的功率消耗，增加了终端的续航时间。

3. 高低频混合组网

基于高频的传播特性，单独的高频很难独立组网。在实际网络中，可以通过将 5G 高频锚在 4G 低频或者 5G 低频上，实现一个高低频的混合组网。在这种架构下，低频承载控制面信息和部分用户面数据，高频在热点地区提供超高速率用户面数据，如图 6-28 所示。

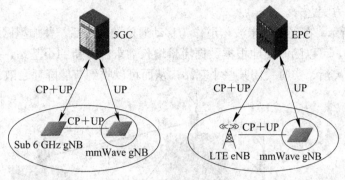

图 6-28 高低频混合组网

6.5.5 毫米波基站应用场景

目前，各大厂商对 5G 频段使用的规划是在户外开阔地带使用较传统的 6GHz 以下频段以保证信号覆盖率，而在室内则使用微型基站加上毫米波技术实现超高速数据传输。在下面的两种典型场景中，我们都可以部署毫米波基站以发挥其优势。

1. 增强高速环境下移动通信的使用体验

毫米波等高频段可以应用于宏微结合场景中的微基站覆盖，并通过与双连接技术、小区拓展技术等紧密结合，实现移动性增强，进而满足 5G 用户体验速率和移动性的指标要求。

如图 6-29 所示，在传统的多种无线接入技术叠加型网络中，宏基站与小基站均工作于低频段，这就带来了频繁切换的问题，用户体验差。为解决这一关键问题，在未来的叠加型网络中，宏基站工作于低频段并作为移动通信的控制平面、毫米波小基站工作于高频段并作为移动通信的用户数据平面。

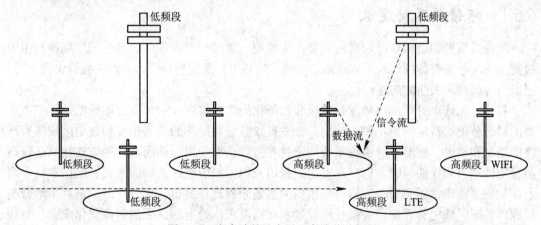

图 6-29 毫米波基站应用于高速移动场景

2. 基于毫米波的移动通信回程

在传统网络部署中，回程链路一般采用优质光纤作为传输媒介。然而 5G 网络小/微基站的数目将非常庞大，继续采用单一的光纤回程将造成部署难度大、成本高昂问题。所以，5G 需要灵活采用传输媒介，实现多样化的回程部署。基于毫米波的移动通信回程是多样化回程部署的可行方案之一。

　　如图 6-30 所示，在采用毫米波信道作为移动通信的回程后，叠加型网络的组网就将具有很大的灵活性，可以随时随地根据数据流量增长需求部署新的小基站，并可以在空闲时段或轻流量时段灵活、实时关闭某些小基站，从而可以收到节能降耗之效。

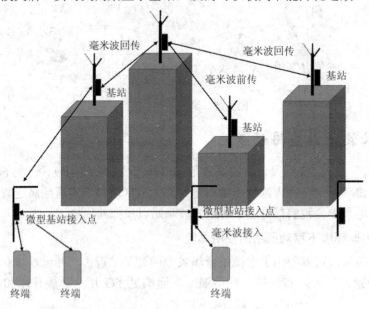

图 6-30　毫米波回传

6.6　频谱共享技术

6.6.1　频谱共享的定义

　　频谱是重要的通信资源，目前主要由国家统一管理和授权使用。当前无线频谱利用中最突出的问题是整体频谱利用效率低，如何有效利用有限的频谱资源，解决频谱供需矛盾，已成为各国普遍关注的问题。

　　目前，无线电管理部门通过行政化和市场化的方式将商业和非商业频谱汇总，将不重叠的频带分配给特定的用户独占使用，独占授权频谱对用户的技术指标和使用区域等有严格的限制和要求，能够有效避免系统间干扰并可以长期使用。然而，这种方式在具备较高的稳定性和可靠性的同时，也存在着因授权用户独占频段造成的频谱闲置、利用率低等问题，加剧了频谱供需矛盾。为解决频谱资源供需矛盾日益突出、部分频段频谱利用率低的问题，各国无线电管理部门根据技术发展和应用需求，纷纷加强频谱资源优化配置，对频谱资源使用权进行适时调整。清频、规划调整是近年来调整频谱使用权的主要措施之一，但存在实施时间长、耗资大、协调困难等问题。

随着以 CRS(Cognitive Radio System，认知无线电系统)为代表的无线电新技术的出现，动态频谱共享成为可能。用户可以在不同时间、不同地理位置和不同码域等多个维度上共享频谱，实现不可再生频谱资源的再利用，克服传统的"条块分割"式静态频谱使用政策下频谱资源利用不均衡的缺点，提高频谱使用效率。

2001 年英国的 Paul Leaves 等人提出动态频谱分配的概念，2003 年美国联邦通信委员会给出了认知无线电的定义，通过认知技术从时间和空间上充分利用闲置的频谱资源，从而实现频谱共享。此后，随着无线电通信技术的不断进步与发展，以及军用、民用大量的频谱资源需求，国际社会对频谱共享的研究和推行的呼声越来越高。目前欧美等地区和国家陆续针对频谱共享开展了研究工作。美国、英国等国家已经在广播电视频段"白频谱"上实施了免执照使用方式。欧洲提出了授权共享接入管理架构，美国提出了"频谱高速公路计划"，通过频谱接入管理系统以等级接入的方式实现商业系统对联邦频谱的共享。各个研究组织、产业联盟、咨询机构等也相继发布了研究报告，共同对频谱共享进行探讨。

频谱共享是指由两个或两个以上用户共同使用一个指定频段的电磁频谱，参与频谱共享的用户主要分为主用户和次用户两类。其中，主用户是指最初被授予频段且愿意与其他接入者共享资源的用户，次用户是指其余被允许按照共享规则使用频谱的用户。

从用户权利上区分，频谱使用方式可以分为如下三种：

(1) 独占授权使用。频谱使用只存在单一主用，具有使用频段的绝对优先权，其他非授权用户不得使用该频段。

(2) 免执照使用。用户使用频段不受限制，彼此之间享有同等的使用权利但均不受到保护，需要通过技术手段避免相互产生干扰。

(3) 动态共享使用。在保证主用户不受干扰的前提下，通过设计牌照权限，如规定接入时间、接入地点、发射功率、干扰保护等，赋予次用户相应的频谱使用权利。次用户使用数据库、频谱感知、认知无线电等技术，在空间、时间、频率等不同维度上与主用户共享频谱。

作为一种新兴的频谱使用模式，动态频谱共享并不能替代现有的独占授权方式和执照方式，而是两种传统模式的补充。无论是欧洲的授权频谱接入模式，还是美国的等级接入模式以及白频谱模式，都属于在传统独占授权管理和免执照管理模式基础上发展出的一种补充、过渡式的频谱共享管理模式。从使用方式上考虑，免执照使用也可以认为是一种共享模式，用户具有相同的使用权利，用户之间通过动态频谱选择等机会接入的方式共享免执照频段。

6.6.2　动态频谱共享实现技术

要实现动态频谱共享，必须以认知无线电技术、LAA 和 LSA 技术为基础。

1. 认知无线电

1) 认知无线电的定义

认知无线电(Cognitive Radio，CR)的概念起源于 1999 年 Joseph Mitolo 博士的奠基性工作，JosephMitola 在他的学术论文中首先提出了认知无线电的概念，并描述了认知无线电如何通过无线电知识描述语言(RKRL，Radio Knowledge Representation Language)来提高个人无线业务的灵活性。随后，JosephMitola 在他的博士论文中详细探讨了这一理论。他认为：认知无线电应该充分利用无线个人数字设备和相关的网络在无线电资源和通信方面的智能计算能力来检测用户通信需求，并根据这些需求提供最合适的无线电资源和无线业务。JosephMitola 的认知无线电的定义是对软件无线电(Software Defined Radio，SDR)的扩展。

另外，另一位学者 SimonHaykin 对认知无线电做出的定义更加直观易懂：认知无线电是一个智能无线通信系统，它能感知外界环境，并使用人工智能技术从环境中学习，通过实时改变传输功率、载波频率和调制方式等系统参数，使系统适应外界环境的变化，从而达到很高的频谱利用率和最佳通信性能。

2) 认知无线电的特点

认知无线电具有以下特点：

(1) 对环境的感知能力。此特点是认知无线电技术提出的前提，只有在环境感知和检测的基础上才能使用频谱资源。频谱感知的主要功能是监测一定范围的频段，检测频谱空洞。

(2) 对环境变化的学习能力、自适应性。此特点体现认知无线电技术的智能性，在遇到主用户信号时，能尽快主动退避，在频谱空洞间可自如地切换。

(3) 通信质量的高可靠性。认知无线电要求系统能够实现任何时间任何地点的高度可靠通信，能够准确地判定主用户信号出现的时间、地点、频段等信息，及时调整自身参数，提高通信质量。

(4) 系统功能模块的可重构性。认知无线电设备可根据频谱环境动态编程，也可通过硬件设计，支持不同的收发技术。可以重构的参数包括：工作频率、调制方式、发射功率和通信协议等。

3) 认知无线电的原理

认知无线电原理如图 6-31 所示。由图可看出，认知无线电设备对周围环境具备探测、感知和分析的能力，环境的定义是全方位的，涉及地形地貌、人流分布、人流移动、天气气象、温度湿度等等，因此，认知无线电是高智能的，具备人工智能的能力。有了足够的人工智能，在分析无线环境的基础上，再分析当地的频率分配情况、频率应用情况、覆盖情况、干扰情况等，最后利用过去的经验，就能智能地合理地为通信分配频率参数、信道资源、干扰参数、切换参数等等，保证通信正常进行而互不影响。

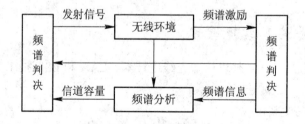

图 6-31　认知无线电原理图

当认知无线电用户发现频谱空洞，使用已授权用户的频谱资源时，必须保证它的通信不会影响到已授权用户的通信,一旦该频段被主用户使用,认知无线电有两种应对方式:一是切换到其它空闲频段通信;二是继续使用该频段,改变发射频率或调制方案,避免对主用户的干扰。

2. LAA

LAA(License Assisted Access,许可频谱辅助接入),是一种实现授权频段与免授权频段高效共用的频谱使用方案。LAA 采用载波聚合技术,聚合授权频谱和免授权频谱,如图 6-32 所示。

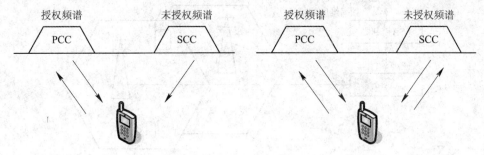

图 6-32 LAA 接入

授权频段作为主载波单元传送关键信息和保证 QoS,免授权频段作为辅载波单元,可配置成下行补充链路或上行和下行链路,提供额外的无线资源。免授权频谱资源由基站集中调度分配,通过媒体访问控制单元的激活/去激活操作免授权频谱的使用和释放,从而可动态地使用资源。

利用 LAA,当 LAA 基站激活免授权频谱资源时,5G 在此免授权频谱上传输蜂窝数据;当 LAA 基站去激活免授权频谱资源时,Wi-Fi 等其他接入系统便可以使用免授权频谱资源,从而实现各接入技术灵活使用免授权频谱的目的。

3. LSA

运营商获得频谱的方式包括频谱协同、并购、拍卖、频谱存取。其中频谱存取的方式称为 LSA(License Shared Access,授权共享接入),即当频谱资源无法清理时,通过 LSA 的方式可以将闲置的频谱资源进行共享。简言之,频谱存取是一个框架协议,允许运营商们按照事先的约定,共享某个运营商的频率源。共享可以是静态的,如在固定区域或时段进行共享;也可以是动态共享,如按照频谱所有权的运营商的动态授权,分地域和时段共享。总之,频谱存取是基于频段、地域或时段的频谱资源共享。频谱存取的前提是制定行之有效的频谱存取协议,确保所有利益方的业务质量。

如图 6-33 所示为典型的 LSA 系统架构。一个运营商获取了部分频谱的使用权,他可以授权另外一个运营商在满足一定条件下使用这部分频谱,这个条件就是约束条件 1、约束条件 2、约束条件 3。比如,约束条件 1 是授权运营商在 A 地区仅仅在忙时 10 点到 11 点使用这部分频谱的后半部分频谱,那么在 A 地区被授权的运营商就可以在非 10 点到 11 点使用这部分频谱的后半部分。授权运营商和被授权运营商根据约束条件共同建立了 LSA 频谱的服务器,通过 LAS 控制器进行管理和分配。当被授权运营商需要使用被授权的频谱时，可以通过 OAM 服务访问 LAS 控制器，由控制器根据 LAS 频谱和约束条件分配频谱，实现频谱共享。

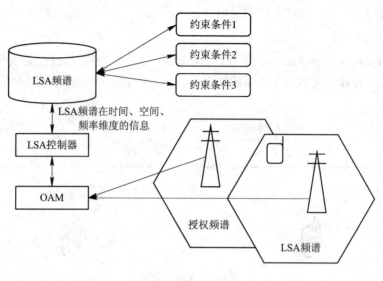

图 6-33 LSA 架构

6.6.3 授权的频谱共享分类和原理

根据不同的分类标准可以将频谱共享行为分成不同的类型，主要包括：基于频谱资源授权方式、基于频谱资源分配方式、基于次用户的接入方式和基于动态频谱分配方式。其中，基于频谱资源授权方式的共享对目前 5G 而言是最基础、最可行的一种方式，下面主要对其进行介绍。

从频谱管理角度来讲，传统意义上的频谱共享方式为免许可共享，也可称之为频谱共同使用。这种方式下只要用户的设备满足一定的技术条件要求，就可以同时使用同一频段，而不需要获得许可，比如 WIFI、RFID 等。

授权的频谱共享 LSA 是不同于传统的频谱授权或是免许可使用之外的一种新型的频谱管理方式。这种方式下每一个要使用共享频段的用户都必须获得授权，这种许可与一般的频谱使用许可不同，是非排他性的，但该频段授权的共享用户的使用必须保证不能影响此频段原所有者的服务质量。也就是说，这种对原有服务的保证与频谱使用的授权是结合在一起的。

在授权频谱共享中，原频谱所有者的利益会得到充分保证。除了要求获得共享授权的用户满足授权条件外，还可以在共享协议中规定原所有者可以在某一时段、某一区域或某一频段排他性地使用频率资源。此外，原频谱所有者可以通过这种授权获得一定经济补偿或其他方面的利益。

而对于授权共享的用户而言，这种方式可以使他们在一定情况下获得更多可用的频率资源。例如，面对全球 LTE 频率分配中面临的频率碎片化问题，可以通过使用授权的频谱共享方式，使终端在较大范围内通过同一频率接入网络，解决漫游问题。此外，通过授权的频谱共享，运营商可以获得更多的资源，缓解面临的频谱缺口问题。

对频谱管理机构而言，授权的频谱共享比重新分配频谱使用所需的开销低得多，还更容易快速地实现，在较快地满足了授权的频谱共享用户对频谱资源需求的同时降低政策变化难度和风险，更好地满足各方利益。

授权的频谱共享一般分为静态共享和动态共享。

1. 静态频谱授权共享

静态共享中，原频谱所有者在某些地理区域或一些区域的某些时间段对此频段的使用较少，则频谱管理机构可以将其授权给其他用户或应用共享使用。

静态授权频谱共享实现较为简单，授权用户在获得授权前即通过与原频谱所有者及频谱管理机构的协商获得了原频谱所有者的频谱使用情况，从而可以确定自身在哪些区域和时间可以使用这一频段，如图 6-34 为基于时间的频谱共享分配。授权频谱的使用者即被授权使用频谱的运营商，在原频谱使用者不使用频率 2 和频率 3 的灰色时间段内可以使用频率 2 和频率 3，在另外的时间段内不允许授权频谱使用者使用频率 2 和频率 3。

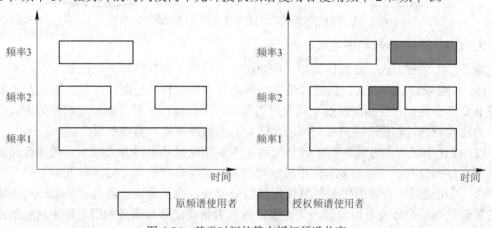

图 6-34　基于时间的静态授权频谱共享

2. 动态频谱授权共享

动态共享中，获得共享授权的用户需要动态地感知共享频段的使用情况，如空间占用、时间占用和频率使用等，只有在该频段原所有者不使用此频段时才可使用，而当原所有者要使用此频段时，获得共享授权的用户必须立刻出让此频段的使用权，以保证原所有者对此频段的正常使用，不损害其服务质量。

动态频谱授权共享可以通过授权用户与频谱管理机构/原频谱所有者进行实时交互或自身主动实时对频谱使用进行调整的方式实现，实时交互方法如图 6-35 所示。通常频谱管理机构将建立频谱使用数据库，该数据库可以与各原频谱所有者以及授权的共享用户实时交互，原频谱所有者定时上报自身频谱使用情况，而数据库通过与授权的共享用户的交互将频率使用情况通告给授权的共享用户。授权的共享用户根据与数据库的交互，确定当前可以在哪些时间、哪些地点使用哪些频段。

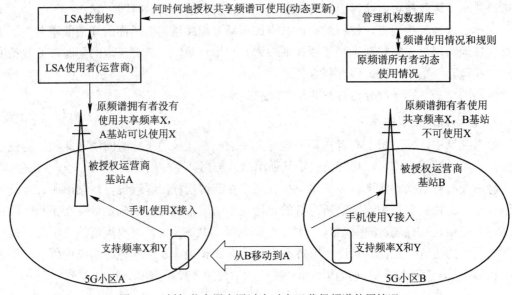

图 6-35　授权共享用户通过实时交互获得频谱使用情况

3．功能细分的授权频谱共享

除了以上两种方式，还可以采用一些更细化的技术手段共享频谱，比如：

(1) 改变频谱划分方式，以更大带宽的频谱作为确定频谱分配的单位，而不是将频谱分成非常细小的碎片分别提供给不同应用者使用，从而可以更灵活地通过共享的方式获得较多的连续频谱，也便于用户在空闲的地区、时间或频率提供自身的服务。

(2) 细化小区覆盖方式。对于部分应用采用限制发射功率等方式减小其覆盖范围，即在条件允许的情况下尽可能多地采用微蜂窝覆盖，使频谱在空间上的共享更加便利。

(3) 采用更灵活合理的频谱使用优先级划分方式。除了原频谱所有者外，还可以将授权的频谱共享用户分为不同的接入优先级，依次对优先级从高到低的用户提供对应的服务质量保证。

静态频谱共享的频谱利用效率提升是有限的，频谱共享技术能够实现在同一频段按需、动态地分配频谱资源，成为运营商的必然选择。

6.6.4　5G 频谱共享部署

为了满足 5G 超高流量和超高速率需求，除尽力争取更多 IMT(International Mobile Telecommunications，国际移动通信)专用频谱外，还应进一步探索新的频谱使用方式，扩展 IMT 的可用频谱。在 5G 中，频谱共享技术具备横跨不同网络或系统的最优动态频谱配置和管理功能，以及智能自主接入网络和网络间切换的自适应功能，可实现高效、动态、灵活的频谱使用，以提升空口效率、系统覆盖层次和密度等，从而提高频谱综合利用效率。

在频谱共享技术中，重点场景包括运营商内 RAT 间的频谱共享、运营商间频谱共享、免授权频段的频谱共享、次级接入频谱共享等。其中：

(1) 运营商内 RAT 间频谱共享的目标频段可以是 5G 新增频段或现有 IMT 频段。共享频谱的多 RAT 可以基于共站址宏站(安装在同一个机房的宏站)，也可以是宏站之间或宏站和小站之间。该场景可配合运营商现有的基础载波进行聚合使用。

(2) 运营商间频谱共享主要针对未发牌的 IMT 已规划频段。多个运营商可以对热点区域进行小站间的同覆盖，或者是小站与宏站间的同覆盖。

(3) 免授权频段的频谱共享针对 2.4GHz 和 5GHz 等频段，涉及的站型主要为小站与目标频段上的 WiFi 之间共享，并且可以与宏站覆盖的低频载波联合部署。

(4) 次级接入频谱共享针对其它系统(如卫星、广播、雷达等)的授权频段，IMT 系统站点经由数据库管理和授权，或者基于频谱感知技术占用频谱。

频谱共享技术通过解决多种重点场景(运营商内、运营商间、免授权频段、次级接入)的系统架构、接口、空口技术、干扰管理等多项技术问题，能够推进新型的频谱管理理念，促进现有网络能力提升，兼容载波聚合、数据库、无线资源管理等无线技术。同时，能够充分结合其它 5G 关键技术，以动态网络频谱管理支撑超密集网络覆盖，可联合使用现有 IMT 频段和高频段来满足 5G 大频谱需求。从而提升运营商总频谱资源使用效率，解决多 RAT 间和多小区间的负载均衡，提升用户体验速率，缓解运营商频谱过饱和或过闲置，扩展 IMT 可用频谱，对 5G 在广域覆盖和热点覆盖场景的指标方面具有重大意义。

频谱共享技术需要频谱管理政策的支持，制定新型使用规则、安全策略、经济模型等，并对基带算法与器件能力具有较高要求。从目前的研究趋势来看，频谱共享技术是 5G 的重要组成部分，具有很好的应用前景。

6.7　D2D 通信技术

6.7.1　D2D 通信概述

D2D(Device-to-Device，设备到设备，也称之为终端直通)通信技术是指两个对等的用户节点之间直接进行通信的一种通信方式。在由 D2D 通信用户组成的分散式网络中，每个用户节点都能发送和接收信号，并具有自动路由、转发消息的功能。网络的参与者共用他们所拥有的一部分硬件资源，包括信息处理、存储以及网络连接能力等。这些共用资源向网络提供服务和资源，能被其他用户直接访问而不需要经过中间实体。在 D2D 通信网络中，用户节点同时扮演服务器和客户端的角色，用户能够意识到彼此的存在，自组织地构成一个虚拟或者实际的群体。

在 D2D 技术出现之前已有类似的通信技术出现，如蓝牙、WiFi Direct 等，但是都不够完美，比如蓝牙有传输距离有限、数据传送速率仅为 24 Mb/s、不同设备间协议不兼容、需要本地数据记录以确保数据不间断等缺陷。而 3GPP 组织致力研究的 D2D 技术会在一定程度上弥补点对点通信的短板。D2D 更加灵活，既可以在基站控制下进行连接及资源分配，也可以在无网络基础设施的时候进行信息交互。D2D 通信可以使用电信运营商的授权频段，其干扰环境是可控的，数据传输具有更高的可靠性。此外，蓝牙需要用户手动匹配才能实现通信，WiFi 在通信之前需要对接入点进行用户自定义设置，而 D2D 通信无需上述过程，体验更加快速便捷。

D2D 通信的优势包括下述三个方面。

1．提高频谱效率

在 D2D 通信模式下，用户数据直接在终端之间传输，避免了蜂窝通信中用户数据经过网络中转传输，由此产生链路增益；另外，D2D 用户之间以及 D2D 与蜂窝之间的资源可以复用，由此可产生资源复用增益；通过链路增益和资源复用增益还可提高无线频谱资源的效率，进而提高网络吞吐量。

2．提升用户体验

随着移动通信服务和技术的发展，具有邻近特性的用户间近距离的数据共享、小范围的社交和商业活动以及面向本地特定用户的特定业务，都在成为当前及下一阶段无线平台中一个不可忽视的增长点。基于邻近用户感知的 D2D 技术的引入，有望提升上述业务模式下的用户体验。

3．扩展通信应用

传统无线通信网络对通信基础设施的要求较高，核心网设施或接入网设备的损坏都可能导致通信系统的瘫痪。D2D 通信的引入使得蜂窝通信终端建立 Ad Hoc 网络成为可能。当无线通信基础设施损坏，或者在无线网络的覆盖盲区，终端可借助 D2D 实现端到端通信甚至接入蜂窝网络，无线通信的应用场景得到进一步的扩展。

6.7.2　D2D 通信原理

假设一个通用的蜂窝网络，小区中央配有一个全向天线的基站，该网络利用 OFDM 技术，将频谱资源分为一系列相互正交的子载波分配给不同的用户，利用正交资源的用户之间不会产生干扰。

网络中的用户分为两类：一是传统蜂窝用户，他们之间通过基站通信；二是 D2D 用户，他们彼此之间直接通信，也可进行蜂窝通信，并且能够实现两种通信模式的切换。设用户 1 和用户 2 以蜂窝模式通信，用户 3 和用户 4 以 D2D 模式通信，如图 6-36 所示。

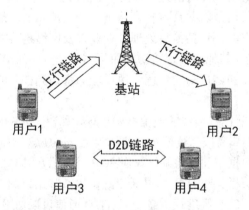

图 6-36　蜂窝网络中的 D2D 通信

D2D 通信分为集中式控制和分布式控制。集中式控制由基站控制 D2D 连接，基站通过终端上报的测量信息获得所有链路信息，但该类型会增加信令负荷；分布式控制则由 D2D 设备自主完成 D2D 链路的建立和维持，相比集中式控制，分布式控制更容易获取 D2D 设备之间的链路信息，但会增加 D2D 设备的复杂度。集中式控制既可以发挥 D2D 通信的优势，又便于对资源的管理和控制。用户 3 和用户 4 以 D2D 链路进行数据交换，并受基站的控制。

在实际应用中，由于基站无法获取小区内不同用户之间通信链路的信道信息，所以基站不能直接基于用户之间信道信息来进行资源调度。D2D 通信在蜂窝网络中将分享小区内的所有资源，因此，D2D 通信用户将有可能被分配到两种情况的信道资源：与正在通信的蜂窝用户相互正交的信道；与正在通信的蜂窝用户相同的信道。

当 D2D 通信被分配到正交的信道资源时，它不会对原来的蜂窝网络中的通信造成影响；当 D2D 通信被分配到非正交的信道资源时，D2D 通信将会对蜂窝链路中的接收端造成干扰。所以在通信负载较小的网络中，可以为 D2D 通信分配多余的正交的资源，这样显然可以取得更好的网络总体性能。但是，由于蜂窝网络中的资源有限，考虑到通信业务对频率带的要求越来越高，而采用非正交资源共享的方式可以使网络有更高的资源利用效率。这也是在蜂窝网络中应用 D2D 通信的主要目的。

在非正交资源共享模式下，基站可以有多种资源分配方式，它们最后能得到不同的性能增益和实现复杂度。其中实现最为简单的方式是基站可以随机选择小区内的资源，这样 D2D 通信与蜂窝网络之间的干扰也是随机的。此外，基站还可以尽量选择距离 D2D 用户对较远的蜂窝用户的资源来进行资源共享，这样可保证它们之间的干扰尽可能小些。

6.7.3　D2D 通信场景

按照蜂窝网络覆盖范围区分，可以把 D2D 通信分成三种场景，如图 6-37 所示。

(1) 蜂窝网络覆盖下的 D2D 通信，基站首先需要发现 D2D 通信设备，建立逻辑连接，然后控制 D2D 设备的资源分配，进行资源调度和干扰管理，用户可以获得高质量的通信。参见图 6-37(a)和(c)，在图(c)中，直通数据经过两个基站的回程链路进行传输。

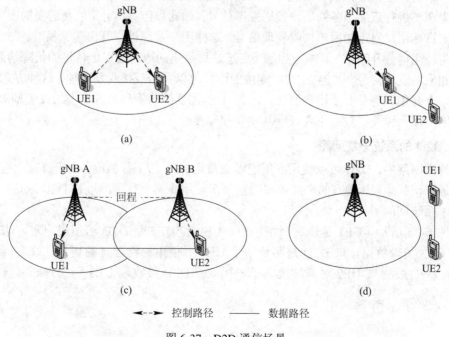

图 6-37　D2D 通信场景

(2) 在图 6-37(b)中，部分蜂窝网络覆盖下的 D2D 通信，基站只需引导设备双方建立连接，而不再进行资源调度，其网络复杂度比第一类 D2D 通信有大幅降低。

(3) 在图 6-37(d)中，完全没有蜂窝网络覆盖下的 D2D 通信，用户设备直接进行 D2D 通信，该场景对应于蜂窝网络瘫痪的时候，用户可以经过多跳，相互通信或者接入网络。

3GPP 还提出了一种中继模式的 D2D 通信。该技术的主要目的是使无网络覆盖或者处在小区边缘的用户通过单跳或者多跳连接信号质量好的用户，然后接入网络，这可以提升小区吞吐量，提高小区边缘用户通信质量，扩大网络覆盖范围。其实，D2D 的中继方式早有前身，在周围没有 WiFi 信号的场景下，用户使用某种没有蜂窝能力的设备上网时，可以通过共享手机的上网流量上网，如图 6-37(b)所示，无法直接接入蜂窝网络的用户设备可以通过接入蜂窝网络的智能终端作为访问接入点从而实现上网功能。

6.7.4　D2D 通信关键技术

1．D2D 发现和连接

D2D 通信中的关键问题之一是设备间如何发现彼此并发起 D2D 连接，这是异构网络中通信的基础。在 D2D 设备发现的解决方案中，我们可以把用户权限分为两类：限制发现与公开发现。对于限制发现，UE 在没有明确许可的情况下是不允许被检测到的，用户禁止与陌生设备进行通信连接，以此来保证 UE 的隐私与安全性。而对于公开发现，只要当前 UE 是另一个设备的近邻设备，就可能被检测到，进而建立连接。相较于限制发现模式而言，这种模式用户隐私保护较差，但是连接复杂度更低。上述两种方式各有其适应的环境，前者适用于网络环境较好、选择较多的情况，后者适用于救援与应急通信，如主网络覆盖不畅等情况，此时连接更为重要。

从网络的角度来看，设备发现可以采用基站紧控制和松控制模式。在基站紧控制下，基站首先令要进行近邻服务的用户发送发现信号，如同步信息、定义以及需要的服务信息，然后指定目标用户附近的用户接收发现信号，这样用户发现过程既快速又精准。与此同时，基站也将产生信号开销。在基站松控制下，基站只是周期地广播用于传输的信源消息设备，并接收相应的发现信号。要建立 D2D 连接的用户可以发送或接收发现帧，这种方式只需要较低的信令开销。但是对于用户而言，因为 UE 需要等待发现资源来发送发现帧以及 UE 设备的响应帧，因此，效率也要低于基站紧控制模式。

2．D2D 的系统干扰问题

在蜂窝网络中，D2D 可以使用专用资源或复用蜂窝上/下行频段。由于蜂窝上行频段的利用率低于下行频段，现有的多数方案都聚焦于使用蜂窝上行频段进行 D2D 通信，这也相应引发了系统间的干扰。

如图 6-38 所示，UE1 是蜂窝网络用户，UE2 和 UE3 是 D2D 通信用户对，UE2 通过链路向 UE3 传输数据，该 D2D 链路使用了 UE1 所使用的物理资源块，在蜂窝网络上行传输时，D2D 发射端 UE2 对基站造成了干扰，而 D2D 接收端 UE3 则受到蜂窝网络 UE1 的干扰。

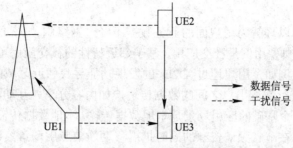

图 6-38　引入 D2D 后的系统间干扰

　　这种由于 D2D 造成的系统间干扰,可以通过有效的无线资源管理算法来解决,具体包括功率控制、资源调度和模式选择。

3. 资源调度

　　现有的 4G、5G 系统都将融合快速的时频资源分配技术,因此,在系统处理的单位时间内,D2D 可以使用未分配的时频资源或者部分复用已经分配过的资源。

4. 模式选择

　　D2D 模式选择策略不仅取决于 D2D 设备间和 D2D 设备与 gNB 间的链路质量,还取决于具体的干扰环境和位置信息。因此在模式选择上,运营商需要综合考虑多种因素,且对信道测量的要求更高。常见的 D2D 模式有上/下行复用模式、专用资源模式和中继模式,如图 6-39 所示。

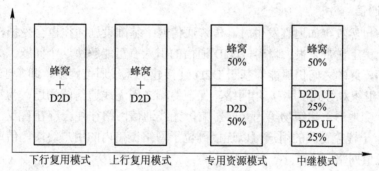

图 6-39　D2D 模式选择

　　对于上/下行复用模式,D2D 用户复用蜂窝用户的资源,产生了同频干扰。gNB 需采用合理的资源分配和功率控制,辅以大规模 MIMO 和先进的编码技术等控制链路间的干扰。

　　对于专用资源模式,D2D 用户占用部分独立的资源进行端到端的直接通信,剩余资源用于蜂窝通信。由于各部分资源相互正交,D2D 通信与蜂窝网络通信之间不会产生干扰。

　　对于中继模式,D2D 用户通过 gNB 转接通信,所有通信链路分配独立正交的信道资源,不相互干扰。

6.7.5　D2D 应用

　　结合当前无线通信的发展趋势,5G 网络中可考虑的 D2D 通信的主要应用场景包括如下所述四大类:

1. 本地业务

本地业务一般可以理解为用户面的业务数据不经过网络侧(如核心网)而直接在本地传输。本地业务的一个典型用例是社交应用，基于邻近特性的社交应用可看作 D2D 技术最基本的应用场景之一。例如，用户通过 D2D 的发现功能寻找邻近区域的感兴趣用户，通过 D2D 通信功能可以进行邻近用户之间的数据传输，如内容分享、互动游戏等。

本地业务的另一个基础的应用场景是本地数据传输。本地数据传输利用 D2D 的邻近特性及数据直通特性，在节省频谱资源的同时扩展移动通信应用场景。例如，基于邻近特性的本地广告服务可以精确定位目标用户；进入商场或位于商户附近的用户，即可接收到商户发送的商品广告、打折促销等信息；电影院可向位于其附近的用户推送影院排片计划、新片预告等信息。

本地业务的另一个应用是蜂窝网络流量卸载。在高清视频等媒体业务日益普及的情况下，其大流量特性也给运营商核心网和频谱资源带来巨大压力。基于 D2D 的本地媒体业务利用 D2D 通信的本地特性，节省运营商的核心网及频谱资源。例如，在热点区域，运营商或内容提供商可以部署媒体服务器，时下热门媒体业务可存储在媒体服务器中，而媒体服务器则以 D2D 模式向有业务需求的用户提供媒体业务。或者用户可借助 D2D 从邻近的已获得媒体业务的用户终端处获得该媒体内容，以此缓解运营商蜂窝网络的下行传输压力。另外，近距离用户之间的蜂窝通信也可以切换到 D2D 通信模式以实现对蜂窝网络流量的卸载。

2. 应急通信

当极端的自然灾害如地震发生时，传统通信网络基础设施往往也会受损，甚至发生网络瘫痪，给救援工作带来很大障碍，D2D 通信的引入有可能解决这个问题。如通信网络基础设施被破坏，终端之间仍然能够基于 D2D 连接建立无线通信网络，即基于多跳 D2D 组建 Ad Hoc(自组织对等式多跳移动)网络，保证终端之间无线通信的畅通，为灾难救援提供保障。另外，受地形、建筑物等因素的影响，无线通信网络往往会存在盲点。通过一跳或多跳 D2D，位于覆盖盲区的用户可以连接到位于网络覆盖内的用户终端，借助该用户终端连接到无线通信网络。

3. 物联网增强

移动通信的发展目标之一，是建立一个包括各类型终端的广泛的互联互通网络，这也是当前在蜂窝通信框架内发展物联网的出发点之一。据统计，2020 年全球范围内将会存在大约 500 亿部蜂窝接入终端，而其中的大部分将是具有物联网特征的机器通信终端。如果 D2D 技术与物联网结合，则有可能产生真正意义上的互联互通无线通信网络。

针对物联网增强的 D2D 通信的典型场景之一是车联网中的 V2V(Vehicle-to-Vehicle，车辆间)通信。例如，在高速行车时，车辆的变道、减速等操作动作，可通过 D2D 通信的方式发出预警，车辆周围的其他车辆基于接收到的预警对驾驶员提出警示，甚至紧急情况下对车辆进行自主操控，以缩短行车中面临紧急状况时驾驶员的反应时间，降低交通事故发生率。另外，通过 D2D 发现技术，车辆可更可靠地发现和识别其附近的特定车辆，比如经过路口时具有潜在危险的车辆、具有特定性质的需要特别关注的车辆(如载有危险品的车辆、校车)等。基于终端直通的 D2D 由于在通信时延、邻近发现等方面的特性，使得其应用于车联网车辆安全领域具有先天优势。

在万物互联的 5G 网络中，由于存在大量的物联网通信终端，网络的接入负荷成为严峻问题之一。基于 D2D 的网络接入有望解决这个问题。比如在巨量终端场景中，大量存在的低成本终端不是直接接入基站，而是通过 D2D 方式接入邻近的特殊终端，通过该特殊终端建立与蜂窝网络的连接。如果多个特殊终端在空间上具有一定隔离度，则用于低成本终端接入的无线资源可以在多个特殊终端间重用，不但缓解基站的接入压力，而且能够提高频谱效率，并且相比于目前 4G 网络中小小区架构，这种基于 D2D 的接入方式更灵活且成本更低。比如在智能家居应用中，可以由一台智能终端充当特殊终端，具有无线通信能力的家居设施如家电等均以 D2D 方式接入该智能终端，而该智能终端则以传统蜂窝通信的方式接入基站。基于蜂窝网络的 D2D 通信的实现，有可能为智能家居行业的产业化发展带来实质突破。

4．其他场景

5G D2D 应用还包括多用户 MIMO 增强、协作中继、虚拟 MIMO 等潜在场景。比如，传统多用户 MIMO 技术中，基站基于终端各自的信道反馈，确定预编码权值以构造零陷(综合控零模型，天线技术之一)，消除多用户之间的干扰。引入 D2D 后，配对的多用户之间可以直接交互信道状态信息，使得终端能够向基站反馈联合的信道状态信息，提高多用户 MIMO 的性能。

另外，D2D 可协助解决新的无线通信场景的问题及需求。比如在室内定位领域，当终端位于室内时，通常无法获得卫星信号，因此传统基于卫星定位的方式将无法工作。基于 D2D 的室内定位可以通过预部署的已知位置信息的终端或者位于室外的普通已定位终端确定待定位终端的位置，通过较低的成本实现 5G 网络中对室内定位的支持。

随着终端数量的持续超线性增长及业务需求日益多样化，可以预见 D2D 在 5G 时代将会扮演非常重要的角色，为 5G 实现真正意义上的"万物互联"发展愿景提供重要支撑。

6.8　超密集组网技术

6.8.1　超密集组网定义

高频段是未来 5G 网络的主要频段，在 5G 的热点高容量典型场景中将采用宏微异构的超密集组网架构进行部署，以实现 5G 网络的高流量密度、高峰值速率性能。因此，基站间距将进一步缩小，各种频段资源的应用、多样化的无线接入方式及各种类型的基站将组成宏微异构的超密集组网架构，以获得更高的频率复用效率，从而在局部热点区域实现百倍量级的系统容量提升。

超密集组网的典型应用场景主要包括：办公室、密集住宅、密集街区、校园、大型集会、体育场、地铁、公寓等。超密集网络中除了宏小区外，还包括大量的微微小区、毫微微小区、中继、RRH(Remote Radio Head，射频拉远头)。

(1) 微微小区：覆盖范围在 100 平米内的基站，可被部署在室内或者室外，其回程链路与大的宏基站回程链路相似，主要作用是增加容量，由运营商部署。

(2) 毫微微小区：由用户自己部署的位于室内的小功率节点，通常覆盖范围只有几十米。

(3) 中继节点：由运营商部署，目的是改善宏小区边缘的覆盖情况，且其回程链路属于无线回程链路。

(4) RRH：对于中心基站的无源扩展节点，放大信号强度，扩大其网络覆盖率。

6.8.2 超密集组网规划部署

5G 超密集组网可以划分为宏基站+微基站及微基站+微基站两种模式，两种模式通过不同的方式实现资源调度和干扰规避。

1. 宏微部署

宏基站+微基站部署模式，5G 超密集组网在此模式下，在业务层面，由宏基站负责低速率、高移动性类业务的传输，微基站主要承载高带宽业务。以上功能实现由宏基站负责覆盖以及微基站间资源协同管理，微基站负责容量的方式，实现接入网根据业务发展需求以及分布特性灵活部署微基站，从而实现宏基站+微基站模式下控制与承载的分离。通过控制与承载的分离，5G 超密集组网可以实现覆盖和容量的单独优化设计，解决密集组网环境下频繁切换问题，提升用户体验，提升资源利用率。

2. 微微部署

5G 超密集组网微基站+微基站模式未引入宏基站这一网络单元，为了能够在微基站+微基站覆盖模式下，实现类似于宏基站+微基站模式下宏基站的资源协调功能，需要由微基站组成的密集网络构建一个虚拟宏小区。虚拟宏小区的构建，需要簇内多个微基站共享部分资源(包括信号、信道、载波等)，此时同一簇内的微基站通过在此相同的资源上进行控制面承载的传输，以达到虚拟宏小区的目的。同时，各个微基站在其剩余资源上单独进行用户面数据的传输，从而实现 5G 超密集组网场景下控制面与数据面的分离。在低网络负载时，分簇化管理微基站，由同一簇内的微基站组成虚拟宏基站，发送相同的数据。在此情况下，终端可获得接收分集增益，提升了接收信号质量。当高网络负载时，每个微基站分别为独立的小区，发送各自的数据信息，实现了小区分裂，从而提升了网络容量。

6.8.3 超密集组网关键技术

随着小区部署密度的增加，超密集组网将面临许多新的技术挑战，如干扰、移动性、站址、传输资源以及部署成本等。为了满足典型应用场景的需求和技术挑战，实现易部署、易维护、用户体验轻快的轻型网络，在超密集组网场景中，融合了虚拟 MIMO 接入和回传联合设计、干扰管理和抑制、小区虚拟化技术等超密集组网的若干关键技术。

1. 虚拟 MIMO

MIMO 技术可以有效地提高频谱资源的利用率，成为无线通信系统中的关键技术。然而，因为很难满足在小型化、便携式移动设备上布置多根天线等原因，限制了其在无线通信系统中的广泛应用。为了克服以上的问题，人们借鉴多跳无线 Ad hoc 网络的中继和合作的通信思想，对 MIMO 技术进行了改进，提出了虚拟 MIMO 的概念。

在 MIMO 技术中，发送天线和接收天线都属于同一终端，而在虚拟 MIMO 技术中，各个天线单元之间是相互独立的且它们隶属于不同的终端，空间相邻的若干个无线终端通过聚簇分别形成发送天线阵列或称为发送 VAA(Virtual Antenna Array,虚拟天线阵列)小区、接力天线阵列或称为接力 VAA 小区、接收天线阵列或称为目的 VAA 小区。当进行信息传输时,发送 VAA 小区会根据实际需要,选择若干个接力 VAA 小区参与信息的协作接力传输,而参与接力的 VAA 小区根据实际需要选择下一级的 VAA 小区参与信息的接力,数据被一步一步接力传输下去,直到目的 VAA 小区接收到为止。

根据网络结构分类,虚拟 MIMO 系统被分为以下两大类:

(1) 以基站为核心的网络的 MIMO 系统。在这种虚拟 MIMO 系统中,主要是以基站为核心,移动终端设备之间通过相互合作,形成比较固定的小区划分。

(2) 无线自组织网络(Ad hoc)的虚拟 MIMO 系统。在这种虚拟 MIMO 系统中,没有基站,VAA 小区的拓扑是动态的,它们的划分并不以基站为中心,需要移动终端自组织形成各个 VAA 小区,或者由人工进行 VAA 小区的划分。

在第一个系统中,以基站为核心,小区划分也比较固定。第二种系统中,空间相邻的若干个移动终端设备聚簇形成一个个 VAA 小区,小区内的终端除了接收到基站发送给自己的信号外,还接收到从小区内其他无线终端发送来的信号,各个终端之间通过这种方式实现信息的共享。

2. 接入和回传联合设计

接入和回传联合设计包括混合分层回传、多跳多路径回传、自回传技术和灵活回传技术。

混合分层回传是指在架构中将不同基站分层标示,宏基站以及其它享有有线回传资源的小基站属于一级回传层,二级回传层的小基站以一跳形式与一级回传层基站相连接,三级及以下回传层的小基站与上一级回传层以一跳形式连接、以两跳/多跳形式与一级回传层基站相连接,将有线回传和无线回传相结合,提供一种轻快、即插即用的超密集小区组网形式。

多跳多路径的回传是指无线回传小基站与相邻小基站之间进行多跳路径的优化选择、多路径建立和多路径承载管理、动态路径选择、回传和接入链路的联合干扰管理与资源协调,可给系统容量带来较明显的增益。

自回传技术是指回传链路和接入链路使用相同的无线传输技术,共用同一频段,通过时分或频分方式复用资源。自回传技术包括接入链路和回传链路的联合优化以及回传链路的理论增强两个方面。在接入链路和回传链路的联合优化方面,通过回传链路和接入链路之间自适应地调整资源分配,可提高资源的使用效率。在回传链路的理论增强方面,利用 BC plus MAC(Broadcast Channel plus Multiple Access Channel,广播信道特性加多址接入信道特性)机制,在不同空间上使用空分子信道发送和接收不同数据流,增加空域自由度,提升回传链路的链路容量;通过将多个中继节点或者终端协调形成一个虚拟 MIMO 网络进行收发数据,获得更高阶的自由度,并可协作抑制小区间干扰,从而进一步提升链路容量。

灵活回传是提升超密集网络回传能力的高效、经济的解决方案,它通过灵活地利用系统中任意可用的网络资源(包括有线和无线资源),调整网络拓扑和回传策略来匹配网络资源和业务负载,分配回传和接入链路网络资源来提升端到端传输效率,从而能够以较低的部署和运营成本满足网络的端到端业务质量要求。

3．干扰管理和抑制策略

超密集组网能够有效提升系统容量，但随着小小区更密集的部署、覆盖范围的重叠，带来了严重的干扰问题。

当前干扰管理和抑制策略主要包括自适应小小区分簇、基于集中控制的多小区相干协作传输和基于分簇的多小区频率资源协调技术。自适应小小区分簇通过调整每个子帧、每个小小区的开关状态并动态形成小小区分簇，关闭没有用户连接或者无需提供额外容量的小小区，从而降低对临近小小区的干扰。基于集中控制的多小区相干协作传输，通过合理选择周围小区进行联合协作传输，终端对来自于多小区的信号进行相干合，并避免干扰，对系统频谱效率有明显提升。基于分簇的多小区频率资源协调，按照整体干扰性能最优的原则，对密集小基站进行频率资源的划分，相同频率的小站为一簇，簇间为异频，可较好地提升边缘用户体验。

4．小区虚拟化技术

小区虚拟化技术包括以用户为中心的虚拟化小区技术、虚拟层技术和软扇区技术。

1) 虚拟化小区

虚拟小区(Virtual Cell)技术的核心思想是"以用户为中心"分配资源，达到"一致用户体验"的目的。虚拟小区技术为 UE 提供无边界的小区接入，随 UE 移动快速更新服务节点，使 UE 始终处于小区中心；此外，UE 在虚拟小区的不同小区簇间移动，不会发生小区切换/重选。

具体来说，虚拟小区由密集部署的小基站集合组成。其中重合度非常高的若干小站组成 D-MIMO(Distribute-MIMO，分布式 MIMO)簇，若干个 D-MIMO 簇组成虚拟小区。在 D-MIMO 簇构建的虚拟小区中，构建虚拟层和实体层网络，其中虚拟层涵盖整个虚拟小区，承载广播、寻呼等控制信令，负责移动性管理；各个 D-MIMO 簇形成实体层，具体承载数据传输，用户在同一虚拟层内不同实体层间移动时，不会发生小区重选或切换，从而实现用户的轻快体验。Virtual Cell 技术方案如图 6-40 所示。

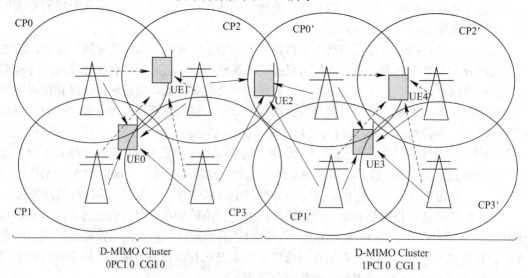

图 6-40　Virtual Cell(虚拟小区)技术方案

Virtual Cell 由 1～N 个 Cluster(簇)组成,若干个 Cluster 可以为 normalcell(标准小区)/Supercell(超级小区)/D-MIMO 簇。对于超密组网场景,Cluster 各自形成 D-MIMO 簇的是典型场景。各 Cluster 建立独立实体,而 Cluster 组成的虚拟小区共享一个虚拟层。

在随机接入阶段,UE 随机接入时发送 Preamble(前导)信息,可能两个超级小区都会收到且都解析的物理小区的 PreambleID(前导码标识)不同,且都会发送给 UE 随机接入消息,UE 会在信号最强的小区接入。Virtual Cell 各个 Cluster 的 PCI 均相同且唯一,通过各自 CGI(Cell Global Identity,小区全球标识)识别小区。由于 Cluster0 和 Cluster1 的 PCI 相同,因此在交叠区域的 UE 会收到来自两个 Cluster 的 CRS(Cell Reference Signal,小区参考信号),而此时如果 PDCCH(Physical Downlink Control Channel,物理下行控制信道)和 PDSCH(Physical Downlink Shared Channel,物理下行共享信道)仅有 Cluster 边界单个 CP(Cell Point)发送,则影响下行解调性能。因此在 Cluster 边界 CP 对 UE 需要联合发送,这种方式不利于高速移动场景,且如果联合超级小区无线扩展,将导致交互信息巨大,提前调度量巨大。因此此处可以考虑将边界 CP 做时频域位置错开,比如时分或者频分,且各自所用时域或者频域资源可以根据边界 CP 用户数自适应调整。即当对端 CP 无用户调度时,可以将全部资源给当前 CP 使用,或者考虑仅限制交叠区域内的时频域调度位置,边界 CP 非交叠区域可以复用剩下的时频域资源。即两个边界 CP 仅交叠区联发区域公用预留资源,其他区域各自独立调度。

当 UE0 和 UE1 处于 D-MIMO 簇覆盖区域时,收到来自多个 CP 的重叠覆盖。此时 UE0 和 UE1 实现空分复用,而处于 CP2 和 CP0 交叠区域的 UE2,在其还处于 CP2 激活状态时,在子帧集合 1 上调度,子帧 2 上反馈;而 CP0'在相同的时隙资源位置上助其联发;而当其移动到 CP0 区域时,则限制在子帧集合 2 上调度,子帧 7 上反馈;而 CP2'在相同的时隙资源位置上助其联发。相当于小区边界的 CP 各自协商了发送数据的时隙资源以便错开调度,规避同频干扰。联发是为了实现 UE 在 CP 间移动时数据发送的连续性。

2) 虚拟层技术

虚拟层技术的基本原理是由单层实体网络构建虚拟多层网络。单层实体微基站小区构建两层网络:虚拟宏基站小区和实体微基站小区,其中虚拟宏基站小区承载控制信令,负责移动性管理;微基站小区承载数据传输,见图 6-41。

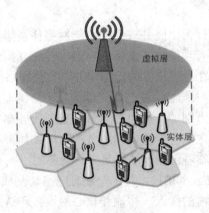

图 6-41　虚拟层技术

虚拟层技术可通过单载波和多载波实现。单载波方案通过不同的信号或信道构建虚拟多层网络；而多载波方案通过不同的载波构建虚拟多层网络。

在单载波方案中，将超密集网络中微基站划分为若干个簇，每个簇可分别构建虚拟层。网络为每个簇配置一个 VPCI(Virtual Physical Cell Ientifier，虚拟物理小区标识)。同一簇内的微基站同时发送 VRS (Virtal Reference Signal，虚拟层参考信号)，对应于 VPCI，不同簇发送的 VRS 不同；同一簇内的微基站同时发送广播信息、寻呼信息、随机接入响应、公共控制信令，且使用 VPCI 加扰。传统微基站小区构成实体层，网络为每个微基站小区配置一个物理小区标识 PCI。单载波方案中虚拟层的构建可通过时域或频域实现。

通过虚拟层实现对连接态用户的移动时，不会发生切换。

在多载波方案中，系统通过不同的载波构建虚拟多层网络。同一簇内的不同小区在载波 1 使用相同的 PCI 构建虚拟层，在载波 2 使用不同的 PCI 构建实体层。空闲态用户驻留在载波 1，他们不需要识别实体层，在同一簇内移动时，不会发生切换。连接态用户通过载波聚合技术可同时接入载波 1 和载波 2 网络，通过载波 1 实现对连接态用户的管理，用户在同簇内移动时不切换。

3) 软扇区技术

传统的网络优化采用小区分裂的方式进行系统扩容，包括新增站址和基于天线技术的扇区化分裂等方式，而大规模天线系统从理论上支持了更多小区分裂的可能性。

软扇区方案利用集中式的大规模天线系统，通过结合 MIMO 技术的灵活性和小区分裂技术的简洁性，半静态地赋形出多个具有小区特性的波束，看起来就像是虚拟的超密集组网一样。成型的每个波束上有不同或相同的物理小区 ID 和广播信息，看起来就像是一个独立的小区。小区的数量有一定限制，并可以根据潮汐效应半静态地转移。虚拟小区间的干扰可以利用干扰协调技术或是一些实现相关的增强手段来克服。可以在窄波束虚拟的小区上用宽波束虚拟出宏基站小区，形成异构网络拓扑。

6.9 网 络 切 片

6.9.1 网络切片的概念

传统上的通信网络被设计为"竖井式"的单一网络体系架构。该架构中的一组垂直集成的网元节点提供了网络所有功能，并支持后向兼容性和互操作性。这种"一刀切"的设计方法使网络部署成本保持在合理化区间，但是并不支持网络的灵活和动态拓展。

5G 网络将面对人与人、人与物、物与物之间丰富多样的差异化通信业务需求，这些需求对于网络的要求也是千差万别的，如果针对每种典型业务都专门新建特定的网络来满足其独特需求，那么网络成本之高将严重制约业务的拓展。如果不同业务都承载在相同基础设施和网元上，网络则又面临着可能无法满足多种业务的不同 QoS 保障需求的问题。

网络切片(Network Slicing, NS)技术将一个物理网络切割成多个虚拟的端到端网络，每个虚拟网络之间，包括网络内的接入、传输和核心网设备和链路，是逻辑独立的，任何一个虚拟网络发生故障都不会影响到其它虚拟网络。每个虚拟网络具备不同的功能特点，面向不同的需求和服务，从而提供高能效、易部署的网络解决方案。因此，根据这个概念，最基本的、5G 的三大应用场景为：移动宽带 eMBB、海量物联网 mMTC 和低延时高可靠应用 uRLLC。5G 通信网络可划分为三个基础的网络切片，如图 6-42 所示。

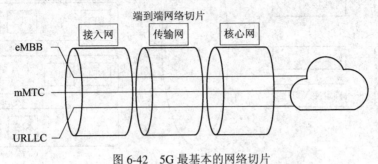

图 6-42　5G 最基本的网络切片

6.9.2　网络切片架构

网络切片架构包含接入侧切片(包含无线接入和固定接入)、核心网切片、传输网切片以及将这些切片组建成完整切片的选择功能单元。选择功能单元按照实际通信业务需求选择能够提供特定服务的核心网切片，如图 6-43 所示。

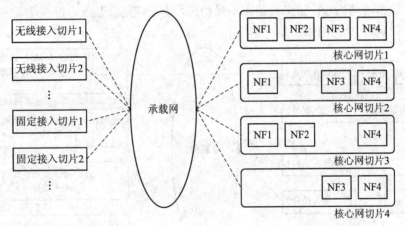

图 6-43　网络切片架构

每个网络切片都是一组网络功能(Network Function，NF)及其资源的集合，由这些网络功能形成一个完整的逻辑网络，每一个逻辑网络都能以特定的网络特征来满足对应业务需求。通过网络功能和协议定制，网络切片为不同业务场景提供所匹配的网络功能。其中，每个切片都可独立按照业务场景的需要和话务模型进行网络功能的定制剪裁和相应网络功能的编排管理。

终端设备、接入网切片以及核心网切片之间的配对既可以按 1∶1 的关系匹配，也可以按照 1∶M∶N 进行映射，即一个终端设备可以使用多个接入网切片，而一个接入网可以连接到多个核心网切片上，如图 6-44 所示。

为了满足特定的网络功能和通信需求，接入网切片和核心网切片的配对可以是静态的，也可以是半动态的。网络切片将为与之连接的设备提供完全的网络功能支持，并持续到预期的全生命服务周期结束。

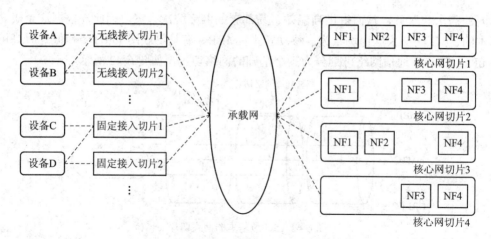

图 6-44   网络切片各部分之间的分配

值得注意的是，某些网络切片是可以共享同一个接入网切片的，如图 6-45 的智能手机切片和虚拟运营商终端切片，可以使用同一个无线接入网切片 1 接入。举例来说，所有服务于公共事业单位的切片，都可以接入专为 mMTC 场景定制的接入网切片中；面向流媒体视频优化的切片都可以连接到专为 eMBB 建立的接入网切片。而某些网络切片则专享专用接入网切片和核心网切片，如工业控制场景切片，为了满足时延低、可靠性高的性能需求，运营商会专门定制其专用的切片。

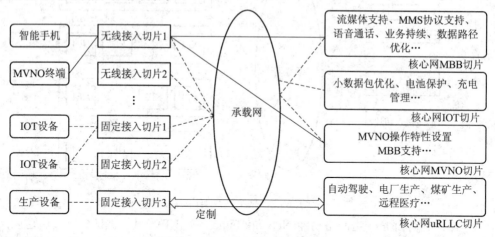

图 6-45   特定需求的网络切片分配

6.9.3 网络切片创建流程

一个网络切片的生命周期包括创建、管理和撤销三个部分。如图 6-46 所示，运营商首先根据业务场景需求匹配网络切片模板，切片模板描述所需的网络功能组件、组件交互接口以及所需网络资源的描述。上线时由服务引擎导入并解析模板，同时向管理器申请网络资源，并在申请到的资源上实现虚拟网络功能、接口的实例化及服务编排，将切片迁移到运行态。网络切片可以实现运行态中快速功能升级和资源调整，在业务下线时及时撤销和回收资源。

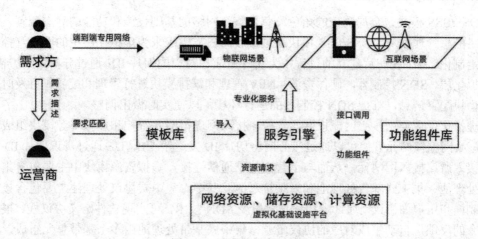

图 6-46　网络切片创建流程

6.9.4　核心网子切片设计

在第 5 章里已经讲到，NFV 软硬件解耦及动态伸缩特性是 5G 切片的实现基础，而 SDN 的控制与转发分离特性是 5G 切片的实现引擎。因此 NFV 和 SDN 是实现网络切片的基础，基于 SDN 和 NFV 的网络切片架构主要由五个部分组成：OSS/BSS 模块、虚拟化层、SDN 控制器、硬件资源层以及 MANO(Management and Orchestration，网络编排)模块，如图 6-47 所示。

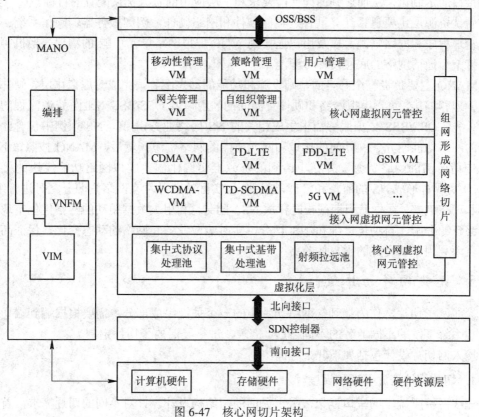

图 6-47　核心网切片架构

OSS/BSS 模块是全局管控的角色，负责整个网络的基础设施和功能的静态配置，是整个网络的总管理模块。OSS/BSS 模块通过接收第三方需求来为虚拟化层中的网元管控模块提供定制化策略，在切片建立的过程中为切片生成相对应的切片 ID；通过分析第三方需求，对虚拟化层、SDN 控制器、硬件资源、NFV 管理和编排模块进行管理和配置，可及时更新这些模块配置信息，维护 SDN 控制器的运行环境，以便实时做出调整。

虚拟化层主要由核心网虚拟网元管控、接入网虚拟网元管控和虚拟资源模块组成。其中，核心网虚拟网元管控可以通过核心网将切片 ID 发送给 UE，UE 通过辨识切片 ID 来正确地接入所属接入网网元，从而与运营商建立通信连接。虚拟资源模块中主要包含集中式协议处理池、集中式基带处理池和射频拉远池。其中，集中式协议处理池主要包含接入网的控制面和用户面协议，通过虚拟化技术以及 SDN 技术，可实现软件定义协议栈，根据上层信令的反馈，自动生成对应的协议资源；集中式基带处理池由多个基带单元组成，所生成的 BBU 与接入网虚拟网元模块生成虚拟基站和虚拟基站群，具有直接的对应关系；射频拉远池由多个射频拉远单元组成，基带单元与射频拉远模块通过光纤实现连接，包括链型、总线型、环型等，我们可将这些不同组网方式形成的网络看成不同的切片，用以满足其有特定需求的用户。

SDN 控制器是逻辑上可以集中或分散的控制实体，在控制面通过对计算硬件、存储硬件和网络硬件资源进行统一的动态调配和软件编排，实现硬件资源与编排能力的衔接；在数据面通过对虚拟化层的操作行为进行抽象，利用高级语言实现对虚拟化层服务功能网元之间接口的定制化，从而达到面向性能要求和上层应用的资源优化配置的目标。

硬件资源层主要包括计算硬件、存储硬件和网络硬件，例如服务器、操作系统、交换机、管理程序和网络资源，以及用户连接到 VNF(虚拟网络单元功能)的物理交换机等，它是支持整个通信网络的底层硬件资源池。

MANO 主要负责整个网络的基础设施和功能的动态配置，完成对虚拟化层、硬件资源层的管理和编排，负责虚拟网络和硬件资源间的映射以及 OSS/BSS 对业务资源流程的实施等。首先，OSS/BSS 依据服务需求生成相关的 NS(网络业务)用例，NS 用例中包含此服务所需的网络功能网元、网元间的接口和网元所需的网络资源；然后，MANO 按照该 NS 用例来申请所需的网络资源，并在申请到的资源上实例化创建虚拟网络功能模块的接口。MANO 实现对形成 NS 的监督和管理，通过分析实际的业务量在网络资源分配时进行缩容、扩容和动态调整，在生命周期截止时释放 NS。同时，利用大数据驱动的网络优化实现合理的网络资源分配、自动化运维和 NS 切分，实时响应业务和网络的动态变化，保证高效的网络资源利用率和良好的用户体验。

6.9.5 无线网子切片设计

无线网子切片，作为端到端网络切片中的一个关键组成部分，需要根据端到端切片编排管理系统下发的不同业务的不同 SLA 需求，进行灵活的子切片定制。

接入网切片设计包括如下几个方面：

1. 切片间的资源管理和调度

无线网基于统一的空口框架，采用灵活的帧结构设计。针对不同的切片需求，首先无线网为每个切片进行专用无线资源 RB 的分配和映射，形成切片间资源的隔离，再进行帧格式、调度优先级等参数的配置，从而保证切片空口侧的性能需求。

具体来说，不同的接入网切片可以根据其配置规则，以动态或静态的方式共享无线资源，包括时间、频率、空间以及相应的基础硬件设施，如数字基带处理组件、模拟无线电组件等，切片间的无线资源共享通过调度或竞争的策略来完成。

在静态资源分配方案中，频率资源、时间资源被固定地分配给每一个特定的网络切片，资源一旦配置网络切片就可持续获得很长时间，并且用户可以根据无线资源和 RAT 信息的预配置来接入目标网络切片。由于每个网络切片彼此独立，因此，网络切片可以独立工作。

在半静态资源分配方案中，频率资源、时间资源被半静态地分配给每一个特定的网络切片。每个网络切片所占用的带宽和/或时隙随着基站到基站的不同不时地变化。在这种情况下，运营商可以设计更灵活的机制以帮助用户确定目标网络切片的无线资源和 RAT 信息。

在动态资源分配方案中，频率资源、时间资源和空间资源在网络切片之间动态分配。例如，由网络切片的实时分组到达条件确定带宽和/或时隙占用情况。网络切片的公共调度器实现动态的资源分配，并保证网络切片之间的公平性。

总结来说，静态调度能够保证每个切片的资源分配，而动态竞争则侧重于整体资源使用的优化。

图 6-48 是一个多切片通过频分复用和时分复用共享无线资源的示意，其中一段频率被切片 2 和切片 3 交替使用，而另外一段频率只能被切片 1 使用，通过这种切片简单地实现了频率域和时间域的复用。

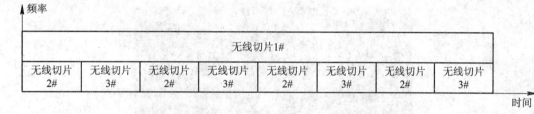

图 6-48　切片复用时间和频率资源

2．统一的控制面和用户面功能

切片管理器根据 5G 场景的需求以及空口技术预定义了控制面和用户面的协议栈。各个切片可以基于 QoS 指标需求动态调度场景所需的协议栈功能模块，并释放不需要的模块，这样不仅能够简化协议栈层级结构，还能高效地管理资源，提升资源的有效利用率。

3．切片的接入访问控制

切片管理器对 UE 的访问请求进行鉴权，鉴权通过的 UE 被授以特定切片的访问权限。这里涉及的问题是，UE 对切片配置信息的获取，被授权使用的切片的资源配置信息对于 UE 是透明的。其他未授权切片配置信息则不可被感知，这样能够增强虚拟网络的安全性。

4．灵活切分和部署

根据不同的业务场景以及资源情况，可以对无线网进行 AAU(Active Antenna Unit，基站有源天线单元)/DU/CU 功能的灵活切分和部署，如图 6-49 所示。通常来说，mMTC 场景对时延和带宽都无要求的，可以尽量进行集中部署，获取集中化处理的优势；eMBB 场景对带宽要求都比较高，对于时延要求，差异比较大，CU 集中部署的位置根据时延要求来确定；而 uRLLC 场景对时延要求极其苛刻，一般都会采用共部署的方式来降低传输时延的损耗。

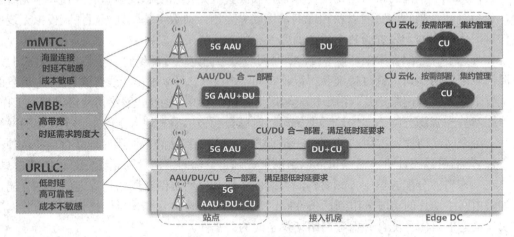

图 6-49　无线灵活部署场景

不同的业务对无线网子切片的隔离性要求也不一样，主要存在如图 6-50 所示两种场景。

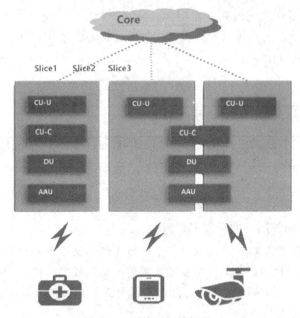

图 6-50　无线网切片场景

- **场景一**：切片间完全隔离，不同切片在不同的小区上，如 eMBB 切片和 NB-IoT 切片。
- **场景二**：CU-C 共享，CU-U 隔离，不同的切片可以在相同的小区上共享 CU-C，终端要求同时接入多个切片，如不同的 eMBB 切片。

6.9.6　传输网子切片设计

传输网子切片是在网元切片和链路切片形成的资源切片基础上，包含数据面、控制面、业务管理/编排面的资源子集、网络功能、网络虚拟功能的集合。

　　网元切片是基于网元内部的转发、计算、存储等资源进行切片/虚拟化，构建虚拟设备/虚拟网元，是设备的虚拟化，虚拟网元具有类似物理网元的特征；链路切片是通过对链路进行切片，形成满足 QoS 要求的虚拟链路，虚拟链路可以是 LSP(Link State Protocol，链路状态协议)通道，也可以是 FlexE(Flex Ethernet，灵活以太网)通道或 ODUk(光通路数据单元)管道等。

　　基于虚拟化的虚拟网元及虚拟链路，形成了虚拟网络(也可以称为资源切片)。虚拟网络具有类似物理网络的特征，包括逻辑独立的管理面、控制面和转发面，满足网络之间的隔离特征。

　　传输网切片后，上层的业务与物理资源解耦，同时切片网络与业务解耦，即切片划分的时候无需感知业务。图 6-51 为传输网子切片的技术架构，底层的物理网络被切分为多个子切片，业务运行于独立的切片上。

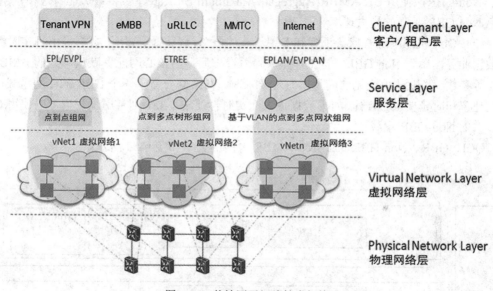

图 6-51　传输网子切片技术架构

6.10　5G QoS

　　5G 网络切片在逻辑上相互独立但共用物理资源，因此需要考虑切片间资源分配。针对不同的业务，切片模式的偏重不同，分配的资源就不同，而资源内的优先级分配就需要用到 QoS 来实现。QoS 与切片的区别在于，QoS 是位于管道上、位于 PDU 会话之内的，而切片则是端、管、云全方位的资源隔离和差异化处理。

6.10.1　LTE QoS

　　在讲解 5G QoS 之前，先来回顾 LTE 的 QoS 机制。LTE 是基于承载的 QoS 策略设计，无线承载分为 SRB(Signalling Radio Bearer，信令无线承载)和 DRB(Data Radio Bearer，数据无线承载)。SRB 用于信令的传输，DRB 用于数据的传输，所有 SRB 的调度优先级要高于所有的 DRB。

在 LTE QoS 机制中，QCI(QoS Class Identifier，服务类型标识)是系统用于标识业务数据包传输特性的参数，它定义了不同的承载业务对应的 QCI 值。根据 QCI 的不同，承载可以划分为两大类：GBR(Guaranteed Bit Rate，保证比特速率)类承载和 Non-GBR(No Guaranteed Bit Rate，非保证比特速率)类承载。

GBR 类承载用于对实时性要求较高的业务，需要调度器对该类承载保证最低的比特速率，其 QCI 的范围是 1~4。有了这个最低速率外，还需要一个最高速率进行限制。对于 GBR 承载来说，使用 MBR(Maximum Bit Rate，最大比特速率)来限制该承载的最大速率，MBR 参数定义了 GBR 承载在 RB 资源充足的条件下能够达到的速率上限。MBR 的值大于或等于 GBR 的值。

Non-GBR 类承载，用于对实时性要求不高的业务，不需要调度器对该类承载保证最低的比特速率，其 QCI 的范围是 5~9。在网络拥挤的情况下，业务需要承受降低速率的要求。对于 Non-GBR，使用 UE-AMBR(Aggregate Maximum Bit Rate，聚合最大比特速率)来限制所有 Non-GBR 承载的最大速率。

LTE QoS 机制中还有默认承载和专用承载的概念，默认承载用于数据量小且实时性低的数据业务，属于 Non-GBR。当 UE 完成附着过程后，由核心网配置默认承载的 AMBR、QCI 等参数。当默认承载无法满足实时性要求时，网络侧会新建一个 GBR 的专用承载，以满足速率和时延要求。当然，如果数据量大而实时性要求不高，则专用承载也可以使用 QCI 值较大的 Non-GBR 承载。

QCI、GBR、Non-GBR、MBR、AMBR 之间的关系如图 6-52 所示。

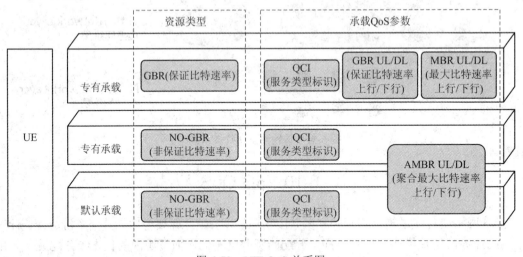

图 6-52   LTE QoS 关系图

6.10.2   5G QoS 参数

相对于 LTE 的基于承载的 QoS 流，5G QoS 是基于 PDU 的 QoS 流，这是本质区别。一个 5G PDU QoS 流的 QoS 配置包含的 QoS 参数如下：

1. QI

QI 即 5G Qulity Identity，是 5G 质量标识，用于索引一个 5G QoS 特性。

2．ARP

ARP(分配和保留优先权)参数包含优先级、抢占能力、可被抢占等信息。优先级定义了 UE 资源请求的重要性，在系统资源受限时，ARP 参数决定了一个新的 QoS 流是被接受还是被拒绝。

3．RQA

RQA(Reflective QoS Attribute，反射 QoS 属性)是一个可选参数，其指示了在该 QoS 流上的某些业务可以受到反射 QoS 的影响。仅当核心网通过信令将一个 QoS 流的 RQA 参数配给接入网时，接入网才会使能 RQI(Radio Qulity Identity，无线质量标识)在这条流的无线资源上传输。RQA 可以通过 N2 接口在 UE 上下文建立和 QoS 流建立/修改时携带给 NG-RAN。

4．Notification Control

Notification Control 即通知控制，对于 GBR 的 QoS 流，核心网通过该参数控制 NG-RAN 是否在该 GBR QoS 流的 GFBR(保证流比特率，分上行和下行)无法满足时上报消息通知核心网；如果网络使能通知控制，则 NG-RAN 发现该流的 GFBR 无法满足时就要给 SMF 发送通知，同时继续保持该 QoS 流的正常运作，至于收到通知后 SMF 如何处理则属于网络配置的策略。

5．Flow Bit Rate

Flow Bit Rate 即 5G 的 GBR 比特率。对于 5G 的 GBR QoS 流，5G QoS 参数还包含 GFBR(保证流比特率，分上行和下行)、MFBR(最大流比特率，分上行和下行)。

6．Aggregate Maximum Bit Rate

Aggregate Maximum Bit Rate 即聚合最大比特率(AMBR)。AMBR 定义了一个 PDU/UE 的所有 non-GBR QoS 流的比特率之和的上限，AMBR 不应用于 GBR QoS 流。

7．Default Value

Default Value 为 5G QoS 流的默认值。如果一条 PDU 会话没有定义 QoS 参数，那么这条 PDU 会话建立时，SMF 从 UDM 获取订阅的默认 5QI 和 ARP 值，SMF 获取的这个 5QI 和 ARP 值就会被设置成这个 PDU 会话的 QoS 流的 QoS 参数。

8．Maximum Packet Loss Rate

Maximum Packet Loss Rate 即最大丢包率，表示一条 QoS 流可以忍受的最大丢包概率。最大丢包率参数只可能会在 GBR 的 QoS 流上提供。

6.10.3　5G QoS 工作原理

SDAP(Service Data Adaptation Protocol，服务数据适配协议)是在 5G/NR 用户面新增的子层，该层的功能之一就是对 QoS 流与 DRB 之间进行映射。由于在 5G/NR 中 gNB 与 5GC 之间的接口是新增的 NG 接口，而 NG 接口是基于 QoS 流，空口是基于用户的 DRB 承载，也可以说从 PDCP 开始就是 DRB 承载，因此在 5G/NR 中需要新增一个适配子层 SDAP，以便将 QoS 映射到 DRB。

1. 5G QoS 流

5G QoS 模型基于 QoS 流,5G QoS 模型支持 GBR 的 QoS 流和 Non-GBR 的 QoS 流,5G QoS 模型还支持反射 QoS。但是和 LTE QoS 不同,5G 采用数据流 In-band QoS(频内服务质量)标记机制,是基于业务的 QoS。网关或 APP Server 对数据流标记相应的 QoS 处理标签,网络侧基于 QoS 标签,执行数据包转发。QoS 标签可基于业务数据流的需求实时变化,实时满足业务需求。

GW 的 NAS(Non-Access Stratum,非接入层)将多个有相同 QoS 需求的 IP Flow(IP 数据流)映射到同一个 QoS Flow(QoS 数据流);gNB 将 QoS Flow 映射到 DRB,使无线侧适配 QoS 需求。RAN 侧有一定自由度,如 gNB 可将 QoS 流转换成 DRB,下行映射属于网络实现,上行映射基于反射 QoS 或 RRC 配置。

QoS 流是 PDU 会话中最精细的 QoS 区分粒度,这就是说两个 PDU 会话的区别就在于它们的 QoS 流不一样。在 5G 系统中一个 QFI(QoS Flow ID,5G QoS 流标识)用于标识一条 QoS 流,PDU 会话中具有相同 QFI 的用户平面数据会获得相同的转发处理(如相同的调度、相同的准入门限等)。QFI 在一个 PDU 会话内要唯一,也就是说一个 PDU 会话可以有多条(最多 64 条)QoS 流,但每条 QoS 流的 QFI 都是不同的(取值范围为 0~63),UE 的两条 PDU 会话的 QFI 是可能重复的,QFI 可以动态配置或等于 5QI。

在 5GS,QoS 流是被 SMF 控制的,其可以是预配置或通过 PDU 会话建立和修改流程来建立的。

2. QoS 规则

AN 侧的 QoS 规则,这些规则可以是 SMF 通过 AMF 给 AN 提供的或者是在 AN 上预置的。

UE 侧的 QoS 规则,这些规则是 SMF 在 PDU 建立或修改流程中提供给 UE 的或 UE 通过反射 QoS 机制推导出来的。

在 5G QoS 机制中,一条 PDU 会话内要求有一条关联默认 QoS 规则的 QoS 流,在 PDU 的整个生命周期内这个默认 QoS 流保持存在,且这个默认的 QoS 流要是 Non-GBR QoS 流。

UE 执行上行用户面数据业务的分类和标记,也就是根据 QoS 规则将上行数据关联到对应的 QoS 流。这些 QoS 规则可以是显示提供给 UE 的(也就是在 PDU 会话建立/修改流程中通过信令显示配置给 UE),或者在 UE 上预配置的,或者是 UE 使用反射 QoS 机制隐式推导出来的。

一个 QoS 规则包含:

(1) 关联的 QoS 流的 QFI、数据包过滤器集(一个过滤器列表)、优先级;

(2) 一个 QoS 流可以有多个 QoS 规则;

(3) 每个 PDU 会话都要配置一个默认的 QoS 规则,默认的 QoS 规则关联到一条 QoS 流上。

3. 反射 QoS

反射 QoS 作为 5G QoS 引入的新功能,在没有 SMF 通过信令提供 QoS 规则的情况下,UE 可以通过反射 QoS 将上行用户面数据映射到 QoS 流上,这仅用于 IP 和 Ethenet 类型的

PDU 会话，这是 UE 基于接收到的下行数据推导出来的 QoS 规则，对于同一个 PDU 会话，反射 QoS 和非反射 QoS 可以同时并存。

对于支持反射 QoS 功能的 UE，如果 5GC 对下行数据使用反射 QoS 功能，UE 要从收到的下行数据包中推导出上行的 QoS 规则，之后 UE 将推导出来的上行 QoS 规则用于对应的上行 QoS 流中。

如果 UE 支持反射 QoS 功能，UE 应该在每条 PDU 会话建立时告诉网络。

在特殊情况下，UE 可以通过 PDU 会话修改流程将其功能修改为不支持反射 QoS，同时 UE 应该删除其所有通过反射推导出来的 QoS 规则，网络应该停止这条 PDU 会话的所有和反射 QoS 有关的用户面操作。此外，网络可以通过信令将之前 UE 推导使用的 QoS 规则发给 UE。UE 在此后的整个 PDU 会话生命期内都不应该再通知网络其支持反射 QoS 功能了。

4．二级映射

5G NR 经过了非接入层和接入层的两级映射，如图 6-53 所示，因此能将 QoS 贯穿于整个业务流程；GW 的 NAS 将多个有相同 QoS 需求的 IP Flow 映射到同一个 QoS Flow；gNB 将 QoS Flow 映射到 DRB，使无线侧适配 QoS 需求。

RAN 侧有一定自由度，如 gNB 可将 QoS 流转换成 DRB，下行映射基于网络实现；上行映射基于反射 QoS 或 RRC 配置实现。

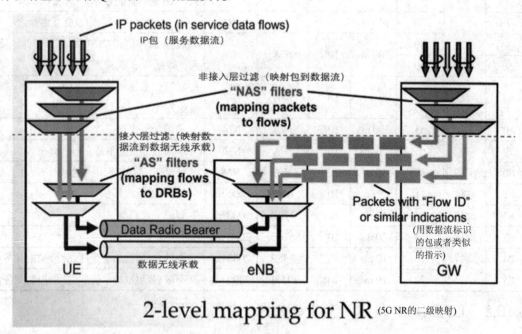

图 6-53　5G NR 的二级映射

6.10.4　5G 的 QoS 等级定义

5G 对各种业务的 QoS 等级进行了定义，如表 6-6 所示。

表 6-6　5G 业务的 QoS 等级

标准 5G 业务映射的 5G QoS 标识							
5G QoS 标识	资源类型	默认优先级	包预留延时	包错误率	默认最大突发字节	默认平均窗口	业务举例
1	保证比特流率	20	100 ms	10^{-2}	N/A	2000 ms	会话语音
2		40	150 ms	10^{-3}	N/A	2000 ms	会话视频(直播流)
3		30	50 ms	10^{-3}	N/A	2000 ms	实时游戏，车与外界交互消息、自动化处理监控
4		50	300 ms	10^{-6}	N/A	2000 ms	非会话视频(缓冲流)
65		7	75 ms	10^{-2}	N/A	2000 ms	关键任务用户一键通语音
66		20	100 ms	10^{-2}	N/A	2000 ms	非关键任务用户一键通语音
67		15	100 ms	10^{-3}	N/A	2000 ms	关键任务视频
75		25	50 ms	10^{-2}	N/A	2000 ms	车和外界交互消息
5	非保证比特流率	10	100 ms	10^{-6}	N/A	N/A	IMS(IP Multimedia Subsystem, IP 多媒体子系统)信令
6		60	300 ms	10^{-6}	N/A	N/A	视频(缓冲流)、TCP 类(例如邮件、聊天、数据传输等)业务
7		70	100 ms	10^{-3}	N/A	N/A	语音、视频(直播流)、交互游戏
8		80	300 ms	10^{-6}	N/A	N/A	视频(缓冲流)、TCP 类(例如邮件、聊天、数据传输等)业务
9		90					
69		5	60 ms	10^{-6}	N/A	N/A	对延时敏感的命令类业务，例如一键通业务
70		55	200 ms	10^{-6}	N/A	N/A	关键任务数据
79		65	50 ms	10^{-2}	N/A	N/A	车与外界交互消息
80		68	10 ms	10^{-6}	N/A	N/A	低延时 eMBB 应用增强现实
81	低延时的保证比特流率	11	5 ms	10^{-5}	160B	2000 ms	远程控制
82		12	10 ms	10^{-5}	320B	2000 ms	智能交通系统
83		13	20 ms	10^{-5}	640B	2000 ms	智能交通系统
84		19	10 ms	10^{-4}	255B	2000 ms	离散自动化(集中管理、分散控制业务)
85		22	10 ms	10^{-4}	1358B	2000 ms	离散自动化(集中管理、分散控制业务)

6.10.5　LTE QoS 和 5G QoS 的比较

LTE QoS 控制的基本粒度是 EPS 承载，如图 6-54 所示，需要通过建立多个专用承载为 UE 提供具有不同 QoS 保障的业务。但是，4G 的 QoS 有如下缺点：

(1) 4G 基于承载的 QoS 控制粒度较粗，无法满足 5G 业务精细的 QoS 控制需求；

(2) 承载建立信令开销大、信令过程较慢，无法跟踪数据流 QoS 需求的变化；

(3) LTE QoS 机制更适用于运营商内部的应用，如 IMS，对于 OTT 适配不够灵活。

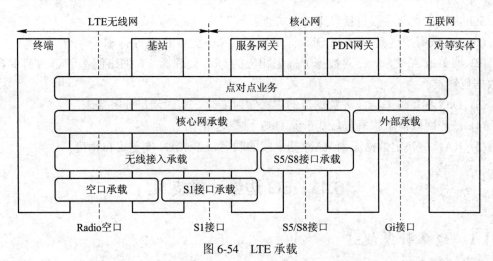

图 6-54　LTE 承载

　　5G QoS 基于流粒度，执行业务 QoS 处理，网络侧控制面作为 QoS 策略的决策点，通知转发面/RAN/UE 业务流的 QoS 策略，转发面/RAN/UE 提供相应的数据转发质量，如图 6-55 所示。

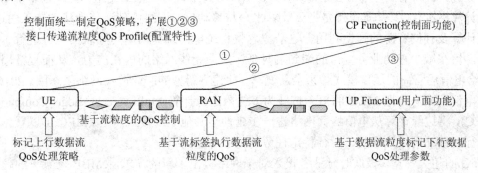

图 6-55　5G QoS 策略

　　5G 的 QoS 的体系如图 6-56 所示，UE 和基站之间仍然建立无线专用承载，但是在无线专用承载基础之上建立 QoS Flow。UE 和核心网之间建立完整的 QoS Flow，实现 QoS 服务。

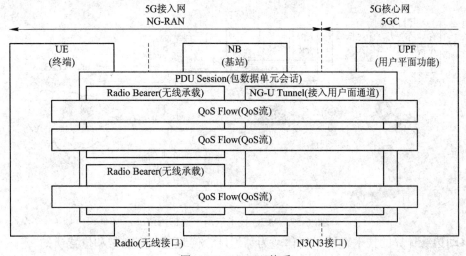

图 6-56　5G QoS 体系

5G 的 QoS 优势主要包括以下几个方面：

(1) 5G 采用数据流 In-band QoS 标记机制，基于业务的 QoS 需求；

(2) 网关或 APP Server 对数据流标记相应的 QoS 处理标签，网络侧基于 QoS 标签，执行数据包转发；

(3) QoS 标签可基于业务数据流的需求实时变化，实时满足业务需求；

(4) 核心网取消承载概念，基于流 QoS 管控更精细；

(5) RAN 侧决定数据流到 RAN 侧承载的映射，给 RAN 侧更大自由度。

6.11　5G 边缘计算技术

6.11.1　边缘计算概述

移动边缘计算(Mobile Edge Computing，MEC)概念最初于 2013 年出现，IBM 与 Nokia Siemens 网络当时共同推出了一款计算平台，可在无线基站内部运行应用程序，向移动用户提供业务。欧洲电信标准协会于 2014 年成立移动边缘计算规范工作组，正式宣布推动移动边缘计算标准化，其基本思想是把云计算平台从移动核心网络内部迁移到移动接入网边缘，实现计算及存储资源的弹性利用。这一概念将传统电信蜂窝网络与互联网业务进行了深度融合，旨在减少移动业务交付的端到端时延，发掘无线网络的内在能力，从而提升用户体验，给电信运营商的运作模式带来全新变革，并建立新型的产业链及网络生态圈。2016 年，欧洲电信标准协会把 MEC 的概念扩展为多接入边缘计算(Multi-Access Edge Computing。MAEC)，将边缘计算从电信蜂窝网络进一步延伸至其他无线接入网络。MEC 可以看作是一个运行在移动网络边缘的、运行特定任务的云服务器。

5G 的超大带宽，极低时延业务接入对于网络提出了新的需求。eMBB 场景下的超大流量需要内容的本地化，低时延业务则要求核心网部署到网络边缘。为了满足未来人们对于网络的不同需求，5G 必须将网络功能和业务处理功能下移到靠近接入网的边缘，以减少中间层级。MEC 技术可以很好地解决这个问题，如图 6-57 所示。

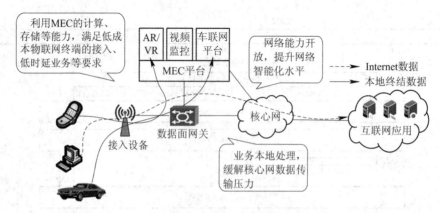

图 6-57　MEC 技术应用于通信网络

移动边缘计算的技术特征主要体现为邻近性、低时延、高宽带和位置认知。

(1) 邻近性。由于移动边缘计算服务器的布置非常靠近信息源，因此边缘计算特别适用于捕获和分析大数据中的关键信息，此外边缘计算还可以直接访问设备，因此容易直接衍生特定的商业应用。

(2) 低时延。由于移动边缘计算服务靠近终端设备或者直接在终端设备上运行，因此大大降低了时延。这使得反馈更加迅速，同时也改善了用户体验，大大降低了网络在其他部分可能发生的拥塞。

(3) 高带宽。由于移动边缘计算服务器靠近信息源，可以在本地进行简单的数据处理，不必将所有数据或信息都上传至云端，这将使得核心网传输压力下降，减少网络堵塞，网络速率也会因此大大增加。

(4) 位置认知。当网络边缘是无线网络的一部分时，无论是 WiFi 还是蜂窝，本地服务都可以利用相对较少的信息来确定每个连接设备的具体位置。

CDN(Content Delivery Network, 内容分发网络)与移动边缘计算的产生背景有许多相同之处，实现目标也有相近之处。两者都是在用户体验要求不断提高，用户数量、数据流量激增的背景下产生的。CDN 中的网络边缘和移动边缘计算中的边缘含义接近，都意味着和以往的网络架构不同，服务器更接近于无线接入网。但是相较于 CDN，移动边缘计算更靠近无线接入网，下沉的位置更深。由于物理距离的减少，自然移动边缘计算相较于 CDN 时延进一步降低。

但在架构上，移动边缘计算与 CDN 差别较大。移动边缘计算的典型架构中包括能力开放系统及边缘云基础设施，这使得移动边缘计算拥有开放 API(Application Programming Interface, 应用程序接口)能力以及本地化的计算能力，而这些恰恰是 CDN 所欠缺的。

由于自身的技术特点，CDN 应用场景的关注点是在加速上，如网站加速。视频点播及视频直播等场景并未出现智能化场景，而移动边缘计算包括了计算能力，因此具备了低时延和智能化特点。移动边缘计算在包含 CDN 的应用场景外，在诸如车联网、智慧医疗等要求智能化的应用场景中将起到非常大的作用。

6.11.2　MEC 框架设计

移动边缘计算的框架所涉及的实体如图 6-58 所示，这些实体可以分为外部相关层、MEC 主层和 MEC 系统管理层。MEC 的核心是 MEC 主层，它是包含 MEC 平台和虚拟化基础设施的实体，并且可以更具体地分为 MEC 虚拟化基础设施层、MEC 平台层、MEC 应用层。

MEC 虚拟化基础设施层基于通用服务器，采用计算、存储、网络功能虚拟化的方式为 MEC 平台层提供计算、存储和网络资源，并且规划应用程序、服务、DNS 服务器、3GPP 网络和本地网络之间的通信路径。

MEC 平台层是一个在虚拟化基础设施架构上运行 MEC 应用程序的必要功能的集合，包括虚拟化管理和 MEC 平台功能组件。虚拟化管理利用 IasS(Infrastructure as a Service, 基础设施即服务)的思想，实现 MEC 虚拟化资源的组织和配置，应用层提供一个资源按需分配、多个应用独立运行且灵活高效的运行环境。MEC 平台功能组件主要是为应用程序提供各项服务，通过开放的 API 向应用层的具体应用开放。这些功能包括无线网络信息服务、位置服务、数据平面分流规则服务、访问的持久性存储服务以及配置 DNS 代理服务等。

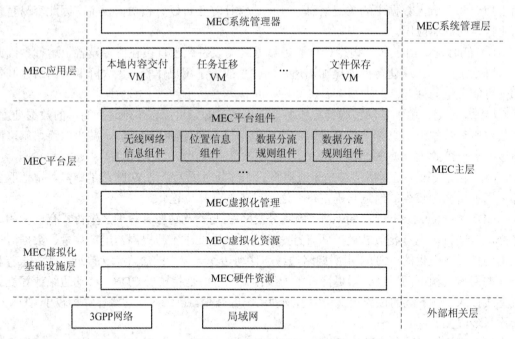

图 6-58　MEC 框架设计图

MEC 应用是基于虚拟化基础设施架构，将 MEC 平台功能组件组合封装后，以虚拟机 (Virtual Machine，VM)方式运行的应用程序，如本地内容快速交付、物联网数据处理、任务迁移等。MEC 应用拥有确定数量的资源要求和执行规则，如所需的计算和存储资源、最大时延、必需的服务，这些资源要求和执行规则由 MEC 系统管理层统一管理和配置。MEC 应用可以通过标准的接口开放给第三方业务运营商，促进创新型业务的研发，实现更好的用户体验。

由上述 MEC 的架构体系可以看出，移动网络基于移动边缘计算可以为用户提供诸如内容缓存、超高带宽内容交付、本地业务分流、任务迁移等应用。需要注意的是，任务迁移能够使得终端突破硬件限制，获得强大的计算和数据存取能力，在此基础上实现用户内容感知和资源的按需分配，极大地增强用户体验。任务迁移技术对移动设备的计算能力的强化和移动应用的计算模式的改变，必然会对未来移动应用和移动终端的设计产生深远的影响。

6.11.3　计算量重分配和任务迁移

MEC 的一个关键问题是什么应用在本地计算，什么应用需要在 MEC 上计算；如果一个应用一部分在本地计算另外一部分在 MEC 上计算，那么本地计算和 MEC 的比例如何分配?另外一个关键问题是一个应用如果需要在 MEC 上计算，那么它如何从本地迁移到 MEC 上？这些问题有三种处理方式：

(1) 本地处理，全部的计算都在终端进行处理；

(2) 所有流量都通过 MEC 处理；

(3) 一部分本地处理，一部分 MEC 处理。

计算能力的重分配取决于很多因素，比如用户的喜好、回程链路的质量保证、终端设备的计算能力、MEC 云的计算能力等。目前来看，有研究价值的第三种，即应用的计算量一部分由本地处理，一部分由远端处理。由于部分应用数据不适合由远端处理(如相机处理图片、用户输入输出、位置数据)，而且有些应用不能估计有多少数据量，也无法估计要传输多久(比如在线游戏)，因此不适合由 MEC 来进行处理。比较适合由 MEC 处理的数据则是人脸识别、病毒扫描等，这些应用都是需要把数据传到后台庞大的数据库中。一般数据库由于其占有的存储资源比较大，因此适合部署在 MEC 中。

由于应用有一个完整的生命周期，所以其中产生的需要被处理的数据需要按照一定的规则进行切片。如图 6-59 所示，将一个应用中需要被处理的数据切片成 1～10 份，那么这10 份数据在一定的策略下可以由本地处理，也可以全部由 MEC 进行处理。计算处理是基于一定的策略进行的，比如当前的网络状况和 MEC 的负载生成的策略规定 4、5、7、8、10 由 MEC 进行处理，那么剩余的则由终端在本地进行处理，另外适合本地处理的数据量会被设置成 Non-offloading(非卸载)，那么这些数据量则由终端本地处理。

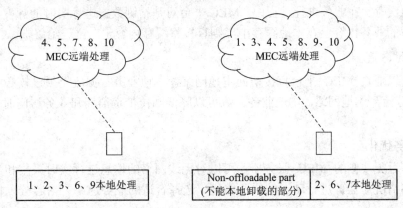

图 6-59 MEC 和本地处理分配

一个移动应用是由本地处理还是 MEC 处理，必须遵循一定的流程，这个流程如图 6-60 所示。

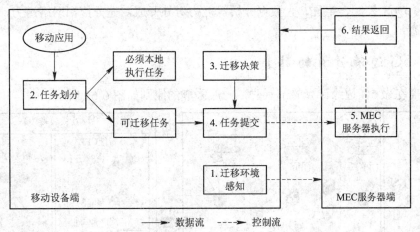

图 6-60 任务迁移流程

一个移动应用提交移动设备端时，首先经过任务划分模块处理来判断是必须本地执行的任务还是需要在 MEC 上执行的任务。如果是本地，则此应用在本地执行；如果是需要在 MEC 上执行的任务，则依据由各种原则综合推导的迁移决策，触发任务提交流程，将这部分任务迁移到 MEC 上执行。MEC 执行完成之后，将结果反馈给移动设备端。

在这个过程中，MEC 服务器和移动设备端需要感知迁移环境来确定任务迁移的决策，这些因素主要包括：任务迁移的通信开销小，考虑移动应用内部的任务特性，包括任务的拓扑结构、任务的划分、任务的计算强度及任务间的转移数据大小，信道的干扰、服务器中虚拟机的可分配数量(任务排队等待的时延)等。选择迁移的算法则要考虑任务处理的时延、移动设备的能耗等。

6.11.4　5G 边缘计算关键技术

5G 边缘计算除了虚拟化技术、云技术和 SDN 技术之外，还包括如下关键技术：

1. 无线侧内容缓存

MEC 应用平台与业务系统对接，获取业务中的热点内容，包括视频、图片、文档等，并进行本地缓存。在业务进行过程中，MEC 平台对基站侧数据进行实时的深度包解析，如果终端申请的业务内容已在本地缓存中，则直接将缓存内容定向推送给终端。

2. 本地分流

用户可以通过 MEC 平台直接访问本地网络，本地业务数据流无须过核心网，直接由 MEC 平台分流到本地网络。本地业务分流可以降低回传带宽消耗和业务访问时延，提升业务体验。

3. 业务优化

通过靠近无线侧的 MEC 服务器，可以对无线网络的信息进行实时采集和分析，基于获得的网络情况对业务进行动态的快速优化，选择合适的业务速率、内容分发机制、拥塞控制策略等

4. 网络能力开放

通过 MEC 平台，移动网络可以面向第三方提供网络资源和能力，将网络监控、网络基础服务、QoS 控制、定位、大数据分析等能力对外开放，充分挖掘网络潜力，与合作伙伴互惠共赢。

6.11.5　5G 边缘计算的部署

运营商在做 5G 边缘计算的部署时，一般采取的原则如图 6-61 所示。

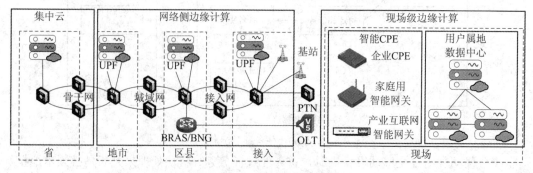

图 6-61　5G 边缘计算的部署

结合运营商端到端基础资源建设及业务发展的特征，从物理部署位置来看，运营商的边缘计算节点大致可以分为网络侧和现场级边缘计算两大类。网络侧边缘计算部署于地市及更低位置的机房中，这些节点大多以云的形式存在，是一个个微型的数据中心。现场级边缘计算则部署于运营商网络的接入点，这些节点一般位于用户属地，大多没有机房环境，是用户业务接入运营商网络的第一个节点，典型的设备形态为边缘计算智能网关等 CPE 类设备。这里需要指出的是，对于蜂窝网基站这类节点，虽然也属于接入点，但由于其部署在运营商机房中，物理位置有高有低，我们仍将其归类为网络边缘计算节点。

在 5G 架构下，MEC 服务器的部署位置非常关键，一般有两种部署方式，第一种模式如图 6-62 中 MEC 服务器 1，第二种模式如图 6-62 中的 MEC 服务器 2。

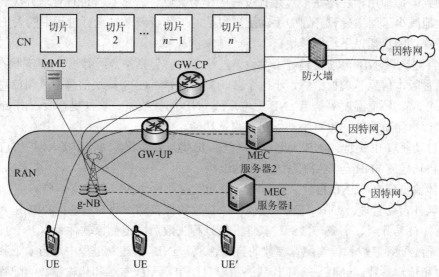

图 6-62　MEC 部署位置

在第一种模式下，MEC 服务器可以部署在一个或多个 gNB 之后，使数据业务更靠近用户侧，UE 发起的数据业务经过 gNB、MEC 服务器 1，到达因特网。这种模式由于 MEC 离用户较近，MEC 服务器较多而且分散，因此计费、合法监听等比较难以解决。在第二种模式下，MEC 服务器部署在用户平面网关 GW-UP 后，UE 发起的数据业务经过 gNB、GW-UP、MEC 服务器 2，最后到达因特网。这种模式 MEC 离用户相对较远，离核心网相对较近，因此数据汇聚量较大，而且时延较第一种模式比较明显。两种模式各有优缺点，采取哪一种部署模式取决于具体的业务需求和网络部署情况。

6.12　SON 技术

在 5G 网络中，超密集组网技术将得到广泛的应用，各种无线传输技术的低功率接入点的部署密度将达到现有部署密度的 10 倍以上，接入点之间的距离达到 10 m 甚至更小，超密集组网带来了系统容量、频谱效率的大幅度提升的同时，海量的参数配置、大量网元节点的运维使得无线网络管理变得十分复杂和繁琐，如何有效地完成网络管理和运维成为5G 研究的热点之一。SON(Self Organization Network，自组织网络)运用网络自组织技术，通过对大量关键性能指标和网络配置参数以及网元节点的智能管理，可以有效增强网络的灵活性和智能性，提高网络性能和用户服务体验。因此，在 5G 网络部署时引入网络 SON 是非常有必要的。

6.12.1 SON 的主要功能

SON 主要包括三大功能，分别是自配置(Self-configuration)、自优化(Self-optimization)、自愈(Self-healing)。

1. 自配置功能

自配置功能包括基站自建立至基站运行过程中的自动管理。自配置功能使新增的网络节点能做到即插即用，在网络节点运行过程中，对其软件、参数等进行管理升级。自配置功能大大地减少了网络建设开通中手动配置参数的工作量及基站运行过程中的人工干预。

自配置功能包括以下功能模块：

(1) 自测试。gNB 自动发起健康性检查，检查内容包括站点经纬度、gNB 状态、gNB 时间、设备版本信息、单板信息、小区个数、参考时钟、GPS 模块信息、风扇信息、电源供电是否正常、环境温度等。当 gNB 上电后或 gNB 配置数据、软件更新后，由 gNB 自动发起并执行自测试功能，也可手动发起自测试功能。

(2) 自动获取 IP 地址。gNB 上电后自动获取 IP 地址，并获得网管和接入网关的 IP 地址。

(3) 自动建立 gNB 与 OAM 系统之间的连接。

(4) 传输自建立。gNB 自建立过程中，自动发起并执行接口自建立。

(5) 软件自动管理。gNB 自建立过程中，初始软件自动下载与激活；gNB 进入工作状态后，软件自动升级、下载与激活；软件升级过程失败后回退到原软件版本。

(6) 无线配置参数和传输配置参数的自动管理。gNB 自建立过程中，自动下载并配置无线参数和传输参数；gNB 进入工作状态后，自动更新无线参数和传输参数的配置。

(7) 自动邻区关系配置。gNB 自建立过程中，通过网络下发的邻区关系列表进行自动邻区关系的建立；gNB 进入工作状态后，进行自动邻区关系的优化。

(8) 自动资产信息管理。gNB 自建立过程中，向 OAM 系统自动上报硬件、软件及其他资产信息；gNB 进入工作状态后，当资产信息发生变化时，gNB 向 OAM 系统自动上报资产信息。

(9) 自配置过程的监控与管理功能。对自配置过程中的各功能模块工作状况进行监控，并向运营商提供相关信息，也允许运营商对自配置功能的执行过程进行控制。该功能使得自配置过程可控。

2. 自优化功能

自优化是指网络设备根据其自身运行状况，自适应地调整参数，以达到优化网络性能的目标。传统的网络优化可以分为两个方面：其一为无线参数的优化，如发射功率、切换门限、小区个性参数等；其二为机械优化，如天线方向、天线下倾角等。目前，SON 的自优化功能只能部分代替传统的网络优化。

自优化主要包括以下功能：ANRO(Automatic Neighbour Relation Optimisation，自动邻区关系优化)，MLBO(Mobility Load Balancing Optimisation，移动性负载均衡优化)，MRO(Mobility Robustness Optimisation，移动性鲁棒性优化)，RO(RACH Optimisation，随

机接入信道优化)，ES(Energy Savings，基站节能)，ICIC(Inter-Cell Interference Coordination，小区干扰协调)，CCO(Coverage and Capacity Optimization，覆盖与容量优化)等。

3．自愈功能

自愈的目的是消除或减少那些能够通过恰当的恢复过程来解决的故障。从故障管理的角度来看，不论是自动检测并自动清除的告警，还是自动检测但需手动清除的告警，故障网元都应对每一个检测到的故障给出相应的告警。

自愈功能可由告警触发，在这种情况下，自愈功能模块对告警进行监视，当发现告警时，自动触发自愈过程。另外，一些自愈功能位于 gNB 上，并需要快速响应。这种情况下，当 gNB 检测到故障时，可直接触发自愈过程。自愈过程首先收集必要信息并进行深度分析，然后根据分析结果判断是否需要执行恢复过程来自动解决故障。当自愈过程结束后，自愈功能会将自愈结果上报给集成参考点(Integration Reference Point，IRP)管理器，并且可将恢复过程存档。

6.12.2　SON 的架构

根据优化算法的执行位置，SON 架构可以分为三类：集中式 SON、分布式 SON 和混合式 SON。

1．集中式 SON

集中式 SON 架构中的 SON 功能全部在网管系统 OAM 上实现，如图 6-63 所示。其中 gNB 仅负责测量和收集相关信息，SON 则负责决策并与 OAM 协调。集中式 SON 架构中所有自主管理功能在一个中心节点 OAM 内执行，gNodeB 除了进行各种所需的测量和信令交换，并根据中心节点指令执行相关动作外，不自主执行其他行动。在这种架构中，gNB 相对简单，成本也低，对于小数量 gNB 管理，自主管理可以达到更高水平。这种架构适用于需要管理和监测不同 gNB 间协作的情况。

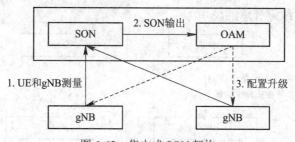

图 6-63　集中式 SON 架构

集中式 SON 是传统的 SON 架构，在 LTE 扁平化网络结构中存在一些问题，如中心节点(一般为网管系统)直接与 gNB 相连，gNB 数量大、距离远，gNB 接入到中心节点困难；集中控制不可避免地存在中心点失败问题，当中心节点控制失败时，会致使整个系统不可用。同时，中心节点也会限制整个 SON 系统的性能和扩展性，在经常变化的复杂网络中，这是通信功能的瓶颈。

2．分布式 SON

分布式 SON 架构中的 SON 全部放在各自的 gNB 上，SON 功能由 gNB 通过分布方式实现，如图 6-64 所示。其中 gNB 不仅负责测量和收集相关信息，还要负责决策和与上层 OAM 及其它基站间的协调。在分布式 SON 中，自主管理功能在 gNB 本地实现，同时 gNB 间直接进行信息交互。这对于基于独立小区如拥塞控制参数优化等最为适用，可避免不必要的反应时间，提高管理效率。分布式 SON 还可有效地避免中心点失败对系统的安全隐患。

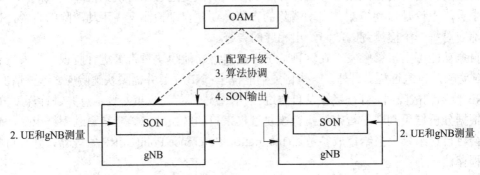

图 6-64　分布式 SON 架构

分布式 SON 是复杂的，gNB 的可靠性和实现成本也较高，这些缺陷将导致系统自主管理范围存在一定的局限。同时，还可能引发 gNB 间交换的信息相互冲突等情况，必须建立冲突处理机制。此外由于 gNB 间需要自主传递和共享信息，因而会产生大量的信令开销，给网络带来很大负担。因此需要将信令开销控制在允许范围之内。

3. 混合式 SON

混合式 SON 架构是集中式 SON 和分布式 SON 架构的结合，如图 6-65 所示。在混合式 SON 中，存在一个或多个中心节点，中心节点执行自主管理功能，并根据需要向被管理的 gNB 发出动作指示。同时，被管理 gNB 也具备一定的自主管理功能，拥有与其他被管理 gNB 间的直接交互接口，可根据自己和相邻 gNB 的测量数据执行相应的自主管理活动。混合式 SON 适用于有较多的自主管理任务可以由 eNodeB 自身完成，但一些复杂任务又需要通过一个中心节点统筹管理的场景。

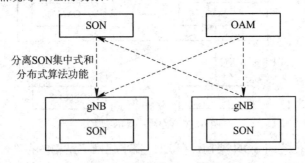

图 6-65　混合式 SON 场景

混合式 SON 将一些自主管理功能从中心节点中转移到 gNB 中，使得这些 gNB 的复杂度高于集中式 gNB 的复杂度。相对于集中式，它提高了系统性能和可扩展性，但没有完全克服具有中心节点连接失败的缺点。相对于分布式，它的 gNB SON 功能的复杂度较低。

总之，集中式 SON 的优点是控制较强、互相冲突较小，缺点是速度较慢、算法复杂；分布式 SON 与其相反，可以达到更高的效率和速率，且网络可拓展性较好，但彼此间难以协调；混合式 SON 虽有两者优点，但设计更为复杂。

6.12.3　SON 关键技术

目前，SON 技术已经在 LTE 系统中大规模使用，但是 SON 要更好地应用到 5G 网络中，适合 5G 网络的特性，需要引入更多的新技术来解决问题。这些技术主要包括：

1. 物理小区标识自配置技术

物理小区标识(Physical Call Identity，PCI)是终端设备识别所在小区的唯一标识，用于产生同步信号。其中，同步信号与 PCI 存在一一对应的关系，终端设备通过这些映射关系区分不同的小区。

PCI 在进行分配时需要满足两个最基本的要求：避免冲突和避免混淆，即无线网络内任意相邻小区的 PCI 必须不同，无线网络同一小区相邻的任意两个小区的 PCI 也必须不同。在 5G 中，尤其是针对超密集的网络场景，小区的个数远远超过 PCI 的总数，因此 5G 中超密集部署的小区需要通过 PCI 复用来完成配置。PCI 的复用距离的选择是一个关键问题，复用距离过小会导致相邻小区 PCI 发生冲突和混淆，过大则会导致 PCI 资源浪费。有人提出了采用基站扫描的自配置算法，通过扫描基站自身的无线环境，接收相等小区的下行信号以获得邻区 PCI 信息，然后从可用的 PCI 资源库中删除已被邻区使用的 PCI，避免了小区冲突的问题，但是小区混淆的问题没有得到解决。有人将 PCI 配置问题转化为图的着色问题，提出了一种基于局部启发式搜索的优化 PCI 配置算法，每一个小区通过观察相等小区的 PCI 编号确定自己的 PCI，从而避免了小区冲突和混淆的问题，并且降低了小区之间的信令交互。

在面向未来 5G 超密集场景中，接入点密集引起的信令干扰等问题严重降低了网络管理效率。现有的 PCI 配置方案大都仅仅考虑小区混淆和小区冲突的问题，却没有考虑信令干扰问题。针对这个问题，可以联合干扰管理技术，如功率控制、干扰协调、分簇等方法，综合考虑干扰和 PCI 资源配置，完成 PCI 资源分配，提高资源利用率。

2. 邻区关系列表自配置技术

NRL(Neighborhood Relationship List，邻区关系列表)是网络内小区生成的关于相邻小区信息的列表，只是在小区内部使用，不会在系统信息中广播。在新的接入点加入网络时，利用 NRL 自配置技术可以自动发现邻区，并创建和更新邻区关系列表，包括对邻区冗余、邻区漏配和邻区关系属性的动态管理。在面向 5G 的超密集场景中，接入点不仅密集，而且存在大量同频或异频、同系统或异系统的邻区，因此自组织邻区关系列表自配置是非常必要的。

在 5G 超密集场景中，传统的静态邻区关系列表配置机制无法适用于复杂多变的网络，同时由于接入点密集，移动终端设备完成接入点选择将会比较复杂和多样化。另外，随着智能设备以及网络的快速发展和智能化，移动终端设备实时感知周围邻区状态以及探测网络状况，也完成数据处理和接入点的 NRL 自主配置和动态更新。因此，针对网络异构和接入点密集情况，可以根据不同网络设置不同切换参数以及调整控制参数，利用多目标决策、大数据分析等方法完成 NRL 的自主配置，减少邻区关系列表的数目，提高网络的智能性和自主性。

3. 干扰管理自优化技术

超密集组网通过降低基站与终端用户间的路径损耗提升了网络吞吐量,在增大有效接收信号的同时放大了干扰信号。同时,不同发射频率的低功率接入点与宏基站重叠部署,小区密度的急剧增加使得干扰变得异常复杂。如何有效进行干扰消除、干扰协调,成为未来超密集组网场景下需要重点考虑的问题。

现有网络采用分布式干扰协调技术,其小区间交互控制信令负荷会随着小区密度的增加以二次方趋势增长,这极大地增加了网络控制信令负荷。在未来 5G 超密集网络的环境下,基于分簇的集中控制,不仅能够解决未来 5G 网络超密集部署的干扰问题,而且能够实现相同无线接入技术下不同小区间资源的联合优化配置、负载均衡等以及不同无线接入系统间的数据分流、负载均衡等。此外,在超密集场景中,需要联合考虑接入点的选择和多个小区间的集中协调处理,实现小区间干扰的避免、消除甚至利用,提高网络资源利用率和用户服务体验。

4. 负载均衡自优化技术

负载均衡自优化即通过将无线网络的资源合理地分配给网络内需要服务的用户,提供较高的用户体验和吞吐量。移动业务的时间以及空间的不均衡性导致资源利用率低下,难以实现资源的有效配置和利用。负载均衡的主要目标就是平衡各小区业务的空间不均衡性。通过优化网络参数以及切换行为,将过载小区的业务量分流到相对空闲的小区,平衡不同小区之间业务量的差异性,提升系统容量。

由于移动业务和应用的日益丰富以及接入点日益小型化和密集化,移动业务的空间不均衡特征将进一步加剧,这给传统静态的小区选择以及静态切换参数带来了巨大挑战。为了完成用户快速切换和最优切换,利用云计算技术对用户的上报数据、基站感知信息等多维数据进行实时分析和快速处理,实现用户的最优切换,提高资源利用率。

5. 网络节能自优化技术

针对未来网络超密集部署引起的日益增长的能量消耗问题,网络的能量效率成为网络资源管理的重要指标。无线网络中接入点系统能耗是能耗的主要组成部分,而且随着接入点的大规模部署,能耗问题越来越严重。提高网络资源利用率、降低网络系统能耗具有重要意义。当业务量降低时,在保证当前用户的服务需求下,可以通过自主地关闭不必要的网元或者资源调整等方式达到降低能耗的目的。在 5G 超密集组网的场景中,大量的信令开销也是一个不容忽视的问题。采用分布式的基站休眠机制,增强各基站的自主决策以及自主配置优化能力,可以提高网络资源利用率。

6. 覆盖与容量自优化技术

网络业务需求在时间及空间上具有潮汐分布特性,各接入点的业务负载也存在较大的分布差异性。为了合理有效地利用网络资源和提高网络适应业务需求的能力,覆盖与容量自优化技术通过对射频参数的自主调整,如天线配置、发射功率等,将轻载小区的无线资源分配至业务热点区域内,实现网络覆盖性能与容量性能的联合提升。通过对射频参数的自主调整实现对热点区域的容量增强。另外,网络在运行过程中若遇到突发故障,也会造成网络的环境变化,在故障区域可能会产生覆盖空洞,严重影响该区域内的用户体验。因此,覆盖与自优化技术也可与自治愈技术相结合,从而有效应对网络故障场景,完成对故障区域的覆盖与容量增强。

7. 故障检测和分析技术

在无线通信网络中，传统的网络故障检测通常需要一定时间及相应的专业人员投入，会消耗大量的人力成本。而随着移动设备以及网络的飞速发展，用户间可随时通过智能终端实现即时互通，移动网络成为大数据存储和流动的载体。利用大数据挖掘分析和云计算的方法，对移动网络内用户的行为信息以及网络异常的统计信息等进行分析和处理，完成基站的网络故障检测和分析并给出相应的处理方案。对不同类型的接入点设置不同的特征值和判决参数，然后根据网络内的信息进行数据处理，提高故障检测效率，实现网络的智能化和自主化管理。

8. 网络中断补偿技术

当检测到网络故障时，需要采取相应的补偿方法来抑制网络性能恶化以保障网络能够满足用户的基本体验。传统的补偿方式是调整周围接入点的无线参数，如天线仰角、功率等，主要从直接扩展相邻接入点的覆盖范围实现中断补偿。然而传统的中断补偿方式仅适用于宏蜂窝网络，而对于大量低功率节点重叠覆盖且采用全向天线的超密集场景不适用。根据网络故障区域内的用户接入点的选择结果，低功率节点则负责保障故障域的数据传输。通过控制面与数据面的分离设计，综合考虑跨层干扰和接入点选择等因素，可以有效提高网络的顽健性和可靠性，提升用户的服务体验。

本 章 小 结

本章主要从无线侧和核心侧着重介绍了 5G 的关键技术。

无线侧的关键技术从内容上分为与波形相关的技术、双工技术、天线技术、与频率相关的技术以及直通技术。

与波形相关的技术首先介绍了正交和非正交波形技术。正交波形介绍了基于 OFDM 的改进型 FBMC、UFMC、GFDM、F-OFDM 多址技术，同时为了适应小数据包传输，提升频谱利用率，又介绍了基于 NOMA 的四种非正交多址技术 PD-NOMA、SCMA、MUSA 和 PDMA，并对各种波形技术的优点和缺点进行了比较。在双工技术方面，介绍了同时同频全双工和灵活全双工技术，5G 新双工技术的应用大大提升了传输效率。在天线技术方面，大规模 MIMO 是 5G 最重要的技术之一，本章重点介绍了大规模 MIMO 的定义、系统架构、工作原理和具体应用。由于 5G 需要大带宽，但是目前在中低频端频率资源短缺，因此毫米波频段是 5G 部署的重点频段，本章介绍了如何解决频率短缺问题的频谱共享技术以及毫米波在 5G 通信上的应用，同时还介绍了毫米波应用后为解决基站分布密集的超密集组网技术。最后介绍了 D2D 技术在 5G 网络中的应用，以及如何与 5G 网络有机融合。

网络侧的关键技术主要介绍了提升 5G 业务服务质量的技术、边缘计算技术以及 SON 技术。

提升 5G 业务质量，可以从资源层次和业务层次入手。网络切片从网络资源的逻辑层次按需对资源进行逻辑通道划分，QoS 则从 PDU 层次保障业务的服务质量。移动边缘计算技术则是边缘计算技术在 5G 上的应用，有助于均衡本地计算和云计算，保障网络负载均衡。SON 技术是自优化、自管理和自愈的网络管理技术，在 5G 网络的建设和运维方面，SON 技术将发挥巨大的作用。

 习　题

1．在波形技术方面，正交波形和非正交波形各有什么优缺点？正交波形适合什么场景？非正交适合什么场景？

2．同时同频全双工和 FDD、TDD 的相同点和不同点是什么？灵活全双工的定义是什么？

3．大规模 MIMO 的定义是什么？大规模 MIMO 的两种架构是什么？

4．简述波束赋形管理的四个步骤。

5．毫米波的传播特性是怎样的？毫米波基站被用在什么场景最能发挥其优势？

6．请简述动态频谱共享的工作原理。

7．请举例说明 D2D 有哪些具体应用。

8．网络切片的定义是什么？请简述网络切片的架构。

9．5G 边缘计算是怎么确定本地计算和远端计算的任务的？

10．请简述 SON 的主要功能。

第 7 章　5G 承载技术

【本章内容】

5G 承载网络是为 5G 无线接入网和核心网提供网络连接的基础网络，它不仅要为这些网络连接提供灵活调度、组网保护和管理控制等功能，还要提供带宽、时延、同步和可靠性等方面的性能保障。本章将基于 5G 承载需求，结合运营商承载网现状和主要特征等，对 5G 承载网络的典型架构、5G 承载网的关键技术，以及 5G 承载网的部署形式、5G 承载技术的未来发展规划进行介绍。

7.1　5G 承载网络需求

前面章节中提到过 5G 的主要应用场景(三大应用场景)，总结三大应用场景的性能要求，包括如下三个方面：

(1) 针对 eMBB 场景的 1 Gb/s 的用户体验速率；

(2) 针对 uRLLC 场景的 ms 级时延；

(3) 针对 mMTC 场景的百万级/km^2 的终端接入。

5G 想要满足以上应用场景的要求，其承载网必须在之前 3G、4G 承载网的基础上进行改造。

5G 承载网需要将地域分布非常广泛的宏站，以及 DU、CU 分离的无线网元与 5G 核心网连接起来，把成千上万的点连接成立体网络。由于 5G 核心网一般位于省内干线或城域网核心机房，因此按照网络规模，5G 承载网首先分成了省内干线和城域网两部分。城域网又可以细分成核心层、汇聚层和接入层等层面。5G 承载网将与 5G 业务网一起支撑提供上述三大类业务应用，获得更好的业务性能体验。从上面的 5G 业务应用场景可以看出，5G 承载网关键性能需求主要体现在更大带宽、超低时延、高精度时间同步等几个方面。更大的带宽主要体现在 5G 前传、中传、回传三部分；对于超低时延的需求主要集中在前传、中传部分；对高精度时间同步，特别是基站间协同如载波聚合，主要集中在前传和中传部分。下面针对 5G 承载网这几方面需求进行详细介绍。

7.1.1　更大带宽需求

带宽是 5G 承载最为基础和关键的技术指标之一。根据 5G 无线接入网结构特性，承载将分为前传(承载 AAU 和 DU 之间的流量)、中传(承载 DU 和 CU 之间的流量)和回传(承载 CU 和核心网之间的流量)三个部分。相比之下，4G 承载网主要指的是回传(eNodeB 到核心网之间的流量)部分。

本小节分别对单基站承载带宽需求、回传带宽需求以及前传和中传带宽需求进行介绍。

1．单基站承载带宽需求

不同设备商的 5G 基站处理能力存在差异，依据 NGMN(Next Generation Mobile Networks，下一代移动通信网络联盟)带宽评估原则，单基站带宽需求如表 7-1 所示。

表 7-1   5G 低频和高频单基站参数及承载带宽需求示例

参　数	5G 低频	5G 高频
频谱资源	3.4 GHz～3.5 GHz，100 MHz 频宽	28 GHz 以上频谱，800 MHz 带宽
基站配置	3 个小区，64T64R	3 个小区，4T4R
频谱效率	峰值 40 b/Hz，均值 7.8 b/Hz(b=bit，下同)	峰值 15 b/Hz，均值 2.6 b/Hz
其他考虑	10%封装开销，5%Xn 流量，1:3 TDD 上下行配比	10%封装开销，1:3 TDD 上下行配比
单小区峰值	100 MHz × 40 b/Hz × 1.1 × 0.75 = 3.3 Gb/s	800 MHz × 15 b/Hz × 1.1 × 0.75 = 9.9 Gb/s
单小区均值	100 MHz × 7.8 b/Hz × 1.1 × 0.75 × 1.05 = 0.675 Gb/s (Xn 流量主要发生于均值场景)	800 MHz × 2.6 b/Hz × 1.1 × 0.75 = 1.716 Gb/s (高频站主要用于补盲补热，Xn 流量已计入低频站)
单站峰值	3.3 + (3 − 1) × 0.675 = 4.65 Gb/s	9.9 + (3 − 1) × 1.716 = 13.33 Gb/s
单站均值	0.675 × 3 = 2.03 Gb/s	1.716 × 3 = 5.15 Gb/s

表 7-1 中：

(1) 单小区峰值带宽 = 频宽 × (1 + 封装开销) × TDD 下行占比；

(2) 单小区均值带宽 = 频宽 × (1 + 封装开销) × TDD 下行占比 × (1 + Xn)；

(3) 单站峰值带宽 = 单小区峰值带宽 × 1 + 单小区均值带宽 × (N − 1)；

(4) 单站均值带宽 = 单小区均值带宽 × N。

由表 7-1 可以看出，5G 低频站的峰值带宽是 4.65 GHz，均值带宽是 2.03 GHz；5G 高频站的峰值带宽是 13.33 GHz，均值带宽是 5.15 GHz。结合光接口成熟度和成本情况分析，5G 低频站将采用 1 个 10GE 接口，5G 高频站和低频高频同站址配置时将采用 2 个 10GE 接口或 1 个 25GE 接口，目前 4G 基站采用 GE 接口，均值带宽不到百兆赫兹，可见单基站的传输带宽需求提升至少 20 倍以上。

2．回传带宽需求

5G 承载网的接入层、汇聚层及核心层的带宽需求和多种因素密切相关，如基站类型、基站密度以及运营商部署策略等，因此带宽的需求也有多种不同场景。

根据单站带宽需求进一步核算了 5G 回传网络的带宽需求，根据三大运营商的调研反馈，结合光纤基础网络和 5G 承载网结构优化，本节总结了两种典型的组网模型，如图 7-1 所示。组网模型 I 是接入和汇聚层均是环网拓扑，核心层是双节点口字形上联模式；组网模型 II 是接入层为环网，汇聚层和核心层均是口字形上联方式。

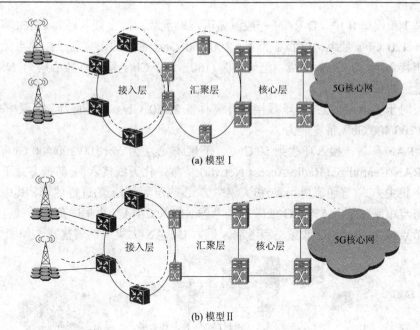

(a) 模型 I

(b) 模型 II

图 7-1 带宽需求估算参考模型

(1) D-RAN 部署：接入环达到 25/50 Gb/s，汇聚/核心层为 $N \times 100/200/400$ Gb/s。

在 D-RAN(Distributed-Radio Access Network，分布式无线接入网)部署方式下，承载的带宽需求按一般场景和热点流量场景进行估算，其中接入环一般场景按照单节点单基站接入，热点流量场景按照单节点双基站(含部分高频站点)接入，如图 7-2 所示。

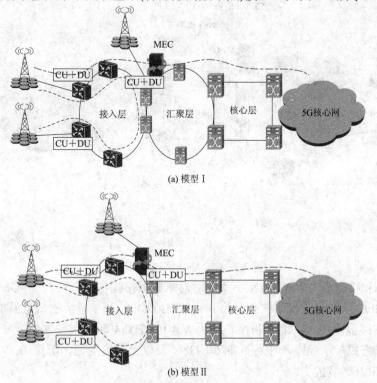

(a) 模型 I

(b) 模型 II

图 7-2 D-RAN 网络参考模型

在模型 I 和模型 II 中，D-RAN 一般流量区域对承载网提出接入环为 20 Gb/s 量级、汇聚层为 60～120 Gb/s 量级、核心层为 $N \times 100/200$ Gb/s 量级的带宽需求；热点流量区域对承载网提出接入环 50 Gb/s 量级、汇聚层为 150～280 Gb/s 量级、核心层为 $N \times 100/200/400$ Gb/s 量级的带宽需求。

因此，对于 D-RAN 方式，承载接入环需具备 25/50 Gb/s 带宽能力，汇聚/核心层需具备 $N \times 100/200/400$ Gb/s 带宽能力。

(2) C-RAN 部署：接入环达到 50 Gb/s，汇聚/核心层为 $N \times 100/200/400$ Gb/s。

在 C-RAN(Centralized Radio Access Network，集中化无线接入网)部署方式下，承载带宽需求按小集中方式(普通流量场景)和大集中方式(热点流量场景)进行估算，其中小集中方式按照单节点单基站接入 5 个 5G 低频站点考虑，归入 C-RAN 小集中部署模式；大集中方式按照单节点接入 20 个 5G 低频站点考虑，归入 C-RAN 大集中部署模式，如图 7-3 所示。

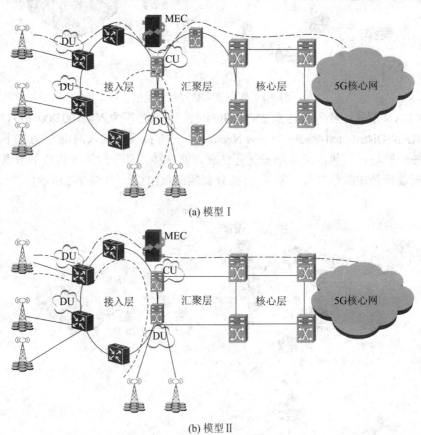

(a) 模型 I

(b) 模型 II

图 7-3 C-RAN 网络参考模型

在模型 I 和模型 II 中，C-RAN 小集中时对承载网络提出接入环为 50 Gb/s(节点数增加后可到 100 Gb/s)量级、汇聚和核心层为 $N \times 100/200/400$ Gb/s 量级的带宽需求；C-RAN 大集中时承载网络提出接入、汇聚和核心层为 $N \times 100/200/400$ Gb/s 量级的带宽需求。因此，对于 C-RAN 方式，承载接入环需具备 50 Gb/s 及以上带宽能力，汇聚/核心层需具备 $N \times 100/200/400$ Gb/s 带宽能力。

综上，核算出来的接入层带宽需求在 19～47 Gb/s 之间，考虑到发展余量，接入环的线路速率为 25/50/100 Gb/s。汇聚/核心层的带宽需求大部分都超过了 100 Gb/s，甚至达到了 1.1 Tb/s 为量级，因此汇聚核心层设备之间需要多个 100/200/400 Gb/s 链路互连。

3. 前传和中传带宽需求

1) 前传

前传的带宽需求与 CU/DU 物理层分割位置密切相关。按照 3GPP 和 CPRI 组织等最新研究进展，DU 和 CU 在物理层底层的分割存在多种方案，典型包括射频到物理层底层分割的选项 8(在物理底层和射频之间分割)，即 CPRI 接口(Common Public Radio Interface，通用公共无线电接口)；物理层的底层到高层的分割选项 7(在物理高层和物理底层之间分割)，其中选项 7 又可进一步细分为选项 7-1 和选项 7-2。

图 7-4 为根据 CU/DU 物理层分割位置的不同，前传、中传、回传的位置差异。

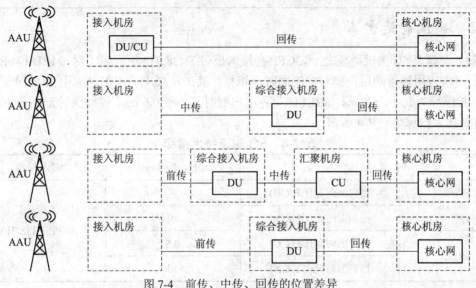

图 7-4　前传、中传、回传的位置差异

参考 3GPP TR38.801 和 3GPP TR38.816，对不同分割方式的前传带宽估算结果见表 7-2。

表 7-2　前传带宽需求评估

CU/DU 分割方式	选项 8(CPRI)	选项 7-1	选项 7-2	选项 6
前传带宽[下行]/(Gb/s)	157.3	113.6	29.3	4.546

注：选项 6 在介质访问控制层和物理高层之间分割。

从评估结果可以看出，前传的带宽需求与 CU 和 DU 物理层分割的位置密切相关，范围为几个 Gb/s 至几百 Gb/s。因此，对于 5G 前传，需要根据实际的站点配置选择合理的承载接口和承载方案，目前业界对于选项 7-2 的关注度较高，即前传将采用大于 10 Gb/s 的接口，即 25 Gb/s、$N \times 25$ Gb/s 速率接口，对应的组网带宽为 25 Gb/s、50 Gb/s、$N \times 25/50$ Gb/s 或 100 Gb/s 等，具体选择取决于技术成熟度和建设成本等多种因素。

2) 中传带宽需求

中传主要实现 DU 和 CU 之间的流量承载，相当于回传网络中接入层的流量带宽需求，在此不再赘述。

综上，5G 承载前传、中传、回传(接入、汇聚、核心)的典型带宽需求相对 4G 增加非常明显，具体见表 7-3。

表 7-3　5G 承载带宽需求评估

承载方式	前　传	中传	回　传
D-RAN	—	—	接入环：25 Gb/s、50 Gb/s； 汇聚/核心：$N \times 100/200/400$ Gb/s
C-RAN	接口：25 Gb/s、$N \times 25$ Gb/s 的 eCPRI、自定义 CPRI 接口等	同回传 接入环	接入环：50 Gb/s 以上； 汇聚/核心：$N \times 100/200/400$ Gb/s
4G	接口：CPRI<10 Gb/s(选项 8)	—	接入环：1 Gb/s 为主，少量 10 Gb/s 汇聚/核心：10 Gb/s 为主，少量 40 Gb/s

7.1.2　超低时延需求

超低时延是 5G 关键特征之一，3GPP 在技术报告 TR38.913 中列出了对 eMBB 和 uRLLC 这两种 5G 应用场景的用户面和控制面时延指标。其中，要求 eMBB 业务用户面时延小于 4 ms，控制面时延小于 10 ms；uRLLC 业务用户面时延小于 0.5 ms，控制面时延小于 10 ms。5G 时延技术指标如表 7-4 所示。

表 7-4　5G 时延技术指标

时　延　类　型		时延指标/ms	参考标准
eMBB	用户面时延(UE-CU)	4	3GPP TR38.913
	控制面时延(UE-CN)	10	
uRLLC	用户面时延(UE-CU)	0.5	
	控制面时延(UE-CN)	10	

目前 5G 规范的时延指标是无线网络与承载网络共同承担的时延要求，为了进一步分析时延与承载之间的关系，图 7-5 为 eMBB 和 uRLLC 两种业务所涉及的时延处理环节分配示意图。

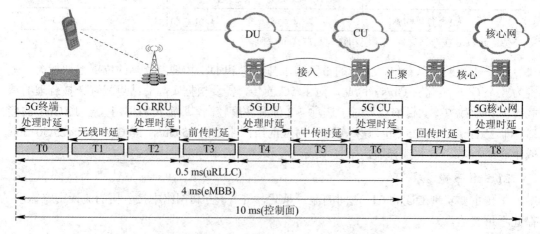

图 7-5　eMBB 和 uRLLC 业务时延处理示意图

时延除了与传输距离有关之外，还与无线设备和承载设备的处理能力密切相关。按照目前 eCPRI(Enhanced-Common Public Radio Interface，增强的通用公共无线电接口)的时延分配，前传时延约为 100 μs 量级，在不考虑节点处理时延的情况下，按光纤传输时延 5 μs/km 计，前传距离将为 10～20 km 量级。目前承载节点的处理时延一般是 20～50 μs 量级，这样在前传网络中需要引入承载设备进行组网时，要尽可能降低节点的时延处理能力，比如在 10 μs 以内或更低。由于光纤传输的时延无法优化，当前承载节点处理时延降低到一定程度以后，进一步优化的必要性不强。例如当节点处理时延降低到 1 μs 量级时，1 km 光纤传输时间相当于 5 个节点处理时间，进一步优化节点时延的意义不大。未来为了进一步支撑 uRLLC 业务的应用与部署，无线网络与承载网络之间的时延分配协同日趋重要。

7.1.3　高精度时间同步

高精度时间同步是 5G 承载的关键需求之一。根据不同技术实现或业务场景，需要提供不同的同步精度。5G 同步需求主要体现在三个方面：基本业务时间同步需求，协同业务时间同步需求和新业务同步需求。

基本业务时间同步需求是所有 TDD 制式无线系统的共性要求，主要是为了避免上、下行时隙干扰。5G 系统根据子载波间隔可灵活扩展的特点，通过在保护周期(GP)中灵活配置多个符号的方式，与 4G TDD 维持相同的基本时间同步需求，即要求不同基站空口间时间偏差优于 3 μs。

协同业务时间同步需求是 5G 高精度时间同步需求的集中体现。5G 系统中将广泛使用的 MIMO、CoMP(Coordinated Multiple Points，多点协同)、CA(Carrier Aggregation，载波聚合)等协同技术对时间同步均有严格的要求。这些无线协同技术通常应用于同一 RRU/AAU 的不同天线，或是共站的两个 RRU/AAU 之间。根据 3GPP 的规范，在不同应用场景下，同步需求可包括 65 ns/130 ns/260 ns/3 μs 等不同精度级别。其中，260 ns 或优于 260 ns 的同步需求绝大部分发生在同一 RRU/AAU 的不同天线下，其可通过 RRU/AAU 相对同步来实现，无需外部网同步。部分百纳秒量级时间同步需求场景(如带内连续 CA)可能发生在同一基站的不同 RRU/AAU 之间，需要基于前传网进行高精度网同步。而备受关注的带内非连续载波聚合以及带间载波聚合则发生在同一基站的不同 RRU/AAU 之间，时间同步需求从最初的 260 ns 降低到 3 μs。

5G 网络在承载车联网、工业互联网等新型业务时，可能需要提供基于 TDOA(Time Difference of Arrival，到达时间差)的基站定位业务。由于定位精度和基站之间的时间相位误差直接相关，这时可能需要更高精度的时间同步需求，比如 3 m 的定位精度对应的基站同步误差约为 10 ns。

总体来看，在一般情况下，5G 系统基站间同步需求仍为 3 μs，与 4G TDD 相同，即同一基站的不同 RRU/AAU 之间的同步需求为 3 μs，少量应用场景可能需要百纳秒量级。另外，基站定位等新业务可能提出更高的时间同步需求。

为了满足 5G 高精度同步需求，需专门设计同步组网架构，并加大同步关键技术研究。在同步组网架构方面，可考虑将同步源头设备下沉，减少时钟跳数，进行扁平化组网；在同步关键技术方面，需重点进行双频卫星、卫星共模共视、高精度时钟锁相环、高精度时戳、单纤双向等技术的研究和应用。

7.2 5G 承载网架构

5G 无线接入网可演进为 CU、DU、AAU 三级结构，与之对应，5G 承载网络也由 4G 时代的回传、前传演进为回传、中传和前传三级新型网络架构。在 CU、DU 合设情况下，则只有回传和前传两级架构。

7.2.1 5G 承载网总体架构

前传网络实现 5G C-RAN 部署场景接口信号的透明传送(D-RAN 场景下，前传无需网络承载)。与 4G 相比，接口速率(容量)和接口类型都发生了明显变化。对应于 5G CU 和 DU 物理层底层功能分割的几种典型方式，前传接口也将由 10 Gb/s CPRI 升级到更高速率的 25 Gb/s eCPRI 或自定义 CPRI 接口等。进行实际网络部署时，前传网络将根据基站数量、位置和传输距离等，灵活采用链形、树形或环网等结构。

中传是面向 5G 新引入的承载网络层次，在承载网络实际部署时城域接入层可能同时承载中传和前传业务。随着 CU 和 DU 归属关系由相对固定向云化部署的方向发展，中传也需要支持面向云化应用的灵活承载。

5G 回传网络实现 CU 和核心网、CU 和 CU 之间等相关流量的承载。考虑到移动核心网将由 4G 的 EPC(Evolved Packet Core，演化包核心，即核心网，演进型分组)发展为 5G 新核心网和 MEC 等，同时核心网将云化部署在省干线和城域网核心的大型数据中心，MEC 将部署在城域汇聚或更低位置的边缘数据中心。因此，城域核心汇聚网络将演进为面向 5G 回传和数据中心互联统一承载的网络。4G 和 5G 承载网架构的对比如图 7-6 所示。另外，承载网络可根据业务实际需求提供相应的保护、恢复等生存性机制，包括光层、L1、L2 和 L3 等，以支撑 5G 业务的高可靠性需求。

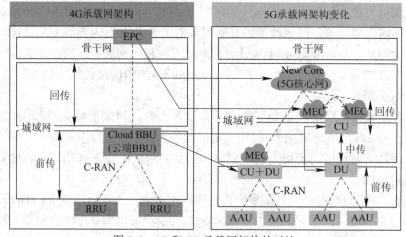

图 7-6 4G 和 5G 承载网架构的对比

满足 5G 承载需求的 5G 承载网络总体架构如图 7-7 所示，主要包括转发平面、协同管控、5G 同步网三个部分。

在此架构下，5G 承载网支持差异化的网络切片服务能力。5G 切片涉及终端、无线、承载和核心网，需要实现端到端协同管控。通过转发平面的资源切片和管理控制平面的切

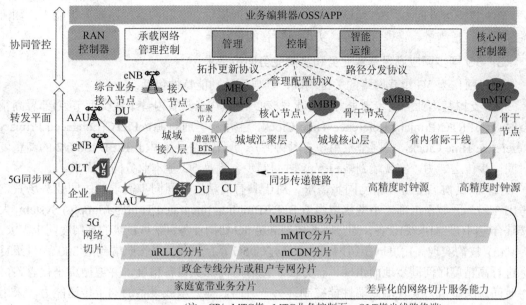

(注：CP/mMTC指mMTC业务控制面；OLT指光线路终端)

图 7-7　5G 承载网总体架构

片管控能力，可为 5G 三大类业务应用、CDN(Content Delivery Network，内容分发网络)网络互联、政企客户专线以及家庭宽带等业务提供所需 SLA(Service-Level Agreement，服务等级协议)保障的差异化网络切片服务能力。

下面针对 5G 承载网的总体架构，对其中的各个层面进行简单介绍。

1. 转发平面应具备分层组网架构和多业务统一承载能力

转发平面是 5G 承载架构的关键组成，其典型的功能特性包括：

(1) 端到端分层组网架构。5G 承载组网架构包括城域网与省内干线两个层面，其中城域网包括接入、汇聚和核心三层架构。接入层通常为环形组网，汇聚层和核心层根据光纤资源情况，可分为环形组网与双上联组网两种类型。

(2) 差异化网络切片服务。在一张承载网络中通过网络资源的软、硬管道隔离技术，为不同服务质量需求的客户业务提供所需网络资源的连接服务和性能保障，为 5G 三大类业务应用、政企专线等业务提供差异化的网络切片服务能力。

(3) 多业务统一承载能力。5G 承载可以基于新技术方案进行建设，也可以基于 4G 承载网进行升级演进。除了承载 4G/5G 无线业务之外，政企专线业务、家庭宽带的 OLT 回传、移动 CDN 以及边缘数据中心之间互联等，也可统一承载，兼具 L0～L3 技术方案优势，充分发挥基础承载网络的价值。

2. 管理控制平面需支持统一管理、协同控制和智能运维能力

5G 承载的管理控制平面应具备面向 SDN 架构的管理控制能力，提供业务和网络资源的灵活配置能力，并具备自动化和智能化的网络运维能力，具体功能特性包括：

(1) 统一管理能力。采用统一的多层多域管理信息模型，实现不同域的多层网络统一管理。

(2) 协同控制能力。基于 Restful(基于 Rest 架构的 API 接口)的统一北向接口实现多层多域的协同控制，实现业务自动化和切片管控的协同服务能力。

(3) 智能运维能力。5G 承载的管理控制平面应提供业务和网络的监测分析能力，如流量测量、时延测量、告警分析等，实现网络智能化运维。

3．5G 同步网应满足基本业务和协同业务同步需求

同步网作为 5G 承载网络的关键构成，其典型的功能特性包括：

(1) 支撑基本业务同步需求。在城域网核心节点(优选与省内骨干线交汇节点)部署高精度时钟源 PRTC(Primary Reference Time Clock，主用参考时钟源)/ePRTC(Enhanced Primary Reference Time Clock，增强型主用参考时钟源)，承载网络具备基于 IEEE 1588v2 的高精度时间同步传送能力，实现端到端±1.5 μs 时间同步，满足 5G 基本业务同步需求。

(2) 满足协同业务高精度同步需求。对于具有高精度时间同步需求的协同业务场景，考虑在局部区域下沉部署小型化增强型 BITS(Building Integrated Timing (Supply) System，大楼综合定时(供给)系统)设备，通过跳数控制满足 5G 协同业务百纳秒量级的高精度同步需求。

(3) 按需实现高精度同步组网。对于新建的 5G 承载网络，可按照端到端 300 ns 量级目标进行高精度时间同步地面组网。一方面，提升时间源头设备精度，并遵循扁平化思路，将时间源头下沉，实现端到端性能控制；另一方面，提升承载设备的同步传送能力，采用能有效减少时间误差的链路或接口技术。

7.2.2　5G 承载网转发面架构

转发平面是 5G 承载网架构的关键组成，本节对 5G 承载网的转发平面架构进行介绍。

5G 承载网络分为省干线和城域网两大部分，城域网接入层主要为前传 Fx 接口的 CPRI/eCPRI 信号、中传 F1 接口以及回传的 N2(信令)和 N3(数据)接口提供网络连接；城域网的汇聚和核心层以及省干线层面不仅要为回传提供网络连接，还需要为部分核心网元之间的 N4、N6 及 N9 接口提供网络连接，如图 7-8 所示。其中 N6 是 UPF 与 DN 之间的接口，通过此接口访问外部网络。

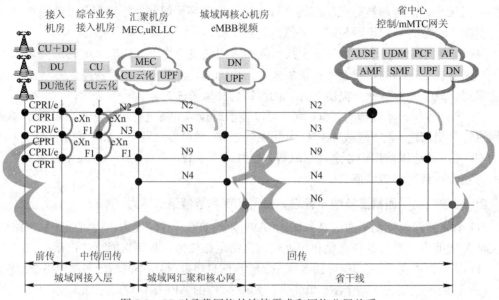

图 7-8　5G 对承载网络的连接需求和网络分层关系

　　5G 无线接入网在建设初期主要采用 gNB 宏站以及 CU 和 DU 合设模式；在 5G 规模建设阶段，将采用 CU 和 DU 分离模式，并实施 CU 云化和 C-RAN 大集中建设模式。

　　5G 承载网络涉及的无线接入网和部分核心网的参考点及其连接需求如表 7-5 和表 7-6 所示。

表 7-5　5G 无线接入网的参考点和连接需求

RAN 逻辑参考点	说　明	时延指标	承载方案	典型接口
Fx	AAU 与 DU 之间的参考点	<100 μs	L0/L1	CPRI: $N \times 10$ Gb/s 或 1 个 100 Gb/s 等 eCPRI: 25GE 等
F1	DU 和 CU 之间的参考点	<4 ms	L1/L2	10GE/25GE
Xn	gNB(DU 和 CU)和 gNB 之间的参考点	<4 ms	L2/L2+L3	10GE/25GE
N2	(R)AN 和 AMF 之间的参考点	<10 ms	L3/L2+L3	10GE/25GE 等（与实际部署相关）
N3	(R)AN 和 AMF 之间的参考点	eMBB: <10 ms uRLLC: <5 ms V2X: <3 ms	L3/L2+L3	10GE/25GE 等（与实际部署相关）

表 7-6　5G 核心网与承载网相关的部分参考点和连接需求

核心网参考点	说　明	协议类型	时延指标	承载方案	典型接口
N4	SMF 和 UPF 之间的参考点	UDP/PFCP	交互时延：ms 级	L3	待定
N6	UPF 和数据网络(DN)之间的参考点	IP	待研究	L3	待定
N9	两个核心 UPF 之间的参考点	GTP/UDP/IP	单节点转发时延：50～100 μs；传输延时：取决于距离	L3	待定
注：核心网元之间的典型接口类型与运营商核心网实际部署相关。					

　　为 5G 网络提供灵活连接的承载网络转发面组网架构如图 7-9 所示，该架构可实现多层级承载网络、灵活化连接调度、层次化网络切片、4G/5G 混合承载以及低成本高速组网等关键功能特性。

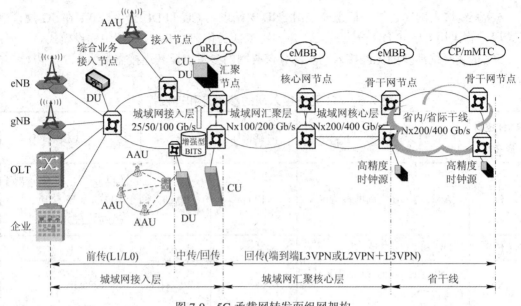

图 7-9　5G 承载网转发面组网架构

5G 承载网络的网络分层、客户接口和线路接口分析如表 7-7 所示。

表 7-7　5G 承载网分层组网架构和接口分析

网络分层	城域网接入网		城域网汇聚层	城域网核心层/干线
	5G 前传	5G 回传	5G 回传+DCI	5G 回传+DCI
传输距离	<10/20 km	<40 km	<40~80 km	<40~80 km/几百 km
组网拓扑	星形为主，环网为辅	环网为主，少量为链形或星形链路	环网或双上联链路	环网或双上联链路
客户接口	eCPRI: 25GE CPRI: $N \times 10/25$ Gb/s 或 1×100 Gb/s	5G 初期: 10GE/25GE 规模商用: $N \times 25GE/50GE$	5G 初期: 10GE/25GE 规模商用: $N \times 25GE/50GE /100GE$	5G 初期: 25GE/50GE/100GE 规模商用: $N \times 100GE/400GE$
线路接口	10/25/100 Gb/s 灰光或 $N \times 25/50$ Gb/s WDM 彩光	25/50/100 Gb/s 灰光或 $N \times 25/50$ Gb/s WDM 彩光	100/200 Gb/s 灰光或 $N \times 100$ Gb/s WDM 彩光	200/400 Gb/s 灰光或 $N \times 10/200/400$ Gb/s WDM 彩光

采用 C-RAN 进行集中化部署的目的，就是为了实现统一管理调度资源，提升能效，也可以进一步实现虚拟化。

7.3　5G 承载网技术方案

下面根据 5G 承载网的分段结构，对 5G 承载网的前传、中传和回传方案进行详细介绍。

7.3.1　5G 前传技术方案

1. 5G 前传典型场景

5G 前传主要有 D-RAN 和 C-RAN 两种场景，其中 C-RAN 又可细分为 C-RAN 小集中和 C-RAN 大集中两种部署模式。4G 时期，所谓分布和集中，是指 BBU 的分布或集中；5G 时期，是指 DU 的分布或集中。这种集中还分为"小集中"和"大集中"。C-RAN 大集中一般需要 CU 云化和 DU 池化集中部署来支撑实现，如图 7-10 所示。

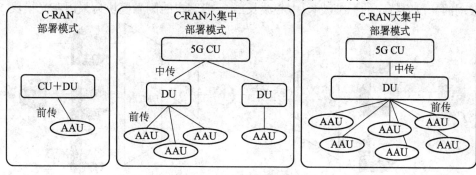

图 7-10　5G 前传部署场景

D-RAN 场景相对简单，AAU 和 DU 一般分别部署在塔上和塔下；C-RAN 场景对应的拉远距离通常在 10 km 以内。考虑成本和维护便利性等因素，5G 前传将以光纤直连为主，局部光纤资源不足的地区，可通过设备承载方案作为补充。

2. 5G 前传技术方案

5G 前传技术方案包括光纤直连、无源 WDM(Wavelength Division Multiplex，波分复用)、有源 WDM/OTN(Optical Transport Network，光传送网)等。考虑到基站密度的增加和潜在的多频点组网方案，光纤直驱需要消耗大量光纤，某些光纤资源紧张的地区难以满足光纤需求，需要设备承载方案作为补充。

下面对这几种前传技术方案进行介绍。

1) 光纤直连方式

每个 AAU 与 DU 之间全部采用光纤点到点直连组网，如图 7-11 所示。这种方式实现起来很简单，但是光纤资源占用很多。随着 5G 基站、载频数量的急剧增加，对光纤的使用量也激增。所以，光纤资源比较丰富的区域可以采用此方案。

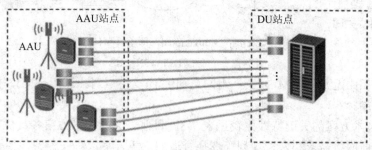

图 7-11　光纤直连方式

2) 无源 WDM 方式

将彩光模块安装到 AAU 和 DU 上，通过无源设备完成 WDM 功能，利用一对或者一根光纤提供多个 AAU 到 DU 的连接，如图 7-12 所示。什么是彩光模块？即光复用传输链路中的光电转换器，也称为 WDM 波分光模块。不同中心波长的光信号在同一根光纤中传输是不会互相干扰的，所以彩光模块实现将不同波长的光信号合成一路来进行传输，大大减少了链路成本。

和彩光(Colored)相对应的是灰光(Grey)。灰光也叫白光或黑白光。它的波长在某个范围内是波动的，没有特定的标准波长(中心波长)。一般客户的侧光模块会采用灰光模块。

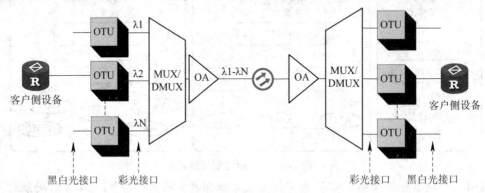

(注：MUX为复用器；DMUX为解复用器；OA为光放大器)

图 7-12　无源 WDM 方式

采用无源 WDM 方式，虽然节约了光纤资源，但是也存在着运维困难、不易管理、故障定位较难等问题。

3) 有源 WDM/OTN 方式

在 AAU 站点和 DU 机房中配置相应的 WDM/OTN 设备，多个前传信号通过 WDM 技术共享光纤资源，如图 7-13 所示。

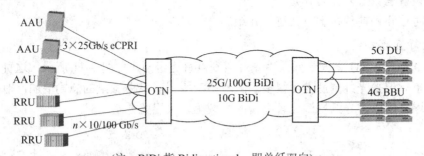

(注：BiDi 指 Bidirectional，即单纤双向)

图 7-13　有源 WDM/OTN 方式

这种方案相比无源 WDM 方案，组网更加灵活(支持点对点和组环网)，同时光纤资源消耗并没有增加。

5G 前传技术方案的关键特性比较见表 7-8。目前可选的技术方案各具优缺点，具体部署需根据运营商网络需求和未来规划等选择合适的承载方案。

表 7-8　5G 前传典型方案比较

项目	光纤直连	无源 WDM	有源 WDM/OTN
拓扑结构	点到点	点到点	全拓扑：环带链/环形/星形
AAU 出彩光	否	是	否
CPRI/cCPRI 拉远	否	是	是
网络保护	否	否	是(L0/L1)
性能监控	否	否	是(L0/L1)
远端管理	否	否	是(L0/L1)
光纤资源	消耗多	消耗少	消耗少
网络成本(注：与前传网络规模相关)	低	中	高

7.3.2　5G 中回传技术方案

1. 5G 中回传承载需求

5G 中回传承载网络方案的核心功能要满足多层级承载网络、灵活化连接调度、层次化网络切片、4G/5G 混合承载以及低成本高速组网等承载需求，支持 L0~L3 层的综合传送能力，可通过 L0 层(光波长传送层)波长、L1 层(数据链路层)TDM(Time Division Multiplex，时分复用)通道、L2 和 L3 层(分组转发层)分组隧道来实现层次化网络切片，具体需求如下：

(1) L2/L3 层分组转发层技术。该技术为 5G 提供灵活连接调度和统计复用功能，主要通过 L2 和 L3 的分组转发技术来实现，包括以太网、MPLS-TP(Multi-Protocol Label Switching Transport Profile，面向传送的多协议标签交换)和新兴的 SR(Segment Routing，段路由)等技术。

(2) L1 层 TDM 通道层技术。TDM 通道技术不仅可以为 5G 三大类业务应用提供支持硬管道隔离、OAM、保护和低时延的网络切片服务，并且具备为高品质的政企和金融等专线提供高安全性和低时延服务的能力。

(3) L0 层光层大带宽技术。5G 和专线等大带宽业务需要 5G 承载网络具备 L0 的单通路高速光接口和多波长的光层传输、组网和调度能力。为更好适应 5G 和专线等业务综合承载需求，我国运营商提出了多种 5G 承载技术方案，主要包括 SPN(Slicing Packet Network，切片分组网络)、M-OTN(Mobile-optimized OTN，面向移动承载优化的 OTN)、IPRAN(Internet Protocol Radio Access Network，基于 IP 的无线接入网)增强+光层三种技术方案。其技术融合发展趋势和共性技术占比越来越高，在 L2 和 L3 层均需支持以太网、MPLS-TP 等技术，在 L0 层均需要具备低成本高速灰光接口、WDM 彩光接口和光波长组网调度等能力；差异主要体现在 L1 层是基于 OIF(光互联网论坛)的 FlexE(Flexible Ethernet，灵活以太网)技术、IEEE 802.3 的以太网物理层还是 ITU-T G.709 规范的 OTN 技术，L1 层 TDM 通道是基于切片以太网还是基于 OTN 的 ODUflex(Optical channel Data Unit flex，灵活的光通道数据单元)，具体技术方案比较见表 7-9。

表 7-9　5G 承载中的回传典型技术方案

网络分层	主要功能	SPN	M-OTN	IPRAN 增强+光层
业务适配层	支持多业务映射和适配	L1 专线、L2VPN、L3VPN、CBR 业务	L1 专线、L2VPN、L3VPN、CBR 业务	L2VPN、L3VPN
L2 和 L3 分组转发层	为 5G 提供灵活连接调度、OAM、保护、统计复用和 QoS 保障能力	Ethernet VLAN MPLS -TP SR-TP/SR-BE	Ethernet VLAN MPLS -TP SR-TP/SR-BE	Ethernet VLAN MPLS -TP SR-TP/SR-BE
L1 TDM 通道层	为 5G 三大类业务及专线提供 TDM 通道隔离、调度、复用、OAM 和保护能力	切片以太网通道	ODUk(k=0/2/4 flex)	待研究
L1 数据链路层	提供 L1 通道到光层的适配	FlexE 或 Ethernet PHY	OTUk 或 OTUCn	FlexE 或 Ethernet PHY
L0 光波长传送层	提供高速光接口或多波长传输、调度和组网	灰光或 DWDM 彩光	灰光或 DWDM 彩光	灰光或 DWDM 彩光

表 7-9 中,SPN 方案主要应用于中国移动,M-OTN 方案主要应用于中国电信,而 IPRAN 增强+光层方案主要应用于中国联通。下面分别进行介绍。

2. 切片分组网络技术

切片分组网络是中国移动在承载 3G/4G 回传的分组传送网络(PTN)技术基础上,面向 5G 和政企专线等业务承载需求,融合创新提出的新一代切片分组网络技术方案。

中国移动的 4G 承载网是基于 PTN(Packet Transport Network,分组传送网)的。而 SPN 基于以太网传输架构,继承了 PTN 传输方案的功能特性,并在此基础上进行了增强和创新。SPN 就是在以太网上"升级"一个光接口,可以充分利用现在非常成熟的以太网生态链实现比较高的性价比。中国移动非常看好 SPN,并竭尽全力推动 SPN 的标准立项,还大力扶持 SPN 上下游产业链的发展。在其努力下,SPN 技术发展很快,产业链也日趋完整。面向 5G 承载的 SPN 组网架构如图 7-14 所示。

SPN 具备前传、中传和回传的端到端组网能力,通过 FlexE 接口和 SE(Slicing Ethernet,切片以太网)通道支持端到端网络硬切片,并下沉 L3 功能至汇聚层甚至综合业务接入节点来满足动态灵活连接需求;在接入层引入 50GE(Giga bit Ethernet,千兆以太网),在核心和汇聚层根据带宽需求引入 100 Gb/s、200 Gb/s 和 400 Gb/s 彩光方案。对于 5G 前传,在接入光纤丰富的区域主要采用光纤直驱方案,在接入光纤缺乏且建设难度高的区域,拟采用低成本的 SPN 前传设备承载。

SPN 网络分层架构包括 SPL(Slicing Packet Layer,切片分组层)、SCL(Slicing Channel Layer,切片通道层)和 STL(Slicing Transport Layer,切片传送层)三个层面,此外还包括实现高精度时频同步的时间/时钟同步功能模块、实现 SPN 统一管控的管理/控制功能模块,如图 7-15 所示。

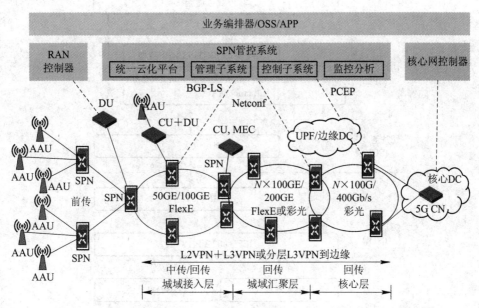

(注：BGP-LS，边界网关链路状态协议；Netconf，网络配置；PCEP，路径计算单元通信协议；
　　 UPF，用户面功能；OSS，运营支撑系统；APP，应用程序)

图 7-14　面向 5G 承载的 SPN 组网架构

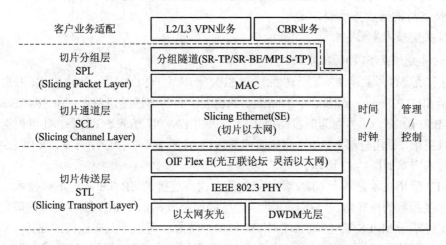

(注：SR-TP/SR-BE/MPLS-TP: 面向传送的段路由/尽力而为的段路由/面向传送的多协议标签交换)

图 7-15　SPN 网络协议分层架构

图 7-15 中的 CBR(Constant Bit Rate，恒定比特速率)业务特指 CES(Circuit Emulation Service，电路仿真业务)、CEP(Circuit Emulation over Packet，包交换网络中的电路仿真)、CPRI、eCPRI 业务。

SPN 网络支持 CBR 业务、L2VPN(Layer 2 Virtual Private Network，二层虚拟专用网)和 L3VPN(Layer 3 Virtual Private Network，三层虚拟专用网)等业务，可根据应用场景需要灵活选择业务映射路径，如图 7-16 所示。

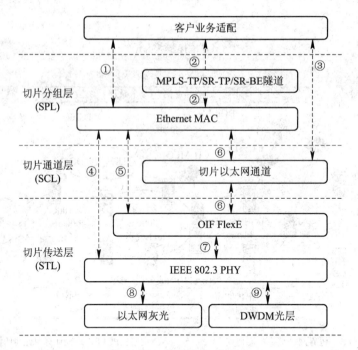

图 7-16　SPN 业务路径映射

图 7-16 中，①/②+④+⑧路径是兼容 PTN 的多业务承载方案，①/②/③+⑤/⑥+⑦+⑧/⑨是 SPN 支持的新业务承载方案。

SPN 关键技术主要包括：

1) 切片分组层(SPL)的段路由技术

为了满足 5G 承载的 L3 灵活转发需求，SPN 采用基于 SDN 管控架构的 SR 隧道扩展技术，包括 SR-TP(Segment Routing-Transport Profile，面向传送的段路由) 和 SR-BE(Segment Routing-Best Effort，尽力而为的段路由)技术，采用 L3VPN 承载 5G 业务，并可根据网络规模和运维需求，采用分层 L3VPN 到边缘或 L2VPN+L3VPN 两种应用方案，其中 L3VPN 到边缘的技术方案如图 7-17 所示。

SR-TP 隧道技术是基于 SDN 集中管控的、面向连接的 SR-TE 隧道增强技术。通过在 SR-TE 邻接标签的栈底增加一层标志业务连接的通路段标识(Path SID)实现双向隧道能力。SR-TP 支持基于 MPLS-TP 的端到端 OAM 和保护能力，适用于面向连接的业务承载。

SR-BE 隧道是通过 IGP 协议自动扩散 SR 节点标签生成的，可在 IGP 域内生成全互联的隧道连接。SPN 网络支持通过网管或控制器集中分配节点标签。SR-BE 隧道使用 TI-LFA(Topology Independent Loop-Free Alternate，拓扑无关的无环路替代链路保护机制)，适用于面向无连接的 eX2(增强型 X2 接口)等业务承载。

2) 切片通道层(SCL)的切片以太网技术

切片以太网(SE)技术基于原生以太内核扩展以太网切片能力，既完全兼容以太网，又避免报文经过 L2/L3 存储查表，提供确定性低时延、硬管道隔离的 L1 通道组网能力，如图 7-18 所示。

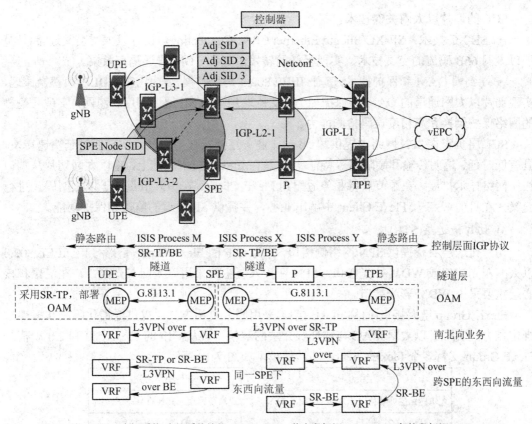

(注：ISIS，中间系统-中间系统协议；Node SID，节点段标识；Adj SID，邻接段标识；
VRF，虚拟路由转发协议；SPE，上层运营商边界设备；IGP，内部网关协议；
ISIS Process X，ISSI进程X；ISIS Process M，ISSI进程M；依次类推)

图 7-17　SPN 的分层 L3VPN 应用方案

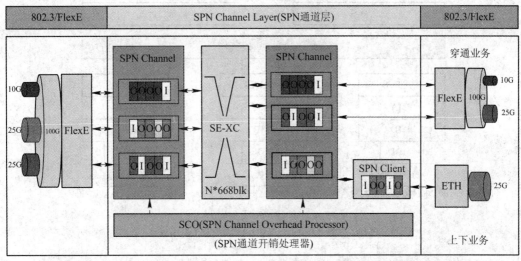

(注：SE-XC，切片以太网交叉连接；SCO，切片分组网络通道开销处理器；SPN Channel Layer，SPN通道层；
SCO(SPN Channnel Overhead Processor)，SPN通道开销处理器；SPN Client，SPN客户端；ETH，以太网；
图中10 G、25 G、100 G均指Gb/s)

图 7-18　切片以太网通道技术

SCL 的切片以太网关键技术包括：

· SE-XC 技术：SE-XC(Slicing Ethernet Cross-Connecting，切片以太网交叉连接)是基于以太网 66B 码流的交叉技术，实现极低的转发时延和 TDM 管道隔离效果。

· 端到端 OAM 和保护技术：基于 IEEE 802.3 码块扩展，采用空闲(IDLE)帧替换原理，实现切片以太网通道的 OAM 和保护能力，支持端到端的 SE 通道调度和组网，实现几毫秒的网络保护倒换和高精度误码检测能力。

SCL 层负责在 SPN 网络中提供端到端 L1 业务连接或在中间节点实现低时延快速转发，具有低时延、透明传输和硬隔离等特征。SE 是在 FlexE 技术基础上，将以太网切片从端口级向网络技术扩展，在源节点将业务适配到 FlexE Client，在中间节点基于以太网码流进行交叉，在目的节点从 FlexE Client 中解出业务，并提供 SE 通道的监控和保护功能。

3) 切片传送层(STL)技术

切片传送层负责提供 SPN 网络侧接口，分为 OIF 的 FlexE Group 链路接口、IEEE 802.3 以太网灰光接口或 WDM 彩光接口。SPN 在接入层主要采用以太网灰光接口，在汇聚和核心层主要采用 WDM 彩光接口。

FlexE Group 链路接口(简称 FlexE 接口)采用时分复用方式，提供通道化隔离和多端口绑定能力，实现了以太网 MAC 与物理媒介层的解耦，遵从 OIF 的 FlexE 1.0 和 2.0 规范。FlexE Group 支持多个 FlexE Client，其功能模型如图 7-19 所示。

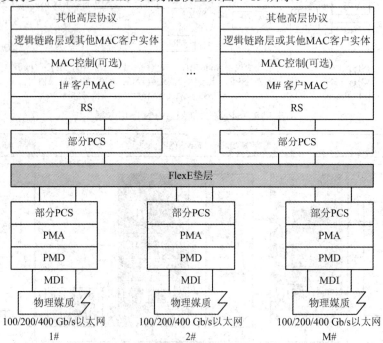

(注：PMA，物理介质连接；PMD，物理介质关联层接口；
PCS，物理编码子层；MID，介质相关接口)

图 7-19　FlexE Group 链路功能模型

3. 面向移动承载优化的 OTN 技术

综合考虑 5G 承载和云专线等业务需求，中国电信融合创新提出了 M-OTN 技术方案。

电信之所以会选择 M-OTN,和电信拥有非常完善和强大的 OTN 光传送网络有很大关系。电信的优势是固网宽带,具有丰富的光传输网基础设施,带宽资源也非常充足。OTN 作为以光为基础的传送网技术,具有的大带宽、低时延等特性,可以无缝衔接 5G 承载需求。而且 OTN 经多年发展,技术稳定可靠,并有成熟的体系化标准支撑。对电信来说,可以在已经规模部署的 OTN 现网上实现平滑升级,既节省建设成本,又省时有效。其组网架构如图 7-20 所示。

· 数据转发层:基于分组增强型 OTN 设备,进一步增强 L3 路由转发功能,并简化传统 OTN 映射复用结构、开销和管理控制的复杂度,降低设备成本,降低时延,实现带宽灵活配置;支持 ODUflex+FlexO 提供灵活带宽能力,满足 5G 承载的灵活组网需求。

· 控制管理层:引入基于 SDN 的网络架构,提供 L1 硬切片和 L2/L3 软切片,按需承载特定功能和性能需求的 5G 业务。在业务层面,各种 L2VPN、L3VPN 统一到 BGP 协议(Border Gateway Protocol,边界网关协议),通过 EVPN(Ethernet VPN,基于以太网的 VPN,是基于 BGP 和 MPLS 的 L2VPN)实现业务控制面的统一和简化。隧道层面通过向 SR 技术演进,实现隧道技术的统一和简化。

· 网络切片承载:为支持 5G 网络端到端切片管理需求,M-OTN 传送平面支持在波长、 ODU、VC(Virtual Container,虚容器)这些硬管道上进行切片,也支持在以太网和 MPLS-TP 分组的软管道上进行切片,并且与 5G 网络实现管控协同,按需配置和调整。

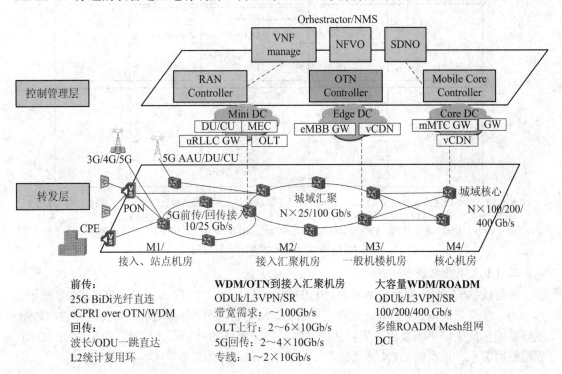

(注:NFVO,网络虚拟化编排;VNF,虚拟网络功能;SDNO,软件定义网络编排;vCDN,虚拟内容分发网络;RAN Controller,无线接入网络控制器;OTN Controller,光传送网控制器;Mobile Core Controller,移动核心网控制器;Mini DC,小型数据中心;Edge DC,边缘数据中心;Core DC,核心数据中心;Orhestractor/NMS,可编排/网络管理系统)

图 7-20　基于 M-OTN 的 5G 承载组网架构

M-OTN 的关键技术主要包括下述三个方面:

1) L2 和 L3 分组转发技术

OTN 支持 L3 协议的原则是按需选用,并尽量采用已有的标准协议,包括 OSPF、IS-IS、MP-BGP、L3VPN、BFD 等。M-OTN 在单域应用时优先采用 ODU 单级复用结构,即客户层信号映射到 ODUflex,ODUflex 映射至 FlexO 或 OTU(Optical Transform Unit,光转换单元)。M-OTN 使用标准的信令和路由协议,根据实际业务需要在业务建立、OAM 和保护方面按需选择不同的协议组合。

M-OTN 网络协议分层架构如图 7-21 所示。

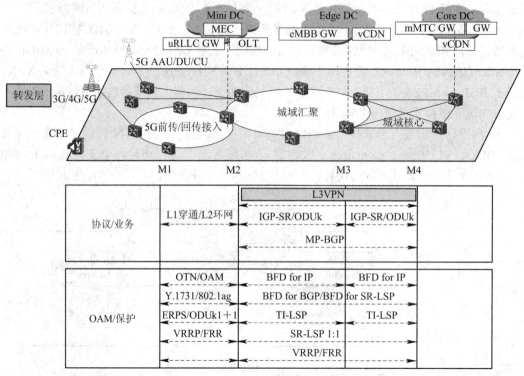

		L3VPN		
协议/业务	L1穿通/L2环网	IGP-SR/ODUk	IGP-SR/ODUk	
		MP-BGP		
OAM/保护	OTN/OAM	BFD for IP	BFD for IP	
	Y.1731/802.1ag	BFD for BGP/BFD for SR-LSP		
	ERPS/ODUk1+1	TI-LSP	TI-LSP	
	VRRP/FRR	SR-LSP 1:1		
		VRRP/FRR		

(注: IGP-SR,基于段路由的内部网关协议;SR-LSP,基于段路由的标签交换路径;ERPS,以太网多环保护技术;
FRR,快速重路由;MP-BGP,扩展的边界网关协议;TI-LSP,拓扑无关的标签交换路径;
BFD for IP,IP双向转发检测;VRRP,虚拟路由冗余协议;BFD for BGP,BGP双向转发检测)

图 7-21　M-OTN 网络协议分层架构

2) L1 通道转发技术

采用成熟的 ODU 交叉技术,通过 ODUflex 提供 $n \times 1.25$ Gb/s 灵活带宽的 ODU 通道。

为了实现低成本、低时延、低功耗的目标,M-OTN 是面向移动承载优化的 OTN 技术,主要特征包括采用单级复用、更灵活的时隙结构、简化的开销等。同时,为了满足 5G 承载的组网需求,现有的 OTN 体系架构中需引入新的 25 Gb/s 和 50 Gb/s 等接口。

3) L0 光层组网技术

由于城域网的传输距离较短,因此 M-OTN 在 L0 光层组网的主要目标是降低成本,以满足 WDM/OTN 部署到网络接入层的需求。在核心层,考虑引入低成本的 $N \times 100/200/400$ Gb/s WDM 技术。在汇聚层,考虑引入低成本的 $N \times 25/100$ Gb/s WDM 技术。

4．IPRAN &光层技术方案

IPRAN 是业界主流的移动回传业务承载技术，在国内运营商的网络上被大规模应用，在 3G 和 4G 时代发挥了卓越的作用，运营商也积累了丰富的经验。但是现有 IPRAN 技术并不满足 5G 要求，所以联通将该技术升级至 IPRAN 2.0，也就是增强 IPRAN。

IPRAN 2.0 在端口接入能力、交换容量方面有了明显的提升。此外，在隧道技术、切片承载技术、智能维护技术方面也有很大的改进和创新。

基于光层及 IPRAN 的 5G 承载组网架构如图 7-22 所示，包括城域核心、汇聚和接入的分层结构，具体方案特点如下：

(1) 核心、汇聚层由核心节点和汇聚节点组成，采用 IPRAN 系统承载，核心、汇聚节点之间采用口字形对接结构。

(2) 接入层由综合业务接入节点和末端接入节点组成。综合业务接入节点主要进行基站和宽带业务的综合接入，包括 DU/CU 集中部署、OLT 等；末端接入节点主要接入独立的基站等。接入节点之间的组网结构主要为环形或链形，接入节点以双节点方式连接至一对汇聚节点。接入层可选用 IPRAN 或 PeOTN(Packet Enhanced OTN，分组增强型 OTN)系统来承载。

(3) 前传以光纤直驱方式为主(含单纤双向)，当光缆纤芯容量不足时，可采用城域接入型 WDM 系统方案(G.metro，该标准主要规范了基于低成本可调谐光模块的波长自适应单纤双向接入 WDM 系统)。

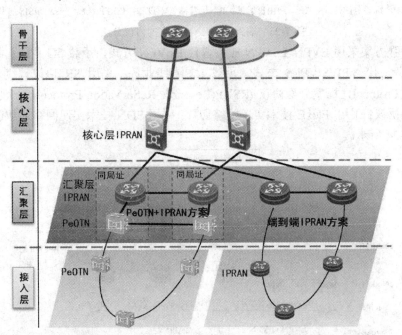

图 7-22　基于光层及 IPRAN 的 5G 承载组网架构

(4) 中传和回传部分包括两种组网方式：端到端 IPRAN 组网和 IPRAN+PeOTN 组网。

① 端到端 IPRAN 方案。

IPRAN 方案可分为基础承载方案和功能增强方案。基础承载方案采用较为成熟的 HoVPN(Hierarchy of VPN，分层 VPN)方案承载 5G 业务，如图 7-23 所示。目前各设备商较

新平台设备均支持三层到边缘；L2 专线业务采用分段 VPWS(Virtual Private Wire Service，虚拟专线业务)/VPLS(Virtual Private Lan Service，虚拟专网业务)方式承载；采用 VPN+DSCP(Differentiated Services Code Point，差分服务代码点)满足业务差异化承载需求。IGP 协议采用 IS-IS(Intermediate System-to-Intermediate System，中间系统到中间系统)协议，并将核心汇聚层和接入层分成不同的进程，核心汇聚层配置为 Level-2，每个接入环为一个独立 IS-IS 区域/进程，与核心汇聚实现路由隔离，核心设备兼做 RR(Route Reflector，路由反射器)。BGP 配置 FRR(Fast ReRoute，快速重路由)，核心和汇聚设备路由形成 VPN FRR。

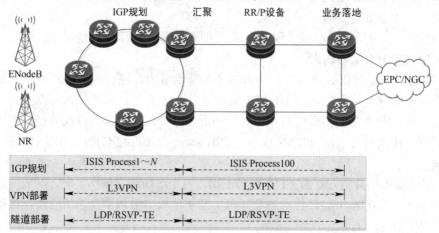

(注：LDP，标签分配协议；RR，路由反射器；P，运营商骨干设备；ISIS Process 1~N：ISIS 进程 1~N)

图 7-23　端到端 IPRAN 方案的协议分层

功能增强方案采用 EVPN L3VPN 业务替代 HoVPN 方式，承载 5G 业务；采用 EVPN L2VPN 业务替代 VPWS/VPLS 方式，承载 L2 专线业务；采用 SR 协议替代 LDP(Label Distribution Protocol，标签分配协议)/RSVP(Resource ReSerVation Protocol，资源预留协议)作为隧道层协议；采用 FlexE 技术实现网络切片；采用 SDN 技术实现网络的智能运维与管控。如图 7-24 所示。

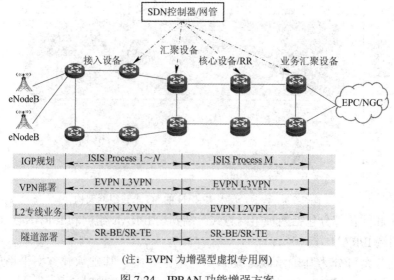

(注：EVPN 为增强型虚拟专用网)

图 7-24　IPRAN 功能增强方案

基于 IP 的 SR 转发技术规范大部分还处于草稿阶段，兼容性和互通性需要进一步研究。SR 可与传统 MPLS 技术共存，对硬件的要求与 MPLS 基本相同，多数设备可通过软件升级支持，可以在合适的阶段引入。

② IPRAN + PeOTN 方案。

该组网模式中，核心、汇聚层 IPRAN 的相关配置与基于端到端 IPRAN 组网方案保持一致，在汇聚接入层配置 PeOTN 设备，通过 UNI 接口与 IPRAN 设备对接，如图 7-25 所示。

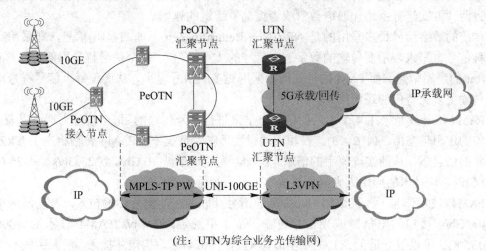

(注：UTN为综合业务光传输网)

图 7-25　IPRAN + PeOTN 方案的网络分层架构

7.4　5G 承载关键技术

从整体上来看，5G 承载网从上到下可分为 5 层，分别是业务适配层、L2 和 L3 分组转发层、L1 TDM 通道层、L1 数据链路层、L0 光波长传送层，如图 7-26 所示。

图 7-26　5G 承载网分层结构

中国移动、中国电信、中国联通分别有自己的 5G 承载网主推方向，即 SPN、M-OTN、增强 IPRAN。这些 5G 的承载技术在不同的层次上都发展了一些关键技术，下面按照层次进行介绍。

7.4.1 PAM4

首先是物理层，即光层。对于 5G 来说，该层的主要作用就是提供单通路高速光接口，还有多波长的光层传输、组网和调度能力。因为光纤在数据传输方面的巨大优势，所以各大运营商都会采用光纤光接口作为自己的物理传输媒介。

在物理层，PAM4(Four-Level Pulse Amplitude Modulation，4 级脉冲幅度调制)是 PAM 调制技术的一种，它是一种"翻倍"技术。对于光模块来说，如果想要实现速率提升，可以通过两种方式进行：增加通道数量或者提高单通道的速率。

传统的数字信号最多采用的是 NRZ(Non-Return-to-Zero，非归零码)信号，即采用高、低两种信号电平来表示要传输的数字逻辑信号的 1、0 信息，每个信号符号周期可以传输 1 比特(bit)的逻辑信息。而 PAM 信号则可以采用更多的信号电平，从而使每个信号符号周期可以传输更多比特位的逻辑信息。

PAM4 信号就是采用 4 个不同的信号电平来进行信号传输的，每个符号周期可以表示 2 个比特的逻辑信息(0、1、2、3)。在相同通道物理带宽情况下，PAM4 传输相当于 NRZ 信号两倍的信息量，从而实现速率的倍增。例如，光层从单波 10 Gb/s 到 25 Gb/s，从 25 Gb/s 到 50 Gb/s。该技术的应用大大降低了成本，具有很强的实用性。

PAM4 技术作为下一代数据中心中高速信号互联的热门信号传输技术，被广泛应用于 200/400 Gb/s 接口的电信号或光信号传输。基于单通道 50 Gb/s PAM4 技术的 400GE/200GE/50GE 可以很好适配 5G 对网络成本以及性能的诉求，构筑从接入、汇聚到核心网的最优解决方案。

7.4.2 FlexE

物理层之上是 L1 数据链路层，数据链路层的作用是提供 L1 通道到光层的适配。其中的 FlexE 技术较为重要。

FlexE 即灵活以太网。简单来说，它就是把多个物理端口进行"捆绑合并"，形成一个虚拟的逻辑通道，以支持更高的业务速率。

FlexE 技术在以太网技术的基础上实现了业务速率和物理通道速率的解耦，即物理接口速率不必再等于客户业务速率，可以灵活地设置为其它速率。

FlexE 通过在以太网的 L2(MAC 层)/L1 PHY(Physical Layer，物理层)基础上引入 FlexE Shim 层(垫层)，实现了 MAC 层与 FlexE Group/PHY 层解耦，如图 7-27 所示。

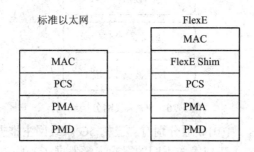

图 7-27　标准以太网和 FlexE Shim 层的对比

FlexE Shim 把 FlexE Group 中的每个 100GE PHY 划分为 20 个时隙的数据承载通道，每个时隙所对应的带宽为 5 Gb/s。FlexE Client 原始数据流中的以太网帧以 Block 原子数据块(为 64/66B 编码的数据块)为单位进行切分，这些原子数据块可以通过 FlexE Shim 实现在 FlexE Group 中的多个 PHY 与时隙之间的调度。

而 Client/Group 架构则可以支持任意多个不同子接口(FlexE Client)在任意一组 PHY(FlexE Group)上的映射和传输，从而实现 FlexE 的捆绑、通道化及子速率等功能。也就是说 FlexE Client 理论上也可以按照 5 Gb/s 速率颗粒度进行任意数量的组合，从而达到接口速率的灵活多变。因此，简单来讲，FlexE =标准以太网+时隙调度(Shim)。

例如，客户业务速率是 400 Gb/s，但设备物理通道端口是 25GE、100GE 或其它速率。那么，通过端口捆绑和时隙交叉技术，就能轻松实现业务带宽 25 Gb/s→50 Gb/s→100 Gb/s→200 Gb/s→400 Gb/s→xTb/s 的逐步演进。捆绑是为了满足更高速率业务的接入而使用的技术，比如通过 4 路 100GE PHY 来实现 400 Gb/s 速率，如图 7-28 所示。

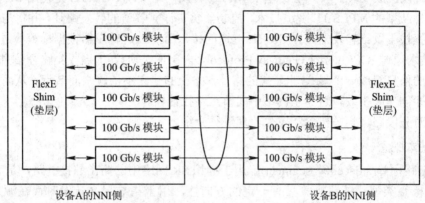

图 7-28　400 Gb/s 的 FlexE Group 功能示例

FlexE 完成协议支持三种通用的能力：

(1) 绑定：支持一个 200 Gb/s MAC 基于两个绑定的 100 Gb/s 物理层通道，它的优点是支持高容量、长波长传输；

(2) 速率划分：支持 50 Gb/s MAC 基于 100 Gb/s 物理通道传输，它的优点是提高网络速率；

(3) 物理层交通分导：支持一个 150 Gb/s 和两个 25 Gb/s MACs 基于两个绑定的 100 Gb/s BASE-R PHYs 传输，它的优点是更简洁，能提供更多可测量服务管理。

采用 FlexE，因为当前的高速率物理接口的成本还是比较高，所以可以有助于解决高速物理通道性价比不高的问题。

除了 FlexE，在电信的 5G 承载方案中，提到了 FlexO(Flex OTN，灵活光传送网)技术。FlexO 的逻辑其实和 FlexE 很像，就是拆分、映射、绑定、解绑定、解映射、复用，以此规避光模块的物理限制以及成本过高的问题。

简而言之，FlexE 是用在 PTN 网络的，用于处理以太网信号；FlexO 是用在 OTN 网络的，用于处理 OTUCn 信号。两者的共同点就是都是通过多端口绑定实现大颗粒度信号的传输。

7.4.3　SR

SR 即分段路由，是目前承载网中非常受关注的一项技术，由思科提出，是一种源路由机制。它是一种新型的 MPLS(Multi-Protocol Label Switching，多协议标签转换)技术，源自 MPLS，又有了更多的创新和升级。

传统 IP 网络中，路由技术是不可管理、不可控制的。IP 逐级转发，每经过一个路由器都要进行路由查询(可能涉及多次查找)，速度缓慢，这种转发机制不适合大型网络。而 MPLS 是通过事先分配好的标签，为报文建立一条 LSP(Label Switching Path，标签交换路径)，在通道经过的每一台设备处，只需要进行快速的标签交换即可(一次查找)，从而节约了处理时间。MPLS 处理速度更快，效率更高，更适合大容量网络。

SR 是一种新型的 MPLS 技术，灵活性更高，开支更少，效率更高。其中控制平面基于 IGP 路由协议扩展实现，转发层面基于 MPLS 转发网络实现。SR-TE 是使用 SR 作为控制信令的一种新型的 MPLS TE 隧道技术，控制器负责计算隧道的转发路径，并将与路径严格对应的标签栈下发给转发器，在 SR-TE 隧道的接入节点上，转发器根据标签栈进行转发。

SR 技术通过 IGP(Interior Gateway Protocol，内部网关协议)扩展收集路径信息，源节点根据收集的信息组成一个显式/非显式的路径，路径的建立不依赖中间节点，从而使得路径在源节点即创建即生效，避免了网络中间节点路径计算。

下面对分段路由相关概念和工作原理进行介绍。

1. 基本概念

(1) 链路标签(adjacency segment)：用于标识 SR 网络中的路由邻接链路，是 SR-TE 主要使用的标签类型。链路标签具有一定的方向性，用于指导报文转发时仅在源节点本地有效。

(2) 标签栈：标签栈是标签排序的集合，用于表示一条完整的 LSP。标签栈中的每一个链路标签标识一条具体的链路，整个标签栈从栈顶到栈底依次标识了整条 LSP 路径的所有链路。在报文转发的过程中，根据标签栈栈顶的链路标签查找对应的链路，并将标签弹出后转发，将标签栈中的所有链路标签弹出后，报文就走完了整条 LSP，到达 SR-TE 隧道的目的地。

(3) 粘连标签和粘连节点：当标签栈深度超过转发器所支持的标签深度时，一个标签栈无法携带整条 LSP 的链路标签，则需要将整条路径分为多个标签栈携带，并通过一种特殊的标签将相邻的标签栈粘连在一起，多个标签栈首尾相连，从而标识一条完整的 LSP。这种特殊的标签就叫作粘连标签，粘连标签所在的节点就叫作粘连节点。控制器为粘连节点分配粘连标签，将粘连标签压入 LSP 上游标签栈的栈底，并将粘连标签与相邻的下游标签栈相关联。与链路标签不同，粘连标签不能标识链路。当报文根据 LSP 上游标签栈转发至粘连节点时，根据粘连标签与下游标签栈的关联关系，用新的标签栈替换该粘连标签，继续指导报文在 LSP 下游的转发。

2. 标签分配方式

1) IS-IS 分配

转发器的 IGP 协议(目前仅支持 IS-IS 协议)分配标签，并将分配的标签上报给控制器。

标签分配过程如图 7-29 所示。

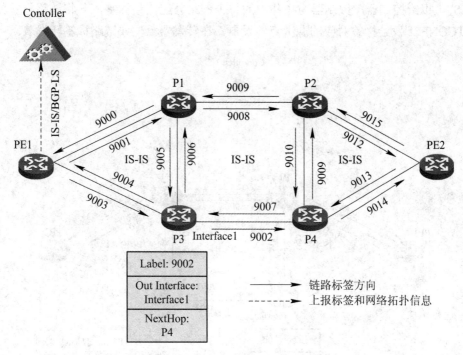

(注：Controller，控制器；Interface1，接口 1；Label，标签；OUT Interface，外出接口；NextHop，下一跳)

图 7-29　基于 IS-IS 协议的标签分配过程

在转发器 PE1、P1、P2、P3、P4 和 PE2 上分别使能 IS-IS SR 能力，相互之间建立 IS-IS 邻居。对于具有 SR 能力的 IS-IS 实例，会对所有使能 IS-IS 协议的出接口分配 SR 链路标签。链路标签通过 IS-IS 的 SR 协议扩展，泛洪到整个网络中。

以 P3 设备为例，IS-IS 分配标签的具体过程如下：

(1) P3 的 IS-IS 协议为其所有链路申请本地动态标签(例如 P3 为链路 P3→P4 分配链路标签 9002)。

(2) P3 的 IS-IS 协议发布链路标签，泛洪到整个网络。

(3) P3 上生成链路标签对应的标签转发表。

网络中的其它设备的 IS-IS 协议学习到 P3 发布的链路标签，但是不生成标签转发表。

PE1、PE2、P1、P2、P4 按照 P3 的方式分配和发布链路标签，生成链路标签对应的标签转发表。当在一个或多个转发器与控制器之间配置 IS-IS 或者 BGP-LS(BGP Link-state，基于链路状态的 BGP)协议时，建立了邻居关系，IS-IS 或者 BGP-LS 引入带有 SR 标签信息的拓扑，向控制器上报。

2) 控制器分配

标签分配由控制器完成，转发器提供 NETCONF 接口，控制器通过 NETCONF 下发 SR 标签给转发器。

如图 7-30 所示，各转发器上使能 IS-IS SR 能力，相互之间建立 IS-IS 邻居；控制器与转发器之间建立 IS-IS 邻居或者 BGP-LS 邻居。IS-IS 协议收集网络拓扑后，通过 IS-IS 或者 BGP-LS 上报给控制器。控制器为拓扑中的每个链路分配链路标签，并将链路标签信息通过 NETCONF 下发给标签对应的源节点转发器，在转发器上生成链路标签转发表。

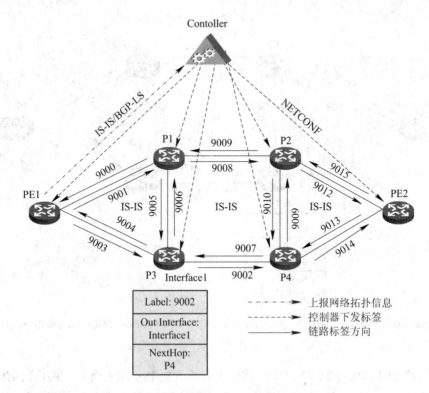

图 7-30　基于控制器的标签分配过程

3. SR-TE 数据转发

1) 转发原理

转发器上根据 SR-TE 隧道 LSP 对应的标签栈，对报文进行标签操作，并根据栈顶标签逐跳查找转发出接口，指导数据报文转发到隧道目的地址。与 MPLS 基本转发过程类似，SR-TE 的标签操作类型包括标签栈压入(Push)、粘连标签与标签栈交换(Swap)和标签弹出(Pop)。

Push：当报文进入 SR-TE 隧道时，入节点设备在报文二层首部和 IP 首部之间插入一个标签栈；或者根据需要(例如 LDP over SR-TE 场景)，在 MPLS 报文的标签栈顶增加一个新的标签栈。

Swap：当报文在粘连节点转发时，栈顶的标签为粘连标签，根据粘连标签与标签栈的关联关系，用新的标签栈替换该粘连标签。

Pop：当报文在 SR-TE 隧道中转发时，根据栈顶的标签查找转发出接口之后，将栈顶的标签剥掉。

2) 转发过程

以图 7-31 为例，说明 SR-TE 的数据转发过程。

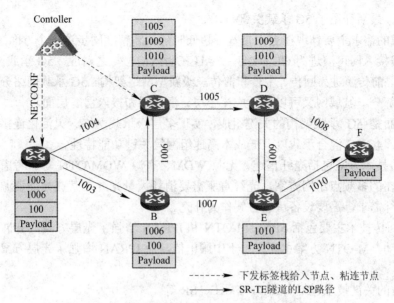

下发标签栈给入节点、粘连节点

SR-TE隧道的LSP路径

(注：Payload 指有效载荷)

图 7-31 SR-TE 的数据转发过程

如图 7-31 所示，控制器计算出 SR-TE 隧道路径为 A→B→C→D→E→F，对应 2 个标签栈{1003，1006，100}和{1005，1009，1010}，分别下发给入节点 A 和粘连节点 C。其中，100 为粘连标签，与标签栈{1005，1009，1010}相关联；其他为链路标签。

表 7-10 SR-TE 数据报文转发过程

步 骤	设 备	操 作
1	入节点 A	入节点 A 为数据报文添加标签栈{1003，1006，100}，然后根据栈顶的标签 1003 匹配链路，找到对应的转发出接口为 A→B 链路，之后将标签 1003 弹出。报文携带标签栈{1006，100}，通过 A→B 链路向下游节点 B 转发
2	中间节点 B	中间节点 B 收到报文后，根据栈顶的标签 1006 匹配链路，找到对应的转发出接口为 B→C 链路，之后将标签 1006 弹出。报文携带标签栈{100}，通过 B→C 链路向下游节点 C 转发
3	粘连节点 C	粘连节点 C 收到报文后，识别出栈顶的标签 100 为粘连标签，将粘连标签 100 交换为与其关联的标签栈{1005，1009，1010}，然后根据新的栈顶的标签 1005 匹配链路，找到对应的转发出接口为 C→D 链路，之后将标签 1005 弹出。报文携带标签栈{1009，1010}，通过 C→D 链路向下游节点 D 转发
4	中间节点 D、E	节点 D、E 收到报文后，以与中间节点 B 相同的方式继续转发，直到节点 E 弹出最后一个标签 1010，数据报文转发至节点 F
5	出节点 F	出节点 F 收到的报文不带标签，通过查找路由表继续转发

本 章 小 结

本章主要介绍了 5G 承载网的网络需求、网络架构，以及 5G 承载网前传、中传和回传的技术方案，最后介绍了 5G 承载关键技术。

    5G 承载的需求主要体现在更大带宽、超低时延和高精度同步这三个方面。

    5G 无线接入网可演进为 CU、DU、AAU 三级结构，与之对应，5G 承载网络也由 4G 时代的回传、前传演进为回传、中传和前传三级新型网络架构。5G 承载网络分为省干线和城域网两大部分，城域网又可以细分成核心层、汇聚层和接入层等层面。

    转发平面是 5G 承载架构的关键组成，实现多层级承载网络、灵活化连接调度、层次化网络切片、4G/5G 混合承载以及低成本高速组网等关键功能特性。

    5G 前传技术方案包括光纤直连、无源 WDM、有源 WDM/OTN 等。考虑到基站密度的增加和潜在的多频点组网方案，光纤直驱需要消耗大量光纤，某些光纤资源紧张的地区难以满足光纤需求，需要设备承载方案作为补充。

    5G 中/回传技术主要包括 SPN、M-OTN 和 IPRAN 增强 + 光层方案，SPN 方案主要应用于中国移动，M-OTN 方案主要应用于中国电信，而 IPRAN 增强 + 光层方案主要应用于中国联通。

    5G 承载的关键技术包括 PAM4、FlexE、SR 等。

 习　题

    1. 请列出 5G 承载网的主要网络需求。

    2. 移动通信技术从 4G 到 5G 的发展过程中，接入网和承载网有哪些主要的变化？

    3. 5G 前传的主要技术包括哪些？

    4. 5G 回传的主要技术包括哪些？

    5. 5G 承载网有哪些关键技术？

    6. 目前 5G 承载的技术方向主要有哪几种？

第 8 章　5G 网络部署

【本章内容】

　　5G 网络的部署有两种方式，NSA 和 SA，目前运营商主要采取的是 NSA 部署方式。本章主要解析了 NSA 和 SA 两种部署方式以及它们之间的不同点，并重点介绍了 NSA 组网的关键技术——双连接技术。本章还介绍了中国三大运营商和中国广电的 5G 频率分配情况。接下来本章重点介绍了无线接入网和核心网的部署细节，在接入网部署方面，按照不同的业务需求，以及 CU 和 DU 的不同位置，介绍了多种场景下的无线接入网部署情况；在核心网部署方面，主要介绍了虚拟化技术和云化技术下的核心网部署框架。

8.1　5G NSA 组网和 SA 组网

8.1.1　5G 组网方式的演进

　　2017 年 12 月 2 日，3GPP 5G NSA(Non-Standalone，非独立组网)标准第一个版本正式冻结。2018 年 6 月 13 日，3GPP 5G NR 标准 SA(Standalone，独立组网)方案在 3GPP 第 80 次 TSG RAN 全会正式完成并发布，标志着首个真正完整意义的国际 5G 标准正式出炉。

　　根据 3GPP 的规划，5G 标准分为 NSA 和 SA 两种。其中，5G NSA 组网方式需要使用 4G 基站和 4G 核心网，以 4G 作为控制面的锚点，满足激进运营商利用现有 LTE 网络资源，实现 5G NR 快速部署的需求。

　　NSA 作为过渡方案，主要以提升热点区域带宽为目标，没有独立信令面，依托 4G 基站和核心网工作，标准制定进展相对快些。同时，NSA 的 5G 性能和能力也会大打折扣，另外，实现 5G 的 NSA，需要对现有 4G 网络进行升级，这对现网性能和平稳运行有一定影响，需要运营商关注。

　　SA 是采用崭新设计思路的全新架构，在引入全新网元与接口的同时，还将大规模采用网络虚拟化、软件定义网络等新技术。5G 独立组网可以降低对现有 4G 网络的依赖性，更好地支持 5G 大带宽、低时延和大连接等各类业务，并可根据场景提供定制化服务，满足各类用户的业务需求，大力提升客户体验。

8.1.2　NSA 和 SA 组网解析

　　NSA 指的是使用现有的 4G 基础设施进行 5G 网络的部署。基于 NSA 架构的 5G 基站仅承载用户数据，其控制信令仍通过 4G 网络传输，运营商可根据业务需求确定升级站点和区域，不一定需要完整的连片覆盖。

　　SA 指的是新建 5G 网络，包括新基站、回程链路以及核心网。SA 引入了全新网元与接口的同时，还将大规模采用网络虚拟化、软件定义网络等新技术，并与 5G NR 结合，同时其协议开发、网络规划部署及互通互操作所面临的技术挑战将超越 3G 和 4G 系统。

　　在 NAS 和 SA 的部署中，根据信令面和数据面的承载方式以及核心网的选择，NAS 和 SA 又被细化成 10 种方式，如图 8-1 所示。

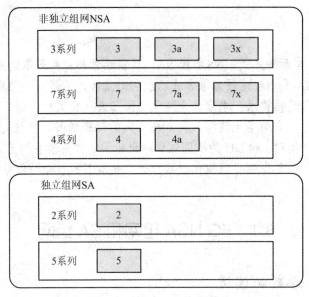

图 8-1　SA 和 NAS 组网细分

1. 选项 3 系列

　　在选项 3 系列中，终端同时连接到 5G NR 和 4G LTE，控制面锚定于 4G LTE，沿用 4G 核心网。选项 3 如图 8-2 所示。

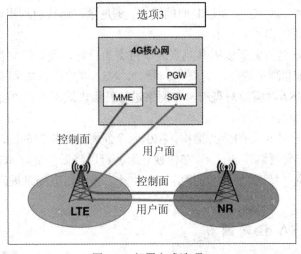

图 8-2　部署方式选项 3

选项 3 的特点如下：

(1) 5G 基站的控制面和用户面均锚定于 4G LTE 基站；

(2) 5G 基站不直接与 4G 核心网通信，它通过 4G LTE 基站连接到 4G 核心网；

(3) 4G 和 5G 数据流量在 4G LTE 基站处分流后再传送到手机终端；

(4) 4G LTE 基站和 5G NR 基站之间的 Xx 接口需同时支持控制面和 5G 数据流量，以及支持流量控制，并要求满足时延需求。

选项 3a 如图 8-3 所示，它和选项 3 的差别在于，4G 和 5G 数据流量不再通过 4G LTE 基站分流和聚合，而是用户面各自直通 4G 核心网，仅控制面锚定于 4G LTE 基站。

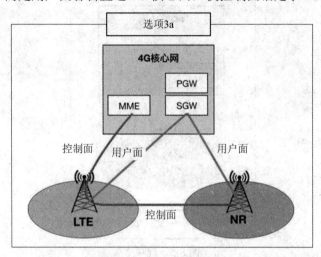

图 8-3 部署方式选项 3a

选项 3x 如图 8-4，可以看成是选项 3 和选项 3a 的合体。在选项 3x 下，控制面依然锚定 4G，但在用户面 5G NR 基站连接 4G 核心网，用户数据流量的分流和聚合也在 5G NR 基站处完成，要么直接传送到终端，要么通过 X2 接口将部分数据转发到 4G LTE 基站再传送到终端。

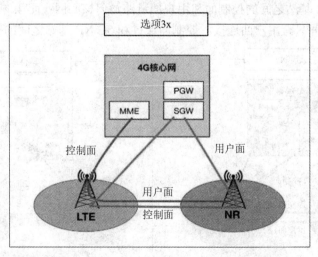

图 8-4 选项 3x

选项 3x 架构面向未来，它既解决了选项 3 架构下 4G 基站的性能瓶颈问题，无需对原有的 4G 基站进行硬件升级，也解决了选项 3a 架构下 4G 和 5G 基站各自为阵的问题。

对于一些低速数据流，比如 VOLTE(Voice Over Long-Term Evolution，长期演进语音承载)，还可以从 4G 核心网直接传送到 4G 基站。目前为止，大多数运营商选择了选项 3x。

2. 选项 2

选项 2 如图 8-5 所示，就是 5G 基站与 5G 核心网独立组网，5G 基站和 5G 核心网同时部署。

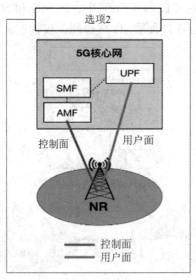

图 8-5　选项 2

3. 选项 4

选项 4 系列包括 4 和 4a 两个子选项，见图 8-6 和 8-7。在选项 4 系列下，4G LTE 基站和 5G NR 基站共用 5G 核心网，5G NR 基站为主站，4G LTE 基站为从站。选项 4 和选项 4a 的区别在于：在 4 模式下，4G LTE 基站和 5G LTE 核心网之间没有任何连接，4G LTE 基站通过和 5G NR 基站之间的控制面和用户面链路访问核心网；而 4a 模式下，4G LTE 基站和 5G 核心网之间只有用户面连接，控制面通过和 5G NR 基站之间的链路访问核心网。

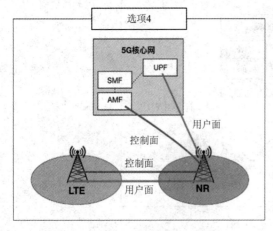

图 8-6　选项 4

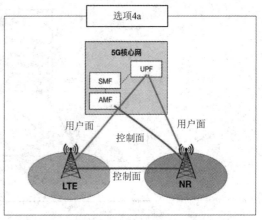

图 8-7　选项 4a

选项 4 系列要求有一个全覆盖的 5G 网络，因此采用小于 1GHz 频段来部署 5G 的运营商可以选择这种部署方式，比如在中国使用 700 MHz 频率部署 5G 网络的中国广电。

4．选项 5

选项 5 如图 8-8，它将 4G 基站连接到 5G 核心网，与选项 7 类似，但没有与 5G NR 的双连接，这种模式适合 5G 网络基本部署完成，并且对 4G LTE 基站进行了升级的情况。

5．选项 7

把 3 系列组网方式里面的 4G 核心网替换成 5G 核心网，这就是 7 系组网方式。

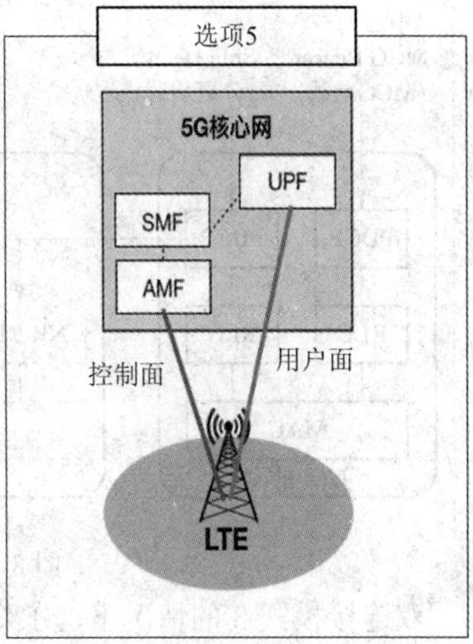

图 8-8　选项 5

8.1.3　双连接技术

1．双连接的概念

在 NSA 组网方式中，双连接是一个非常重要的概念，离开了双连接 NSA 是无法部署的。双连接的基本原理是让一部手机连接到无线接入网中的两个(或多个)节点(基站)，其中一个是主节点，负责无线接入的控制面，即负责处理信令或控制消息；而另一个(或多个)节点为辅助节点，仅负责用户面，即负责承载数据流量。

3GPP Release-14 在 LTE 双连接技术基础上，定义了 LTE 和 5G 的双连接技术。5G 网络的部署是一个渐进的过程，早期可以在现有 LTE 网络的基础上部署 5G 热点，将 5G 无线系统连接到现有的 LTE 核心网中，以实现 5G 系统的快速部署和方案验证。5G 核心网建成之后，5G 系统就可以实现独立组网，这种情况下虽然 5G 可以提供更高速的数据业务和更高的业务质量，但是在某些网络覆盖不足的地方，仍然可以借助 LTE 系统来提供更好的网络覆盖。针对这种多样的 5G 部署场景，3GPP Release-14 定义了多种可能的 LTE/5G 双连接模式：3/3a/3x、4/4a 和 7/7a/7x。

在 LTE/5G 双连接模式 3/3a/3x 的场景下，协议架构如图 8-9 所示，LTE 和 5G 基站都连接在 LTE 核心网上，LTE eNB 总是作为主 eNB(即 MeNB)，5G gNB 作为从 eNB(即 SeNB)，LTE eNB 和 5G gNB 通过 Xx 接口互连。控制面上 S1-C 终结在 LTE eNB，LTE 和 5G 之间的控制面信息通过 Xx-C 接口进行交互。用户面在不同的双连接模式下有不同的用户面协议架构。数据面无线承载可以由 MeNB 或者 SeNB 独立服务，也可以由 MeNB 和 SeNB 同时服务。仅由 MeNB 服务时称为 MCG 承载(MCG 是由 MeNB 控制的服务小区组)，仅由 SeNB 服务时称为 SCG 承载(SCG 是由 SeNB 控制的服务小区组)，如图 8-9 中模式 3a，同时由 MeNB 或者 SeNB 服务时称为分离承载和 SCG 分离承载，如图 8-9 中的模式 3 和模式 3x。

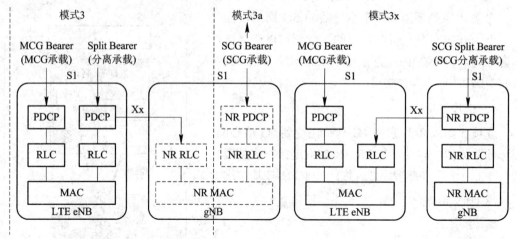

图 8-9 双连接模式 3/3a/3x 协议架构

双连接模式 3 的情况下，分离式承载建立在 MeNB，即 LTE eNB 上，通过分离式承载，PDCP 包可以经 Xx 接口转发到 gNB 的 RLC 层，也可以直接通过本地 RLC 发送给终端。模式 3a 会在 MeNB 和 SeNB 分别建立承载，数据在核心网侧分离，这种模式对 MeNB 和 SgNB 的 PDCP 层不会产生影响。模式 3x 下，分离式承载建立在 SgNB 即 5G gNB 侧，5G gNB 可以通过 Xx 接口将 PDCP 包转发给 LTE eNB，也可以直接通过本地的 NR RLC 进行传输。

随着 5G 核心网的部署，一种可能的 LTE 和 5G 融合方式是将演进的 LTE(eLTE)eNB 连接到 5G 核心网上。这种场景下，根据 MeNB 是 eLTE eNB 还是 5G gNB，3GPP 定义了两种不同的 LTE/5G 双连接模式。一种模式是 5G gNB 作为 MeNB，称为模式 4/4a，其协议架构如图 8-10 所示。另一种模式是以 eLTE eNB 作为 MeNB，称为模式 7/7a/7x，其协议架构如图 8-11 所示。双连接模式 7/7a/7x 和双连接模式 3/3a/3x 在协议架构上很相似，区别在于核心网是 5G 核心网还是 LTE 核心网。

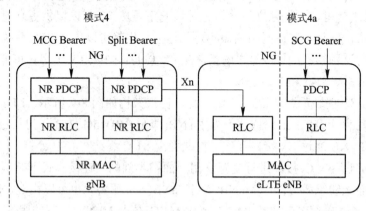

图 8-10 模式 4/4a 的协议架构

3GPP 定义了多种 LTE/5G 双连接模式，一方面为运营商的网络部署，特别是 LTE 和 5G 的融合组网带来了更多的灵活性，另一方面也增加了基站实现的复杂度。大多数设备厂商会按照不同运营商 5G 网络部署的路标选择要支持的双连接模式，并逐步演进。

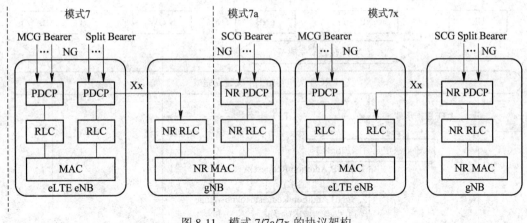

图 8-11　模式 7/7a/7x 的协议架构

2．双连接工作流程

双连接的建立有多种触发条件，在 NSA 组网模式 3 下，如何触发双连接的建立过程是由作为 MeNB 的 LTE eNB 来决定的，合理的双连接建立触发机制决定了双连接的最终性能。从实现的角度来看，一般主要有以下几种双连接建立触发机制：

1）SgNB 盲添加终端

终端接入 LTE 后，LTE eNB 根据终端上报的 UE 能力，如是否支持 LTE/5G 双连接，邻区列表中是否有支持 LTE/5G 双连接的 5G 小区，以及和这些 5G 小区的 Xx 链路状态来决定是否为该终端添加 SgNB。如果终端支持 LTE/5G 双连接，而且 LTE 小区配置了支持 LTE/5G 双连接的 5G 邻区，且 Xx 链路状态是通的，就触发双连接建立过程为该终端添加一个 SgNB。

2）基于邻区测量报告的 SgNB 添加

终端接入 LTE 后，如果满足 SgNB 盲添加条件，LTE eNB 会给终端配置一个测量事件来触发终端对 5G 邻区进行测量。LTE eNB 根据终端上报的测量结果，选择满足条件的 5G 邻区进行 SgNB 添加。这种添加方式能够保证选择的 SgNB 给终端提供更稳定可靠的双连接服务。SgNB 添加过程如图 8-12 所示。其具体流程如下：

eNB 和 gNB 之间的 Xx 接口建立完成，UE 和 MME 之间的 RRC 连接和初始上下文建立完成，UE 建立和 S-GW 之间的数据承载完成。此时，如果 eNB 决定添加 SgNB 作为双连接承载数据业务，则：

(1) eNB 向 gNB 发起 SgNB Addition Request(辅节点添加请求)消息，请求添加 gNB 基站为辅节点；

(2) gNB 给 eNB 回复 SgNB Addition Request Ackknowledge(辅节点添加请求确认)消息，确认收到辅节点添加请求消息；

(3) eNB 向 UE 发送 RRC Connection Reconfiguration(RRC 连接重配置)消息，要求重新建立 RRC 信令；

(4) 之后 UE 接入 5G 小区，UE 给 eNB 回复 RRC Connection Reconfiguration Complete (RRC 连接重配置完成)消息，确认 RRC 重新配置完成；

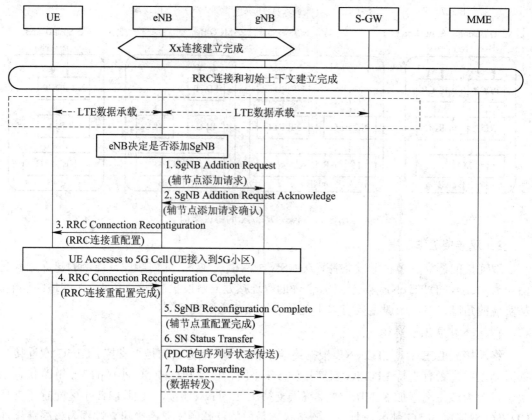

图 8-12　SgNB 添加过程

(5) eNB 给 gNB 发送 SgNB Reconfiguration Complete(辅节点重配置完成)消息,确认辅节点重配置完成;

(6) eNB 向 gNB 发送 SN Status transfer(PDCP 包序列号状态传送)消息,让 gNB 获得 PDCP 包的序列号,以便按照序列号的位置开始收发数据;

(7) eNB 给 S-GW 发送 Data Forwarding 消息,进入数据传送过程。

3) 基于流量的 SgNB 添加

根据终端测量上报的结果,LTE eNB 会把满足 SgNB 添加条件的 5G 邻区保存下来。然后根据终端的流量或者待调度的数据量来决定是否添加 SgNB。如果某个终端待调度数据量超过一定的门限,LTE eNB 可以针对该终端选择一个最好的 5G 邻区发起 SgNB 添加流程。这种基于流量的 SgNB 添加方式只会给有需要的终端进行 SgNB 的添加,可以降低 Xx 接口上的信令负载。

上述三种 SgNB 添加方式各有优缺点。SgNB 盲添加的方式实现简单,但可能会将信号质量不够好的 5G 邻区添加为终端的 SgNB,从而导致双连接性能下降。基于邻区测量报告的 SgNB 添加方式会根据终端的测量报告来选择 5G 邻区,所以针对每个终端来说,所添加的 SgNB 都会有比较好的信号质量,保证了双连接的性能。但由于没有考虑终端的实际带宽需求,基于邻区测量报告的 SgNB 添加方式会增加 Xx 接口上的信令负载,并且会带来一些资源的浪费。基于终端流量的 SgNB 添加方式综合考虑了邻区的测量结果以及终端的实际带宽需求,是一种既能保证双连接性能,又能降低系统负载的 SgNB 添加方式。

3．分离式承载下的数据传输和流量控制

在 LTE/5G 双连接模式 3 下,数据的传输是分离的,如何对流量进行控制,合理分配 LTE 基站和 5G 基站分担的数据流量对 NSA 组网是至关重要的。如图 8-13 描述了一种合理的分离式承载下的数据传输和流量控制方案。

如图 8-13 所示,上行用户面数据总是通过 MeNB 来传输。作为 MeNB 的 LTE eNB 会建立一个分离式承载,用于下行用户面数据路由和转发,下行用户面数据路由和转发的工作由 PDCP 层完成。分离式承载下的 PDCP 层会决定将下行 PDCP PDU 发给本地的 RLC 层,还是通过 Xx 接口转发给 5G SgNB。分离式承载下的 PDCP 层的数据路由和转发主要实现两个功能:一是时延估计和数据发送路径选择;二是流量控制。其目标是尽量让通过不同路径发送出去的 PDU 经历相同的时延,从而减少终端侧 PDCP 层的分组重排序来提升 TCP 性能。

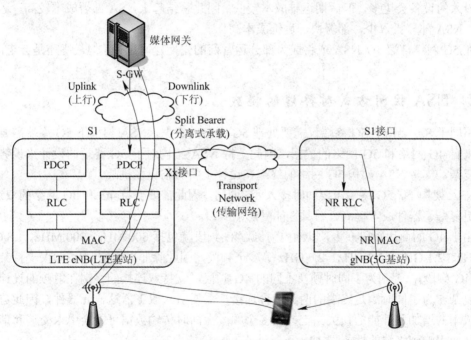

图 8-13　双连接下的用户面数据流

8.1.4　NSA 和 SA 组网方式优劣分析

从上面 SA 和 NSA 的组网方式不同可以总结出两者的优缺点:

(1) NSA 没有 5G 核心网,是利用现有的 4G 核心网接入,而 SA 则是全部采用 5G 架构,包括 5G 的核心网。

(2) 由于 NSA 是新建 5G 基站+4G 基站升级支持 5G 的,再连接 4G 核心网,因此在 NSA 组网下,5G 与 4G 在接入网级互通技术难度大,工程实施复杂,虽然利用了 4G 设备,但组网和运营成本大增;在 SA 组网下,5G 与 4G 仅在核心网级互通,架构简单。

(3) 在 NSA 组网下,终端需要支持 LTE 和 NR 双连接,终端成本会更高;在 SA 组网

下，终端仅连接 NR 一种无线接入技术，对 4G 采用回落技术，技术成熟简单。

(4) 对于网络切片的支持。NSA 与 SA 的关键区别是有无 5G 核心网，相对于 2G、3G、4G，5G 核心网是一次颠覆式设计，它基于 SBA 服务化架构，能敏捷高效地创建"网络切片"，而 NSA 则限于 4G 的核心网，支持网路切片难度非常大。

(5) 对于 MEC 的支持。5G 核心网的用户面和控制面彻底分离，使 UPF 实现下沉和分布式部署。这种分离架构使 MEC 成为可能，而 NSA 则受限于 4G 的核心网，支持 MEC 的难度也非常大。

(6) 网络安全与开放。在安全构架上和业务拓展上，5G 核心网支持网络能力的开放，采用标准接口，支持其它系统在安全框架内接入。而 NSA 安全性能和业务拓展能力与 4G 网络一致，无开放能力。

(7) 部署和运维。NSA 的部署，可以最大效能地利用原有的 4G 网络，原来的 4G 基站也可以通过软件升级支持 5G，能节约投资，但这样会给运维带来极大的难题。而 SA 下，虽然投入的设备会更多，但后期运维成本较低。因此总结起来，SA 部署成本较高，运维成本低；NSA 部署投入少，部署快，运维成本高。

在 5G 网络部署中，NSA 或将成为部分运营商的先期建网选择，但最终还是会走向 SA 架构。

8.1.5　NSA 组网方式对终端的挑战

不同于 SA 架构下 5G 终端仅需要处理 5G 网络的数据，NSA 架构下 5G 终端需要同时处理来自 4G 网络和 5G 网络的数据，因此支持 NSA 架构对于 5G 终端的设计来说势必会更为复杂，支持 NSA 架构 5G 网络的终端在设计上将面临更多挑战。

NSA 架构下，5G 终端需要同时接入 4G 网络，因此需要支持 4G 和 5G 网络的双连接，设计更复杂、器件成本提高、射频性能受影响

由于 4G 的商用频段众多，以国内为例，4G 频段就包括 800 MHz、900 MHz、1.8 GHz、1.9 GHz、2.1 GHz、2.3 GHz、2.6 GHz 等多个频段，因此除非采用定制化(即仅支持某一特定的 4G 频段)，否则为了同时顾及不同的 4G 频段，支持双连接的终端在射频的设计上会非常复杂。为了同时满足终端的两路信号连接，需要引入双工器这一元器件，因此势必会带来成本的增加和性能的损失。支持在多个频段上同时传输数据可能会引入交调和谐波干扰，从而影响到终端的性能(比如上下行速率和覆盖能力等)。

8.2　5G 无线频谱分配

根据 3GPP 于 2017 年 12 月发布的 V15.0.0 版 TS 38.104 规范，5G NR 的频率范围分别定义为不同的 FR：FR1 与 FR2。频率范围 FR1 即通常所讲的 5G Sub-6GHz(6GHz 以下)频段，频率范围 FR2 则是 5G 毫米波频段。

8.2.1　FR1 频段

Frequency Range1(FR1)就是我们通常讲的 6GHz 以下频段，如表 8-1 所示。其频率范围为 450 MHz～6.0 GHz，最大信道带宽为 100 MHz。

表 8-1　5G NR FR1 频段

频段号	上行/MHz	下行/MHz	带宽/MHz	双工模式
n1	1920～1980	2110～2170	60	FDD
n2	1850～1910	1930～1990	60	FDD
n3	1710～1785	1805～1880	75	FDD
n5	824～849	869～894	25	FDD
n7	2500～2570	2620～2690	70	FDD
n8	880～915	925～960	35	FDD
n20	832～862	791～821	30	FDD
n28	703～748	758～803	45	FDD
n38	2570～2620	2570～2620	50	TDD
n41	2496～2690	2496～2690	194	TDD
n50	1432～1517	1432～1517	85	TDD
n51	1427～1432	1427～1432	5	TDD
n66	1710～1780	2110～2200	70/90	FDD
n70	1695～1710	1995～2020	15/25	FDD
n71	663～698	617～652	35	FDD
n74	1427～1470	1475～1518	43	FDD
n75	N/A	1432～1517	85	SDL
n76	N/A	1427～1432	5	SDL
n77	3300～4200	3300～4200	900	TDD
n78	3300～3800	3300～3800	500	TDD
n79	4400～5000	4400～5000	600	TDD
n80	1710～1785	N/A	75	SUL
n81	880～915	N/A	35	SUL
n82	832～862	N/A	30	SUL
n83	703～748	N/A	45	SUL
n84	1920～1980	N/A	60	SUL

　　5G NR FR1 频段按照双工模式分为 FDD、TDD、SUL 和 SDL。SUL 和 SDL 为辅助频段(Supplementary Bands)，分别代表上行和下行。与 LTE 不同，5G NR 频段号标识以 "n" 开头，比如 LTE 的 B20(Band20)，5GNR 称为 n20。

　　目前，中国三大运营商的 5G 频率已经确定，分别是：中国移动获得了 2515 MHz～2675 MHz 和 4800 MHz～4900 MHz 两个 5G 频段，频段号分别为 n41 和 n79，带宽分别是 160 MHz 和 100 MHz；中国电信获得了 3400 MHz～3500 MHz 的频段，频段号为 n78，带宽为 100 MHz；中国联通获得了 3500 MHz～3600 MHz 的频段，频段号也是 n78，带宽为 100 MHz。2019 年 6 月 6 日，中国广电与中国移动、中国联通、中国电信共同获得了 5G 商用牌照，中国广电拥有 4900 MHz～4960 MHz 的 60 MHz 带宽 5G 频率，频段号是 n79。

　　在 5G NR 中为 FDD 与 TDD 划分了不同的频段，同时还引入了新的 SDL(Supplementary

DownLink，补充下行链路)与 SUL(Supplementary UpLink，补充上行链路)频段。在表 8-1 中的 SUL，顾名思义，即补充的上行链路。在 4G TDD 模式下，一个小区一般都包含上行载波和下行载波，上行载波和下行载波在同一个频段内。但是在 5G 时代，所用的频点都比较高，比如毫米波等。频段越高，信号传输损耗越大，由于 UE 的发射功率是受限的，这会导致 UE 的上行覆盖受限制。于是，业界提出了 SUL 技术，通过提供一个补充的上行链路来保证 UE 的上行覆盖。同样，如果下行覆盖受限，也可以使用 SDL 进行下行覆盖增强。需要注意的是，UE 可以在 UL 和 SUL 之间动态选择发送链路，但是在同一个时刻，UE 只能选择其中的一条链路发送，不能同时在两条上行链路上发送上行信号。

SUL/SDL 和 CA(载波聚合)有些相似，但是它们是完全不同的技术。CA 主要是通过使用附加的带宽来提升整个可用的带宽，从而提升整体速率；而 SUL/SDL 是通过增加可用的带宽来改善上行/下行覆盖。在实际的 SUL/SDL 场景应用中，一般使用的非 SUL/SDL 的上行/下行载波频带会比较宽，而 SUL/SDL 载波比较窄，只是在小区边缘等覆盖场景时提升覆盖率。在 UE 靠近发射天线的区域，非 SUL/SDL 的上行/下行载波仍然要承担绝大部分的上行流量。

关于移动通信的黄金频率 700MHz，即表 8-1 的频段号 n28，2020 年 4 月，工信部公示信息中正式调整 700 MHz 频段频率使用规划，将其重新划归给了移动通信系统，明确了703～743/758～798 MHz 频段规划用于频分双工(FDD)工作方式的移动通信系统，上下行各40 MHz，共计 80 MHz，未来能提升 5G 网络峰值速率并优化用户的体验。工信部已经依申请向中国广电颁发了频率使用许可证，许可其使用 703～733/758～788 MHz 频段分批、分步在全国范围内部署 5G 网络。

5G 由于对带宽的要求比较高，现在不管是电信的 800 MHz，还是中国移动、中国联通的 900 MHz 无线频率，由于频率过于零散，都很难被重耕为 5G 频率。所以，700 MHz 将是唯一的被重耕使用的 1 GHz 以下的无线频率。因此 700 MHz 频率投入市场会是中国 5G 网络重要的低频覆盖。无线电波频率越低，波长越长，绕射能力就越强，覆盖也越广。因此 700 MHz 将是覆盖农村、山区、海面、树林、草原以及一些没有室内分布系统的场景的最佳可选频率。

但是，700 MHz 全面用于 5G 网络频率还需解决一个前提，那就是必须要完成频率迁移，在这之前需要各地区全面关停模拟信号。

8.2.2 FR2 频段

Frequency Range2(FR2)就是毫米波频段，如表 8-2 所示。其频率范围为 24.25 GHz～52.6 GHz，最大信道带宽为 400 MHz。目前，中国政府尚未给三大运营商和中国广电分配 FR2 频段。

表 8-2   5G NR FR2 频段

频段号	上行/MHz	下行/MHz	带宽/MHz	双工模式
n257	26500～29500	26500～29500	3000	TDD
n258	24250～27500	24250～27500	3000	TDD
n260	37000～40000	37000～40000	3000	TDD

8.3　5G 无线云化接入网 C-RAN

8.3.1　C-RAN 的概念

如今，移动运营商正面临着激烈的竞争环境，用于建设、运营、升级无线接入网的支出不断增加，而收入却未必以同样的速度增加。移动互联网业务的流量迅速上升，由于竞争的缘故，单用户的 ARPU(Average Revenue Per User，每用户平均收入)值却增长缓慢，甚至在慢慢减少，这些因素严重地削弱了移动运营商的盈利能力。为了保持持续盈利和长期增长，移动运营商必须寻找低成本地为用户提供无线业务的方法。

C-RAN(Cloud-RAN，集中化无线接入网)是根据现网条件和技术进步的趋势，提出的新型无线接入网构架，如图 8-14 所示。C-RAN 是基于 Centralized Processing(集中化处理)、Collaborative Radio(协作式无线电)和 Real-time Cloud Infrastructure(实时云计算构架)的绿色无线接入网构架。其本质是通过实现减少基站机房数量减少能耗，采用协作化、虚拟化技术实现资源共享和动态调度，提高频谱效率，以达到低成本、高带宽和灵活运营的目的。C-RAN 的总目标是为解决移动互联网快速发展给运营商所带来的在能耗、建设和运维成本、频谱资源等多方面的挑战，追求未来可持续的业务和利润增长。

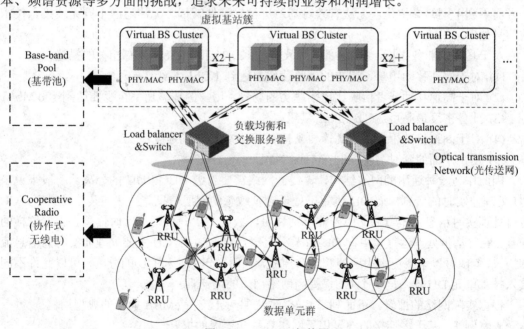

图 8-14　C-RAN 架构图

无线接入网是移动运营商赖以生存的重要资产，通过无线接入网可以向用户提供 7×24 小时不间断、高质量的数据服务。传统的无线接入网具有以下特点：

(1) 每个基站连接若干固定数量的扇区天线，并覆盖小片区域，每个基站只能处理本小区的收发信号；

(2) 系统的容量因干扰受限，各个基站独立工作已经很难增加频谱效率；

（3）基站通常都是基于专有平台开发的"垂直"解决方案。

这些特点带来了以下挑战：数量巨大的基站意味着高额的建设投资、站址配套、站址租赁以及维护费用，建设更多的基站意味着更多的资本开支和运营开支。此外，现有基站的实际利用率还是很低，网络的平均负载一般来说大大低于忙时负载，而不同的基站之间不能共享处理能力，也很难提高频谱效率。最后，专有的平台意味着移动运营商需要维护多个不兼容的平台，在扩容或者升级的时候也需要更高的成本。

未来无线网络需要提供多种业务服务，可以分为三大类：增强的移动宽带业务、面向垂直行业的大规模机器通信业务、低时延高可靠业务。不同的业务对于网络架构的需求有所差异，主要体现在时延、前传和回传的传输能力、业务数据处理的容量等方面。因此对无线云网络 C-RAN 的系统设计也会提出不同的要求。

8.3.2 增强移动带宽应用场景部署

对于移动宽带业务，无线网络需要考虑两个基本能力要求：一是覆盖，二是容量。对于语音业务，对业务的带宽和时延要求不高，而对于交互式视频或者虚拟现实 VR 业务，则需要保证大带宽和低时延。在 eMBB 网络中，数据的传输容量也有大幅度的提高，比如支持几十或数百 Gb/s，在实时性方面需要考虑数毫秒量级的时延需求。如果采用传统的网络结构，一方面时延要求和底层 I/Q 数据传输对前传的压力，不利于数据的集中处理；另一方面不利于网络虚拟化，无法有效对基站进行软硬件解耦，无法适应不同无线接入技术的信号处理。

对于具体的业务指标，3GPP 的技术文档 TR2.891 和 TR38.913 有相关的描述：

（1）对于慢速移动用户，用户的体验速率要达到 1 Gb/s 量级；

（2）对于高速移动或者信噪比比较恶劣的场景，用户的体验速率至少要达到 100 Mb/s；

（3）业务密度最高可达(Tb/s)/km^2 量级；

（4）对于高速移动用户，最高需要支持 500 km/h 的移动速度；

（5）用户平面的延时需要控制在 4 ms 量级。

因此作为一种通用的网络结构，无线云网络需要考虑 CU 和 DU 的分离。一般来说，CU 处理非实时的信息，而 DU 侧重于处理时延敏感的底层信息。虽然在某些场景下，CU 也可处理实时信息，本章后文中若非特别说明，默认 CU 只处理非实时信息。根据这样的配置，底层基带处理运算集中在 DU 而无需上传到 CU。由于 CU 主要处理非实时的信息流和协议，CU 可以承载更多小区的管理和控制，同时由于 CU 和 DU 的分离，可以允许不同接入技术单元 DU 连入同一个 CU，提高网络部署的灵活性。

根据实际网络的部署，下面列举 C-RAN 网络对于支持 eMBB 业务的典型用例。

★案例 1：基于多连接的部署用于网络容量和覆盖的提升

为了有利于支持 eMBB 业务的覆盖和容量需求，双连接或者多连接是一种有效的网络部署和技术实现手段。在多连接场景下，不同的连接可能对应不同的接入技术和频段，一个连接负责覆盖，一个连接负责容量提升，实现覆盖和数据的理想结合，比如站间载波聚合的应用。由于 CU 和 DU 分离，两个连接的 DU 可以独立处理物理层信息，这样可以节省前传接口的传输开销，同时一个 CU 可以处理两个连接的非实时信息，如图 8-15 所示。

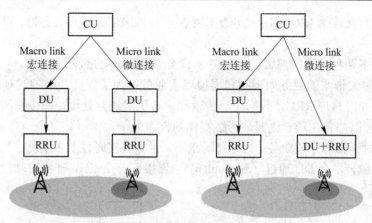

图 8-15　支持多连接的无线云网络结构

典型的部署场景包括：

(1) 一个宏站覆盖一个宏小区，一个微站覆盖一个微小区，一个宏站可以连接一个或多个微站；宏微小区可以同频或者异频。

(2) 对于宏基站，DU 和 RRU 通常分离，但对于微站，DU 和 RRU 可以分离也可以集成在一起。

(3) 对于宏站，CU、DU 可以部署在一起；对于微站，CU 和 DU 的连接一般需要专门的前传连接，根据具体的技术应用对前传的时延有不同的需求，如果无线承载需要合并，则时延要求一般小于 5ms，否则需求可以放松一些。

★**案例 2**：基于基站协同管理的服务与小区间干扰协调和高密度业务的需求

当业务的容量需求变高时，在密集部署情况下，基于理想前传条件，多个 DU 可以聚合部署，形成基带池，优化基站资源池的利用率，并且可以利用多个小区的协作传输和协作处理以提高网络的覆盖和容量，如图 8-16 所示。

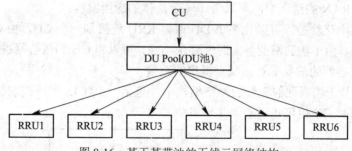

图 8-16　基于基带池的无线云网络结构

相关的部署需求包括：

(1) 所有 RRU 需要和 DU 池通过直接光纤或高速传输网络连接，时延要求一般在微秒量级；

(2) DU 池支持的小区数目可以达到数十至数百个；

(3) CU 和 DU 的连接一般通过传输网络，时延要求则没有 RU 和 DU 的前传连接严格。

★**案例 3**：基于时延差异性的部署优化

对于语音业务，带宽和时延要求不高，实时功能 DU 可以部署在站点侧，非实时功能可以部署在中心机房，而对于大带宽低时延业务如视频或者虚拟现实，一般需要高速传输网络或者光纤直接连接 RRU 和中心机房，并在中心机房部署缓存服务器，以降低时延并提升用户体验。

下面列举了两种可能的部署，并在图 8-17 给出了相应的部署示意图。

(1) 高实时大带宽的业务如视频和虚拟现实业务：为了保证高效的时延控制，需要高速传输网络或光纤直连 RRU，数据统一传输到中心机房进行处理，减少中间的流程，同时 DU 和 CU 则可以部署在同一位置，网络实体则合而为一。

(2) 低实时语音等一般业务：在这种场景下，带宽和实时性要求不高，实时功能 DU 可以部署在站点侧，多个 DU 通过 fronthaul(前传)连接到一个 CU，非实时功能 CU 可以部署在中心机房。

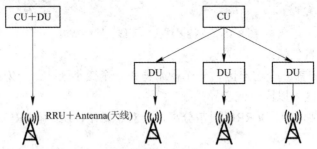

图 8-17　针对不同时延优化的无线云网络结构

8.3.3　机器通信应用场景部署

对于面向垂直行业的机器通信或者大规模机器通信连接业务，需要考虑机器通信的特点：数据量少而且稀疏，数量多，覆盖距离可大可小，实时性要求不高，比如抄表类业务。在 3GPP 技术文档 TR2.891 中，对于传感器类的 MTC 要求是 1 百万连接数/平方公里，如此巨大的数目需要设计合理的网络结构以降低成本。

在和 Cloud RAN 的结合中，可以考虑一个具体的应用案例：

物联网的集中化管控，可以让多个 DU 或者 RRU 连接到一个 CU，由 CU 进行区域物联网的集中管控。由于物联网业务实时性要求不高，可以将 CU 和核心网进行共平台部署，减少无线网和核心网的信令交互，减少机房的数量。

在图 8-18 基于物联网的无线云网络结构中，包括一个 CU 可以控制数量巨大的多个 DU 和 RRU，同时 CU 也可和核心网共享机房。

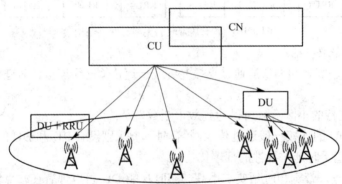

图 8-18　基于物联网的无线云网络结构

8.3.4　低时延高可靠应用场景部署

对于此类业务，可靠性和实时性是主要的技术需求，容量的需求并不高，因而面向这类业务，C-RAN 系统需要考虑时延的敏感性和传输的可靠性，对于系统的效率没有严格的要求。因此，针对这种业务，需要考虑前传的理想传输以保证时延，同时可以采用多个小区信号的联合发送和接收以保证信号的可靠性。典型的业务场景包括自动驾驶、无人机控制、工业 4.0 等，对网络有着苛刻的时延要求。

在 3GPP 技术文档 R2.891 中有相关的技术要求：

(1) 低时延小于 1 ms；

(2) 超可靠性要求误包率至少小于 10^{-4}；

(3) 对于高速移动场景如无人机控制，需要保证在飞行速度为 300km/h 时能提供上行 20 Mb/s 的传输速率。

在和 Cloud RAN 的结合中，和其他业务的差异性可以体现在三个具体的应用案例上，例如：

(1) 基于高实时通信的自动驾驶。将 RAN 的实时处理 DU 和非实时处理功能单元 CU 部署在更加靠近用户的位置，并配置相应的服务器和业务网关，进而满足特定的时延和可靠性需求，如图 8-19 所示。

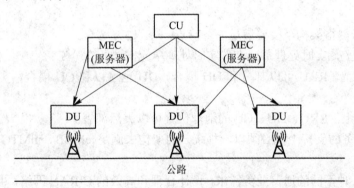

图 8-19　基于自动驾驶的无线云网络结构

(2) 基于高可靠需求的公共安全应急通信。在涉及公共安全的通信业务时，通常需要高可靠性，一般采取广播方式，多小区传送相同信息，因此多个 DU 需要连接相同的 CU 做重复的数据传输。

(3) 高移动性的业务支持。当 UE 处于高速移动时，比如在无人机控制场景，为了减少切换次数，可以让多个 DU 共享一个逻辑小区，CU 对这个逻辑小区进行集中控制，在 DU 间移动无需切换。

8.3.5　混合业务应用场景部署

在前面三节针对不同业务做了单独的分析，在实际应用中，需要考虑对混合业务的支持，需要考虑网络切片的应用，典型的应用方式有两种：一是无线业务资源的静态或半静态共享；二是无线资源的动态共享。

作为和 C-RAN 的结合，与之对应的需要考虑两种网络架构的应用，如图 8-20 所示，一种是无线资源静态共享，由于不同频道和不同无线传输技术的使用，eMBB/mMTC/uRLLC 可以使用不同的 DU 和 RRU，无需统一集中处理，网络接口仍然保持一致；另一种是无线资源动态共享，这种情况下 DU 的处理也更复杂，它必须同时支持不同的无线传输技术，因此 DU 的功能实体是三种业务共享的。

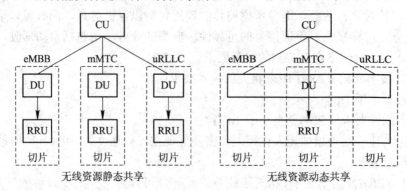

图 8-20　基于网络切片的无线云网络结构

总体上看，无线云网络对应用不同接入技术应对不同的业务具有较好的适应性和兼容性。考虑到不同的业务场景，时延、容量、频谱效率等需求都有很大的差异，因此需要一种灵活的网络架构去满足不同的业务需求。无线云网络 C-RAN 正是实现这一目标的有力方案。

这种无线云网络架构至少要满足以下特点：

(1) 从功能上，实时处理单元和非实时处理单元需要各有分工；

(2) 从实体上，RRU 可以部分和 DU 耦合，DU 也可以和 CU 耦合，实现部分功能的转移；

(3) 从部署上，RRU、DU、CU 的地理位置可以灵活部署；

(4) 从对业务的支持上，必须以一种统一的架构去满足 eMBB、mMTC、uRLLC 等不同的业务特点。

同时面对各种不同的通信业务需求，设计合理和高效的 C-RAN 网络，主要面对的技术挑战包括：

(1) 如何合理地分离 CU 和 DU 的功能；

(2) 如何有效地定义各网元的接口；

(3) 如何根据不同的部署条件采取合适的网络架构。

8.3.6　超密集网络覆盖部署

在用户集中的室内热点区域，数据流量需求将呈现出爆发式的增长。针对该场景，3GPP 在 5G TR 2.891 中给出了超密集网络下的性能要求，其建议的性能目标为：

(1) 用户体验速率：可达 Gb/s；

(2) 用户峰值速率：可达数十 Gb/s；

(3) 区域总体吞吐量：可达(Tb/s)/km^2；

(4) 极低的传输时延：时延小于 1 ms。

针对超密集网络部署的情况，3GPP 在接入网需求研究报告 TR 38.913 中给出了一种典型网络部署方式供评估。部署细节如表 8-3 所示。

表 8-3　超密集网络待评估部署场景

属性	评 估 假 设
载频	30 GHz 左右频段，或 70 GHz 左右频段，或 4 GHz 左右频段
聚合系统带宽	30 GHz 左右频段或 70 GHz 左右频段，最多 1 GHz(UL+DL) 4 GHz 左右频段，最多 200 MHz(UL+DL)
部署	室内单层(开放环境) 站点之间距离 20m(等效于每 120 m × 50 m 面积范围内分布 12 个 TRxPs)
基站天线	30 GHz 左右频段或 70GHz 左右频段，最大天线数为 256Tx/256Rx 4 GHz 左右频段，最大天线数为 256Tx/256Rx
UE 天线	30 GHz 左右频段或 70GHz 左右频段，最大天线数为 32Tx/32Rx 4 GHz 左右频段，最大天线数为 8Tx/8Rx
用户分布	所有用户均位于室内，移动速度为 3 km/h，平均每个 TRxP 覆盖范围内分布 10 个用户

　　为了满足室内用户密集区域超大数据流量的需求，一个主要解决途径是针对此类区域部署大量微蜂窝小区，提升网络容量和频谱效率以满足热点区域的需求。在超密集网络中，C-RAN 的主要运用方式为：将 CU 集中部署，而将 DU 作为微蜂窝基站进行密集部署，如图 8-21 所示。

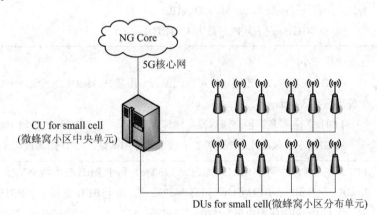

图 8-21　超密集网络下的 C-RAN 部署方式

　　相对于传统网络架构，采用 C-RAN 架构除了可以降低无线接入网部署成本和能耗外，在干扰协调及移动性方面也有明显的优势。

8.3.7　高铁覆盖部署

　　高速铁路覆盖场景主要关注高铁沿线的连续覆盖，重点在于如何向位于高速行驶列车上的用户提供持续的优质服务，以及在高速场景下如何保障通信的可靠性。

　　针对高速铁路场景，3GPP 在 TR22.891 中给出了性能要求。TR22.891 建议的高速铁路场景下的性能目标如下：

(1) 用户体验速率：100 Mb/s；

(2) 用户移动速度：500 km/h；

(3) 高速移动场景下的用户密度：500 用户同时在线。

针对高速铁路场景，3GPP 在 5G 接入网需求研究报告 TR38.913 中给出了如下两种待评估的网络部署方式：

- **方式 1**：在铁路沿线部署宏小区，并直接向车内用户提供服务；
- **方式 2**：在铁路沿线部署宏小区，宏小区与车顶的 relay(中继)节点通信，而 relay 点向车内用户提供服务。

上述待评估组网方式部署细节如表 8-4 所示。

表 8-4 3GPP 关于高速铁路场景的组网评估假设

属 性	评 估 假 设
载频	**方式 1**：仅使用宏小区，4 GHz 左右频段 **方式 2**：使用宏小区+relay 节点 两种待评估的频段组合如下： ——基站到 relay 节点，4 GHz 左右频段；Relay 节点到 UE，30 GHz 左右频段或 70 GHz 左右频段或 4 GHz 左右频段 ——基站到 relay 节点，30 GHz 左右频段；Relay 节点到 UE，30 GHz 左右频段或 70 GHz 左右频段或 4 GHz 左右频段
聚合系统带宽	4 GHz 左右频段：最大 200 MHz(DL+UL) 30 GHz 或 70 GHz 左右频段：最大 1 GHz(DL+UL)
部署	• 仅使用宏小区： ——4 GHz 左右频段：沿高速铁路沿线部署专用基站，RRH 距离铁轨 100 m • 使用宏小区+relay 节点： ——4 GHz 左右频段：沿高速铁路沿线部署专用基站，RRH 距离铁轨 100 m ——30 GHz 左右频段：沿高速铁路沿线部署专用基站，RRH 距离铁轨 5 m
站间距	4 GHz 左右频段：两个 RRH 间站距为 1732 m，每个 RRH 包含两个 TRP 30 GHz 左右频段：BBU(CU)间距离为 1732 m，每个 BBU 链接 3 个 RRH，每个 RRH 包含 1 个 TRPx，RRH 间距离为(580m，580 m，572 m)，车内 small cell 站间距为 25 m
基站天线	30 GHz 左右频段：最大天线(antenna elements)数为 256Tx/256Rx 4 GHz 左右频段：最大天线数为 256Tx/256Rx
UE 天线	Relay Tx:最大天线数为 256 Relay Rx:最大天线数为 256 30 GHz 左右频段：最大天线数为 32 4 GHz 左右频段：最大天线数为 8
用户分布	所有用户均在车厢内，每个宏小区有 300 用户；最大速度为 500 km/h

4 GHz 频段下的网络部署示意图如图 8-22 所示，图中的 RRH 为射频拉远头(Remote Radio Head)。

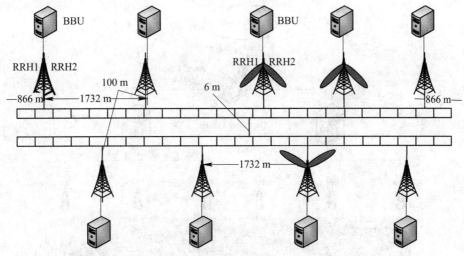

图 8-22　4GHz 频段下的网络部署示意图

30GHz 频段下的网络部署示意图如图 8-23 所示。

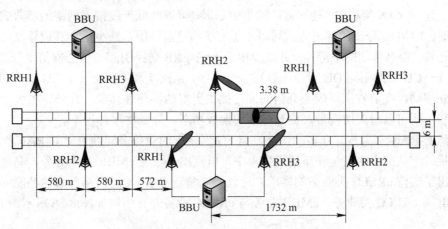

图 8-23　30 GHz 频段下的网络部署示意图

与 LTE 系统中 C-RAN 在高速移动场景的运用方式类似，在 NR 中，网络侧将 CU 集中部署并将 DU 灵活部署在高速铁路或高速公路沿线。根据 CU/DU 功能划分的不同，C-RAN 在 NR 中的部署方式可以分为 CU+DU 的两层结构(如图 8-24 所示)和 CU+DU+RRU 的三层结构(如图 8-25 所示)。

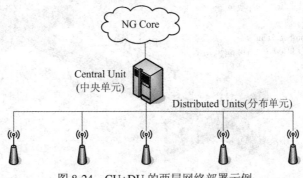

图 8-24　CU+DU 的两层网络部署示例

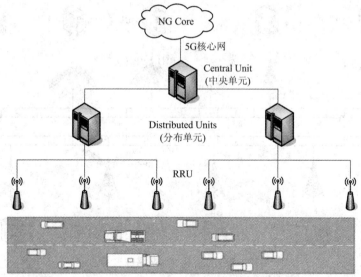

图 8-25　CU+DU+RRU 的三层网络部署示例

　　在上述 C-RAN 架构中，通过 CU 的集中部署，可以降低无线接入网络的部署成本和能耗。同时，CU/DU 分离的部署方式可以增加 CU 的覆盖范围，减少用户高速移动时用户面锚点的迁移，提高移动的平滑性，并减少由于 Inter-gNB 切换引起的核心网信令开销。进一步地，同一 CU 下的不同 DU 可以组合成一个小区，从而实现 UE 在一个 CU 下不同 DU 间的无感知移动，在节省空口信令开销的同时提供更好的移动性体验。此外，扩大单小区的覆盖面积，还可以增大切换带，提升终端切换成功率，降低终端掉话率。

　　虽然 C-RAN 部署具有众多的优势，但 5G 网络中的业务多样性也对 C-RAN 架构提出了新的挑战。从前文的高速铁路场景需求中可以看出，除了 eMBB 类业务外，高速公路场景也提出了支持 uRLLC 类业务的需求，这就要求基于 C-RAN 的网络部署需要能够同时支持 eMBB 与 uRLLC 类业务。eMBB 业务与 uRLLC 业务并存示例如图 8-26 所示。

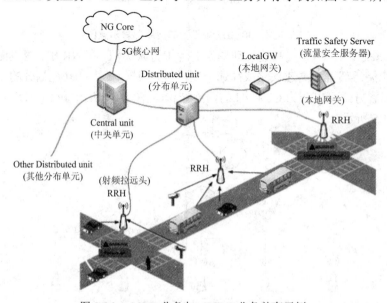

图 8-26　eMBB 业务与 uRLLC 业务并存示例

在图 8-27 中，车辆与交通安全服务器间的信息交互属于 uRLLC 类型，对业务时延和可靠性均有较高要求，而车辆中乘客使用的则普遍是普通的 eMBB 类型业务。为了在同一个区域内(例如一个 DU 内)同时提供两种不同类型的业务，C-RAN 的网络部署需要具备更高的灵活性。(注：图中 Local GW 的部署为示意图，在实际中也可能部署在靠近 CU 侧。)

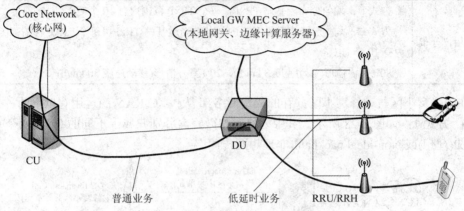

图 8-27　CU-DU 针对不同业务提供不同功能划分实例

8.3.8　异构和异频覆盖部署

在密集城区等人群聚集且业务负载较大的区域，对网络覆盖连续性及网络容量都有较高要求。为了应对此类场景，人们提出了宏蜂窝小区与微蜂窝小区混合组网的异频异构组网方式，

在异构组网中，微蜂窝节点覆盖范围小，主要用于分流数据流量；而宏蜂窝小区覆盖范围较大，主要用于提供覆盖的连续性。宏蜂窝与微蜂窝的协同部署可以在保证网络连续覆盖的基础上实现系统容量、频谱效率的大幅度提升。

3GPP 在 5G 接入网需求研究报告 TR38.913 中针对密集城区场景给出了以异构组网为基础的待评估部署方式，部署细节如表 8-5 所示。

表 8-5　密集城区待评估组网方式

属　性	评　估　假　设
载频	宏蜂窝：4 GHz 左右频段
	微蜂窝：30 GHz 左右频段
聚合系统带宽	30 GHz 左右频段：最多 1 GHz(UL+DL)
	4 GHz 左右频段：最多 200 MHz(UL+DL)
部署	宏蜂窝：传统六边形蜂窝结构，间距 200 m
	微蜂窝：室外随机部署，每个宏蜂窝 TRxP 范围内配置 3 个微蜂窝 TRxP
	方式一：仅宏基站配置 4 GHz 左右频段载频
	方式二：宏基站与微基站均可配置 4 GHz 左右和 30 GHz 左右频段载频(包含单层宏基站存在的情况)
基站天线	30 GHz 左右频段：最大天线数为 256Tx/256Rx
	4 GHz 左右频段：最大天线数为 256Tx/256Rx

续表

属　性	评　估　假　设
UE 天线	30 GHz 左右频段：最大天线数为 32Tx/32Rx
	4 GHz 左右频段：最大天线数为 8Tx/8Rx
用户分布	方式一：均匀分布宏基站 TRxP，每个 TRxP 范围内有 10 个 UE
	方式二：均匀分布宏基站 TRxP+簇状分布微基站 TRxP，每个 TRxP 覆盖范围内有 10 个 UE
	80%室内情形(移动速度 3 km/h)，20%室外情形(移动速度 30 km/h)

在宏蜂窝小区与微蜂窝小区并存的异构网络部署中，C-RAN 的运用有以下两种方式：

· **方式 1**：如图 8-28 所示，其中宏蜂窝与微蜂窝分别归属于不同的 CU，两个 CU 间以 Ideal(理想)或 Non-ideal backhaul(非理想回传)相连。

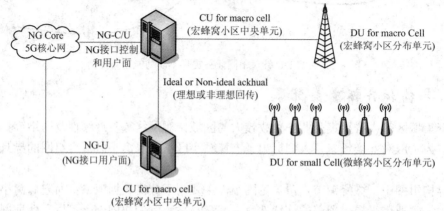

图 8-28　宏蜂窝小区与微蜂窝小区分别归属不同的 CU

在图 8-28 所示的网络部署方式下，将 CU 集中部署可以有效降低部署成本及能耗。通过在微蜂窝网络中使用 CU/DU 分离的部署方式，CU 对微蜂窝小区的集中控制可以提供更好的小区间的干扰协调及移动性性能，避免了 UE 移动所导致的微蜂窝基站 CU 频繁改变，从而减少移动性相关信令及对核心网的影响。

· **方式 2**：如图 8-29 所示，在方式 2 中依然采用 CU/DU 分离的部署方式，但与方式 1 不同，方式 2 中宏蜂窝小区与微蜂窝小区共享 CU。

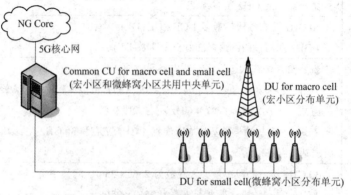

图 8-29　宏蜂窝小区与微蜂窝小区共享 CU

与方式 1 类似，在图 8-29 所示的网络部署方式下，CU 集中部署可以有效降低部署成本及能耗。同时，宏微小区进行 CU 共享实现宏、微小区的集中控制，可以提供更好的小区间的干扰协调及移动性性能。此外，相对于方式 1，由于宏、微小区共享 CU 可实现宏微小区间的灵活处理，方式 2 在某些 CU/DU 拆分方式下可以提供更加灵活的资源调度，以及更加平滑的移动性过程。

8.4　5G 核心网组网

相比于传统 4G EPC 核心网，5G 核心网采用原生适配云平台的设计思路，基于服务的架构和功能设计，提供更广泛的接入能力，更灵活的控制和转发机制，以及更友好的能力开放策略。5G 核心网与 NFV 基础设施结合，为普通消费者、应用提供商和垂直行业需求方提供网格切片、边缘计算等新型业务能力。

5G 核心网的创新驱动力源于 5G 业务场景需求和新型 ICT 使能技术，旨在构建高性能灵活可配的广域网络基础设施，全面提升面向未来的网络运营能力。5G 系统架构采用原生云化设计思路，关键特性包括服务化架构(Service-Based Architecture)、网络切片、边缘计算。服务化架构将网元功能拆分为细粒度的网络服务，"无缝"对接云化 NFV 平台轻量级部署单元，为差异化的业务场景提供敏捷的系统架构支持；网络切片和边缘计算提供了可定制的网络功能和转发拓扑。更有意义的是，5G 网络能力不再局限于运营商的"封闭花园"，而是可以通过友好的用户接口提供给第三方，助力业务体验提升，加速响应业务模式创新需求。

8.4.1　5G 核心网部署需求

5G 核心网既是对传统移动互联网服务能力的升级，也是向产业互联网迈进不可或缺的关键环节。当前 5G 核心网云化部署面临标准滞后、技术储备薄弱和缺乏全局规模成熟的部署经验等困难。因此从推进 5G 核心网云化部署的角度来说，梳理关键需求，确定基础框架，开展关键技术攻关与试验验证，促进 5G 核心网与 NFV 云化两种技术协同并进是较好的解决思想。

5G 核心网对云化 NFV 平台(以下简称云平台)的关键需求包括：

(1) 开放。云平台需要实现解耦部署和全网资源共享，探索标准化和开源相结合的新型开放模式，消减网络和平台服务单厂家锁定风险，依托主流开源项目和符合"事实标准"的服务接口来建立开放式通信基础设施新生态。

(2) 可靠。电信业务对现有 DC(DataCenter，数据中心)和基础设施在可靠性方面提出了更高要求，NFV 系统由服务器、存储、网络和云操作系统多部件构成，涉障节点多，潜在故障率更高，电信级"5 个 9"(即 99.999%)的可靠性需要针对性的优化方案。

(3) 高效。云平台的效能需求包括业务性能和运维弹性两个方面。业务性能体现在云平台需要满足 5G 核心网服务化接口信令处理、边缘并发计算和大流量转发的要求，运维弹性主要包括云平台业务快速编排，灵活跨 DC 组网和资源动态扩缩容的能力。

(4) 简约。5G 核心网的网络功能单元粒度更细，需要云平台提供更轻量化的部署单元相匹配，实现敏捷的网络重构和切片编排。NFV 编排需要将复杂的网络应用、容器/虚机、物理资源间的依赖关系、拓扑管理、完整性控制等业务过程模板化，实现一键部署和模板可配，降低交付复杂度和运维技术门槛。

（5）智能。云平台能够从广域网络和海量数据中提取知识，智能管理面向多行业、多租户、多场景的广域分布的数据中心资源。引入人工智能辅助的主动式预测性运营，为网络运营商和切片租户提供运维优化、流量预测、故障识别和自动化恢复等智能增值服务。

开放、可靠和高效是 5G 网络功能在云化 NFV 平台规模部署的基础要求。因此，5G核心网云化部署建议采取分步推进的模式：部署初期重点考虑满足云平台开放性、稳定性和基本业务性能要求，确定 DC 组网规划、NFV 平台选型、核心网建设等基础框架问题，促进 5G 核心网云化部署落地。待后续云平台运行稳定后，基于 NFV 灵活扩展和快速迭代的特征，可按照不同业务场景的高阶功能要求，逐步进行针对性优化和完善。

8.4.2 5G 核心网部署基本框架

如图 8-30 所示，5G 核心网部署可采用"中心—边缘"两级数据中心的组网方案。在实际部署中，不同运营商可根据自身网络基础、数据中心规划等因素灵活分解为多层次分布式组网形态。

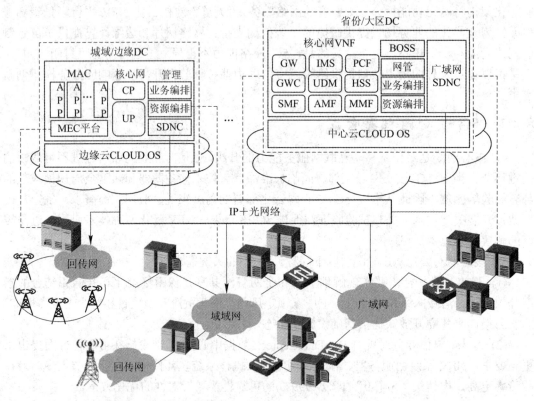

图 8-30 端到端云化组网参考架构

中心级数据中心一般部署于大区或省会中心城市，主要用于承载全网集中部署的网络功能，如网管/运营系统、业务与资源编排、全局 SDN 控制器，以及核心网控制面网元和骨干出口网关等，控制面集中部署的好处在于可以将大量跨区域的信令交互变成数据中心内部流量，优化信令处理时延，虚拟化控制面网元集中统一控制，能够灵活调度和规划网络；根据业务的变化，按需快速扩缩网元和资源，提高网络的业务响应速度。

边缘级数据中心一般部署于地市级汇聚和接入局点，主要用于地市级业务数据流卸载的功能，如 UL-CL UPF(上行链路—控制链路用户平面)、4G GW-U(4G 网关用户面)、边缘计算平台和特定业务切片的接入与移动性功能。用户数据边缘数卸载的好处在于可以大幅降低时延敏感类业务的传输时延，优化传输网络负载，通过分布式网元的部署方式，将网络故障控制在最小范围。此外，通过本地业务数据分流，可以将数据分发控制在指定区域内，满足特定场景的安全性需求。

虚拟化层方面，针对移动核心网业务，运营商可采用统一的 NFV 基础设施平台向下收敛通用硬件，支持软硬件解耦或 NFV 系统三层解耦能力。电信运营商对云平台的核心价值的关切在于高可用性、高可靠、低时延、大带宽等方面。数据中心组网方面，通过两级数据中心节点的 SDN 控制器联动提供跨 DC 组网功能，提高 5G 核心网切片端到端自动化部署和灵活的拓扑编排管理能力。数据中心内部组网可采用 TOR/EOR(两层架构+交换机集群)模式，减少中间层次，提高组网效率和端口利用率，或选择 Leaf-Spine(页脊，一种新的网络架构)水平扩展模式，实现 Leaf 和 Spine 全互联多 Spine 水平扩展，处理东西向流量；在满足电信虚拟化网络功能与网络性能的条件下，通过 Overaly(覆盖)网格虚拟化实现大二层网络，利用 SDN 技术，增强按需调度和分配网络资源的能力。

8.4.3　5G 核心网部署重点任务

完成数据中心组网和云平台部署后，可根据运营商的运营策略和发展要求启动移动核心网云化部署工作，为 5G 整体商用就绪提供核心网业务能力。

5G 阶段，移动核心网云化部署的可能任务包括以下几个方面：

(1) 4G 核心网 EPC 功能升级：支持 NSA EPC 功能和网关控制承载分离功能；

(2) EPC 功能虚拟化：对 4G 核心网网元进行虚拟化改造；

(3) 分布式云网建设：包括分布式数据中心组网、云化 NFV 平台建设、NFVO 建设与网管对接，以及容器部署等；

(4) 5G 核心网建设：完成 5G 核心网功能开发，支持服务化架构、网络切片、边缘计算、语音等业务能力；

(5) 5G 核心网部署配套建设：基于 HTTP 的信令网建设优化，4G/5G 设备合设、混合组池和互操作，以及业务管理、网络管理和计费配套支持等。

以 EPC 功能升级支持 5G 基站非独立组网和虚拟化改造为起点触发 5G 全网云化部署是一种基于演进思路的选项，这一方面是出于保护现有投资和维持移动宽带业务延续性的考虑，另一方面也因为 vEPC(虚拟核心网)已有部署和商用经验，有利于促进云网一体化建设，快速达成云化运营的目标，同时为 5G 核心网新功能部署和配套建设奠定基础。

运营商也可以选择直接部署支持 5G 基站独立组网的 5G 核心网。直接部署 5G 核心网可以在一定规模上快速满足 5G 三大场景对网络的创新要求，第一时间把握 5G 新型业务的发展机遇。然而，5G 核心网部署涉及服务化架构、网络切片、容器等全新技术，而且 5G 核心网必须实现与传统网络的共存，满足网络平滑升级和业务连续性要求。因此建议运营商在规划时提前考虑，充分开展技术试验验证，推进关键技术和部署方案的成熟。

8.4.4 4G/5G云端共存与融合

5G移动核心网云化部署需要综合考虑多业务场景和多系统共存演进的问题。可以利用云化NFV平台快速业务上线以及灵活功能迭代的特性，分步骤、同步性地平滑实现核心网过渡、共存、互操作和融合，达到4G/5G核心网一体化、智能化运营的目标。

第一阶段，概念验证阶段：运营商可同步推进EPC升级和5G核心网部署概念验证。EPC侧重验证NSA和用户面与控制面分离的升级功能，以及NFV平台解耦方案；5G核心网重点验证新功能特性和接口协议等。同时，基于对EPC和5G核心网验证结果的评估，确定云平台选型方案。

第二阶段，组网验证阶段：重点完成试验网验证，并向规模组网平滑升级。EPC可先期启动面向规模组网的NSA和用户面与控制面分离功能的升级，实现网络功能云化，承接eMBB业务。5G核心网在试验网阶段，重点开展不同应用场景下的架构、功能和性能验证，以及MME和AMF间N26接口互操作功能的验证。

第三阶段，4G/5G核心网融合阶段：随着5G应用的涌现和5G核心网的试验成熟，可以启动5G核心网规模组网，引导eMBB业务向5G核心网分流，鼓励垂直行业切片部署尝试。支持4G/5G互操作和语音业务，验证EPC/5G核心网、物理/虚拟化设备的混合组池和功能合设方案，提供无缝的业务连续性和运营一致性。

第四阶段，智能化运营阶段：基于云端4G/5G融合核心网构建全新运营生态。基础设施层面实现基于服务粒度灵活编排，以容器为单位的敏捷部署能力，构建NFV统一平台生态。网络层面围绕网络切片为不同行业需求定制功能增强的业务专网，实现大数据/人工智能驱动的智能运营，构建5G应用创新生态。

8.4.5 5G核心网云化部署关键技术

1. 容器技术引入

5G核心网服务化架构基于微服务设计，网络服务的粒度更细。容器技术是实现业务灵活编排和按需功能调用所必需的云化NFV平台能力。但是，当前NFV技术标准基于Hypervisor(虚拟监视器)，以支持虚拟机部署为主，因此5G核心网部署初期可采用虚拟机容器方案。

考虑到5G核心网VNF对性能的要求，容器一般是嵌入在厂家提供的VNF内。容器管理功能CaaS(Container as a Service，容器即服务)嵌入在VNFM内，如图8-31(a)所示，NFVO不感知容器的存在。这一方案的好处是可直接使用ETSI NFV现有架构，无需改造。各个容器共享所属虚拟机的Guest OS(虚拟机里的操作系统)内核，而不需要获取Host OS(物理机里的操作系统)的管理权限。同时，虚拟机的使用能兼顾资源隔离性和安全性，比较适合核心网这种规模较大、任务密集型的网络功能。

待容器平台运行稳定后，有必要将厂家VNF内部的容器实现对外暴露，便于运营商逐步规范容器应用框架和优化5G核心网微服务架构方案。在容器虚拟机方案的基础上，图8-31(b)引入独立部署CaaS平台对容器资源进行管理调度，统一对外提供容器的调用接口。基于CaaS平台，VNF由容器构成，以容器粒度进行资源管理编排调度。容器可以使用虚拟机容器、裸机容器两种方式进行部署，有利于逐渐将 MANO 对生命周期的管理从以虚拟机为单位转向以容器为单位，全面获取容器性能损耗小、启动速度快、可敏捷开发部署的增益。

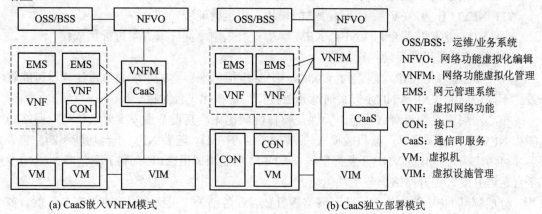

OSS/BSS：运维/业务系统
NFVO：网络功能虚拟化编辑
VNFM：网络功能虚拟化管理
EMS：网元管理系统
VNF：虚拟网络功能
CON：接口
CaaS：通信即服务
VM：虚拟机
VIM：虚拟设施管理

(a) CaaS嵌入VNFM模式　　　　　　　(b) CaaS独立部署模式

图 8-31　Caas 的部署

不同的容器部署方案还有助于更好地调配不同区域数据中心的资源：在核心 DC，考虑到容器隔离需求较强、沿用 NFV 技术要求和资源池等因素，可优先选择虚拟机容器方式进行部署。在边缘 DC 资源紧张的情况下，可优先选择裸机容器方式进行部署，提高集成度和灵活性。

如前所述，要发挥容器的最大效用，需尽快开展 VNFM 增强支持 CaaS 的工作，实现不同资源类型(虚拟机资源和容器资源)的统一管理，协助 VNFM 支持混合业务场景的功能管理。对 vnfm-vnf 接口、vnfm-caas 接口、caas-nfvo 接口和 nfvo-vim 接口进行容器化改造，实现 CaaS 与 MANO 网元解耦，同时考虑容器在安全性和可靠性等方面的加固要求。

2．NFV 平台解耦

如图 8-32 所示，当前讨论较多的是核心网 NFV 解耦方案，包括实现软硬件分离的二层解耦方案和实现硬件、虚拟化层和上层应用分离的三层解耦方案。

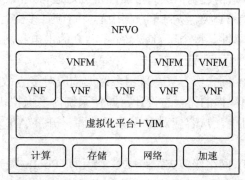

(a) NFV平台二层解耦方案　　　　　　　(b) NFV平台三层解耦方案

NFVO：网络功能虚拟化编辑；VNF：虚拟网络功能
VNFM：网络功能虚拟化管理；VIM：虚拟设施管理；Cloud OS：云操作系统

图 8-32　NFV 平台解耦方案

二层解耦方案采用通用化的硬件设备，建设统一的标准化硬件资源池，由网络设备厂家完成虚拟化平台、虚拟化网络功能和编排系统的整合，如图 8-32(a)所示。

三层解耦方案可以概括为如下三点，如图 8-32(b)所示。

(1) NFVO 作为 NFV 系统相对独立的模块，由运营商统一部署；

(2) VIM+虚拟化平台与 VNF+VNFM 解耦支持采用不同厂家方案进行集成；

(3) 硬件层采用通用硬件设备。

在一个 5G 核心网组网规划的区域内，VIM+虚拟化平台集成系统的数量建议尽可能收敛。不同厂商的 VNF+VNFM 方案通过开放接口与虚拟化平台对接。

核心网属于系统级网络功能，为保证整体性能优化，其设备集成度要求较高，网络功能和 NFV 平台可采用单厂家集成模式(如 VNF 和 VNFM)。随着 NFV 平台功能不断完善，后续可考虑为轻量化的 VNF 开发提供统一 VNFM 功能和调用接口，有利于运营商参与 NFV 平台运维开发，提升网络服务个性化能力。

分层解耦 NFV 架构使得运营商网络更开放，业务部署更灵活，同时也带来多厂商、多接口、多功能域集成的挑战。运营商选择的最佳模式是厂商集成交付能力和网络灵活性间的平衡。考虑到实际部署中统一云平台建设往往早于网络系统上线，这意味着 5G 核心网部署三层解耦是必须考虑的环节。实现三层解耦方案需要重点考虑的问题包括：

(1) 解决业务平滑迁移、平台和网络稳定性与性能保证、跨层故障定位和运维等方面的问题；

(2) 强化 NFV 系统框架，开放接口的信息模型和统一的 VNFD 数据模型的标准化工作；

(3) 构建运营商主导，网络设备、IT 和硬件厂商广泛、高效参与的基于"开源+标准"的新型统一 NFV 应用生态；

(4) 着力培养云化 NFV 平台和虚拟化网络功能开发运维团队。

3. NFV 运维配套

电信级的业务对数据中心的可靠性提出了更高要求，因为 NFV 系统较传统系统的业务节点更多，潜在的故障点和风险系数提高。IT 设计需要通过构建 VNF 系统多级容灾、备份体系来构建电信级高可靠性，应对运营挑战。

(1) IT 级容灾：单数据中心支持硬件多路径、多可用区 AZ(AvZone，可用区)，提升单 DC 可靠性。每个可用域都配备独立的供电和网络，当 DC 内单 AZ 出现故障的时候，业务可以快速切到另一个 AZ。

(2) 网元级容灾：采用多路架构应对多点故障，提升 VNF 可靠性。采用状态数据与业务处理解耦的无状态设计，即使系统内多虚拟机同时故障，也能将业务快速切换到剩余的虚拟机上，从容应对多服务器故障；开展 A/B 测试，提供敏捷业务发布，降低现网商用风险。

(3) 网络级容灾：跨 DC 网元间 Pool，提升网络可靠性。当单 DC、单虚拟网元功能 VNF 故障时，业务快速切换到其他 DC 的 VNF，保证业务可用；通过业务与多 DC 并联，达到业务的电信级高可靠性。

此外，5G 网管系统与云平台对接，实现编排、监控、升级等云网业务流程一体化和自动化是运维配套的另一重点任务。其主要内容包括：

(1) 网管定制，支持 4G/5G 网元共管；

(2) 混合 Pool 管理；

(3) 支持虚拟机和容器资源的编排与管理；

(4) NFV 域编排和管理能力构建；

(5) 网管北向支持 EPC/5G 核心网网元共管；

(6) SDN 实现 5G 部署和切片网络配置；

(7) 网络切片的部署和管理能力构建；

(8) 端到端切片业务发放对接 BSS(Business Support System，业务支撑系统)平台。

4．切片友好运营

面向部署的网络切片需要具备按需设计、自动部署、SLA 保障、智能化分析预测、安全隔离以及租户可管可控等关键运营能力，以引导垂直行业选择切片开展应用创新，拓展全新运营模式。

初期切片运营、多厂商管理以及 NFVO 都在建设中，云平台可以根据租户关键性需求，先上线 5G 核心网子切片，实现网络服务快速部署与业务配置激活等切片功能，并利用分层 SLA 指标监控以及跨层根本原因定位来提供运维保障。随着面向垂直行业的增强架构标准和云平台切片运维配套功能的逐步完善，切片租户在切片运行过程中也愈发明晰组网、架构和资源用量需求，最终将形成以网络切片为单位的信息基础设施运营模式，充分发挥 5G 核心网和云化 NFV 平台提供敏捷服务的能力。

切片本质上是运营商提供给租户的逻辑专网，租户定制的网络、计算和存储资源节点布放其间。一个完整的切片上可能既有运营商提供的网络功能，也有租户定制开发的网络功能，因此必须将用户关注的信息从不同层面和不同网络域中加以整合、提取和集中呈现，实现租户对切片的可视、可管、可控、可编排。在传统的运营商视图基础上，需要为切片租户的运维人员提供租户运维视图，其内容是对运营商运维业务级视图、网络级视图、网元级视图和用户终端视图基础上的二次定制，包括关键业务 KPI 指标、终端接入信息、套餐化配置、关键事件提醒(如成功率、故障、配额、费用等)。

5．X86 通用硬件性能

当前，基于通用服务器的虚拟化设备在性能和集成度方面低于物理设备是全产业共同面临的问题，这一问题在 5G 大吞吐量指标要求和边缘计算机房高集成度要求的背景下显得尤为突出。NFV 系统需要针对 5G 核心网业务需求提供全面的加速能力。

(1) 优化通用 CPU 和存储单元，满足 5G 核心网、MANO 等网络功能对计算和数据存储能力的要求。

(2) 综合软件加速和专用硬件加速技术，提升用户面转发性能和硬件集成度。

(3) 优化服务化架构的信令交互性能，改进 HTTP2 Client/Server 通信机制，提升请求/响应处理能力，降低信令处理时延。

(4) 优化边缘计算性能，针对边缘平台语音图像识别、VR/AR 等计算密集型应用，提供 GPU(Graphics Processing Unit，图像处理单元)、ASIC(Application Specific Integrated Circuit，专用集成电路)等硬件加速方案。

物理用户面设备是部署早期满足高性能、高密度流量处理以及保护现网投资的一种选择。基于 COTS 平台的软件加速技术和硬件加速技术能够实现从物理用户面设备的平滑演进，满足按需弹缩、部署灵活性和动态切片编排的需求，是 NFV 平台的关键技术环节。特别地，边缘计算业务要求网关下沉和边缘业务处理，需要同时具备高性能、高集成度和灵活部署业务的能力，X86+硬件加速技术在这一领域有广泛的应用和创新空间。

与服务器绑定的专用硬件模块会降低 NFV 平台的灵活性且成本较高。一种解决思路是将加速硬件同样视为 NFVI(网络功能虚拟化设施)统一管理下的一类资源，通过 VIM 北向接口对上层管理和编排功能暴露，实现统一的资源管理、业务编排和流量导入，即专用资源通用化。也可以通过独立的 PIM 或者专有设备能力直接提供北向接口，将资源开放给其上层的 MANO，减少 VIM 的复杂度，保持功能清晰独立。

本 章 小 结

本章主要介绍了 5G 网络的部署，包括 NSA 组网和 SA 组网的演进、对比、解析、对运营商和终端的影响，特别介绍了 LTE/5G 双连接技术；无线电信号的频谱划分；C-RAN 的概述、应用场景和覆盖部署；5G 核心网组网部署的需求、基本框架、重点任务以及关键技术等内容。

NSA 与 SA 都是 5G 网络的组网方式，NSA 是 5G 组网中的非独立组网方式，其依托于现有的 4G 核心基础设施进行网络部署。SA 则是 5G 组网中的独立组网方式，其是从零开始进行建设的全新网络。

非独立组网模式(NSA)指的是使用现有的 4G 基础设施，进行 5G 网络的部署。基于 NSA 架构的 5G 基站仅承载用户数据，其控制信令仍通过 4G 网络传输，运营商可根据业务需求确定升级站点和区域，不一定需要完整的连片覆盖。

独立组网模式(SA)指的是新建 5G 网络，包括新基站、回程链路以及核心网。SA 引入了全新网元与接口的同时，还将大规模采用网络虚拟化、软件定义网络等新技术，并与 5G NR 结合，同时其协议开发、网络规划部署及互通互操作所面临的技术挑战将超越 3G 和 4G 系统。

双连接是 3GPP Release-12 版本引入的重要技术。通过双连接技术，LTE 宏站和小站可以利用现有的非理想回传(non-ideal backhaul)X2 接口来实现载波聚合，从而为用户提供更高的速率，以及利用宏/微组网提高频谱效率和负载平衡。支持双连接的终端可以同时连接两个 LTE 基站，增加单用户的吞吐量。

在 5G 网络的部署过程中，5G 小区既可以作为宏覆盖独立组网，也可以作为小站对现有的 LTE 网络进行覆盖和容量增强。无论采用哪种组网方式，双连接技术都可以用来实现 LTE 和 5G 系统的互连，从而提高整个移动网络系统的无线资源利用率，降低系统切换的时延，提高用户和系统性能。

RAN 是根据现网条件和技术进步的趋势，提出的新型无线接入网构架具有的集中化、云化、协作、清洁四个与生俱来的特点。其本质是通过实现减少基站机房数量，减少能耗，采用协作化、虚拟化技术，实现资源共享和动态调度，提高频谱效率，以达到低成本、高带宽和灵活的运营。C-RAN 的总目标是为解决移动互联网快速发展给运营商所带来的多方面挑战(能耗、建设和运维成本，频谱资源)，追求未来可持续的业务和利润增长。

　　5G 核心网部署以 NFV 技术成熟为基础，其创新驱动力源于 5G 业务场景需求和新型 ICT(信息和通信技术)使能技术，旨在构建高性能灵活可配的广域网络基础设施，全面提升面向未来的网络运营能力。5G 核心网对云化 NFV 平台的关键需求包括开放、可靠、高效、简约、智能五种，其中开放、可靠和高效是 5G 网络功能在云化 NFV 平台规模部署的基础要求。

习　　题

1. 请简要说明 NSA 和 SA 组网方式的区别。
2. SgNB 添加方式有哪几种？请简述其优缺点。
3. 相较于 SA，NSA 组网有什么优缺点？
4. 简述 LTE/5G 双连接部署的两种场景、三种协议架构。
5. 请简述 C-RAN 的概念以及三种应用场景。
6. 传统的无线接入网具有哪些特点？
7. 5G 核心网对云化 NFV 平台的关键需求包括哪些？
8. 请简述 4G/5G 云端共存与融合的四个阶段。
9. 请简述 5G 核心网云化部署关键技术。
10. 请画出 NFV 支持容器架构图。
11. 请简述 5G 核心网 NFV 平台解耦的三层解耦方案。
12. 请简述实现三层解耦方案需要重点考虑哪些问题。

第 9 章 5G 网络优化

【本章内容】

移动通信网是一个不断变化的网络，网络结构、无线环境、用户分布和使用行为都在不断变化，需要持续不断地对网络进行优化调整以适应各种变化。无线网络优化是一个长期的过程，它贯穿于网络发展的全过程。本章介绍了 5G 优化的常规方法和优化阶段，详细介绍了 5G 网络工程优化、5G 单站验证和 5G 基站的覆盖优化。特别地，5G 建网初期保证基站功能正常是最基本的要求，因此本章对单站验证以及验证工具软件进行了详细的讲解。最后，由于大数据和人工智能技术在网络优化中的应用，网络优化的策略、方式、方法和目标，均会产生重大的变化。

9.1 5G 网络优化常用方法

网络优化是通过一定的方法和手段对通信网络进行数据采集与数据分析，找出影响网络质量的原因，然后通过对系统参数和设备的调整等，使网络达到最佳运行状态，使现有网络资源获得最佳效益，同时也对网络今后的维护及规划建设提出合理建议。网络优化主要包括无线网络优化和交换网络优化两个方面。无线网络优化是我们关注的重点，因为无线网络的错综复杂性，严重制约着通信网络的质量，所以，在一定程度上，网络优化就是指无线网络优化。

网络优化有多种途径和多种方法，一般地，会结合用户投诉和 CQT 测试办法来发现问题，结合信令跟踪分析法、话务统计分析法及路测分析法，分析查找问题的根源。在实际优化中，分析 OMC(Operation and Maintenance Center，操作维护中心)话务统计报告，跟踪分析空中接口信令，是网络优化最常用的手段。下面介绍几种常用的网络优化方法。

1. 话务统计分析法

OMC 话务统计是了解网络性能指标的一个重要途径，它反映了无线网络的实际运行状态，是我们大多数网络优化基础数据的主要根据。通过对采集到的参数分类处理，形成便于分析的网络质量报告。通过话务统计报告中的各项指标，比如呼叫成功率、掉话率、切换成功率、每时隙话务量、无线信道可用率、话音信道阻塞率和信令信道的可用率、掉话率及阻塞率等，可以了解到无线基站的话务分布及变化情况，从而发现异常，并结合其他手段，可分析出网络逻辑或物理参数设置的不合理、网络结构的不合理、话务量不均、频率干扰及硬件故障等问题。同时还可以针对不同地区，制定统一的参数模板，以便更快地发现问题，并且通过调整特定小区或整个网络的参数等措施，使系统各小区的各项指标得到提高，从而提高全网的系统指标。

2. DT

DT(Driver Test，驱车测试)是在汽车以一定速度行驶的过程中，借助测试仪表、测试手机，对汽车经过的区域的信号强度是否满足正常通话要求，是否存在拥塞、干扰、掉话等现象进行测试。通常在 DT 中根据需要设定每次呼叫的时长，分为长呼(时长不限，直到掉话为止)和短呼(一般取 60 秒左右，根据平均用户呼叫时长定)两种。为保证测试的真实性，一般车速不应超过 40 公里/小时。路测分析法主要是分析空中接口的数据及测量覆盖，通过 DT 测试，可以了解基站分布、覆盖情况是否存在盲区，切换关系、切换次数、切换电平是否正常，下行链路是否有同频、邻频干扰，是否有孤岛效应，扇区是否错位，天线下倾角、方位角及天线高度是否合理等。

3. CQT

CQT(Call Quality Test，通话质量测试)也指在固定的地点测试无线网络性能。这种测试方式也比较常用，就是使用终端在一些地点进行拨叫，主叫、被叫各占一定比例，最后对测试结果进行统计分析，完成主观评判，以便对网络运行的情况有直观的了解。目前 CQT 测试主要都是以人工测试的方式进行，一般的流程是，先制定一个测试计划交由测试人员到指定地点进行测试，测试工具一般为信号测试专用手机和笔记本电脑，测试过程是由测试人员通过测试工具与专业软件进行连接，然后通过软件记录测试手机信号。

4. 利用用户投诉信息

通过用户投诉了解网络质量，尤其在网络优化进行到一定阶段时，通过路测或数据分析已较难发现网络中的个别问题，此时通过无处不在的用户通话所发现的问题，可使我们进一步了解网络服务状况。结合场强测试或简单的 CQT 测试，我们就可以发现问题的根源。该方法具有发现问题及时，针对性强等特点。

5. 信令分析法

信令分析主要是对有疑问的站点的接口数据进行跟踪分析。通过对信令接口采集数据分析，可以发现切换局数据不全、遗漏切换关系、信令负荷、硬件故障及话务量不均等问题。通过对接口数据进行收集分析，主要是对测量仪表记录的 LAY3(层 3)信令进行分析，同时根据信号质量分布图、频率干扰检测图、接收电平分布图，结合对信令信道或话音信道占用时长等的分析，可以找出上、下行链路路径损耗过大的问题，还可以发现小区覆盖情况、一些无线干扰及隐性硬件故障等问题。

6. 自动路测系统分析

采用安装于移动车辆上的自动路测终端，可以全程监测道路覆盖及通信质量。由于该终端能够将大量的信令消息和测量报告自动传回监控中心，可以及时发现问题，并对出现问题的地点进行分析，具有很强的时效性。

在实际工作中，这几种方法相辅相成、互为印证。无线网络优化就是利用上述几种方法，围绕接通率、掉话率、拥塞率、话音质量和切换成功率及超闲小区、最坏小区等指标，通过性能统计测试→数据分析→制定实施优化方案→系统调整→重新制定优化目标→性能统计测试的螺旋式循环上升，达到网络质量明显改善的目的。

9.2 5G 网络优化阶段

根据网络优化在 5G 网络建设不同时期的工作重点，可以分为工程优化、日常运维优化、专项优化三个阶段。

在 5G 网络建设初期阶段，大批 5G 基站开通入网，优化工作的主要内容是确保这些入网基站能够达到网络规划的预期目标，基站平稳运行，保证基本的覆盖效果和容量需求；而随着基站入网商用交付的完成，网优工作逐步进入日常优化阶段，这个阶段的主要目的就是使每台基站都能高效地运行，不断提升基站的各项运行指标，比如切换成功率、掉话率、上下行速率、最大吞吐率、寻呼成功率等都保持在一个较高的水平。随着商用网络逐步成熟复杂，用户对网络质量提出了更高的要求，用户对网络在下载速率、上传速率、时延、切换感受、语音清晰度、视频清晰度这些直观体验方面的要求越来越高，因此必须制定专门的方案采取特殊的手段解决某个单一问题，提升用户感知度，网络优化就此进入了专项运维优化阶段。

9.2.1 工程优化阶段

工程优化工作是在网络规划、设备开通后，并且基站连片开通达到一定规模后进行。工程优化的目的是针对刚刚建设完成的网络，在保证基站正常运行的基础上，通过对覆盖、容量、切换、接入、速率等指标进行优化，使网络性能满足基本的商用要求。

5G 网络工程优化的主要任务包括：

(1) 对 5G 基本组网参数，比如工程参数、频率、带宽、功率、邻区、PCI 等参数进行优化，保证基站参数配置无误。

(2) 对 5G 基站覆盖效果进行调整，保证规划区域基本的覆盖，在热点区域能够满足基本连接用户数和基本速率需求，缓解业务上升时同频网络的性能恶化。

(3) 基站设备异常排除，包括设备故障排除、基站配套设备故障排除、内外干扰排除、参数设置异常排除、性能异常排除等，保证基站安全、稳定、可靠地运行。

(4) 异系统的互操作优化。在 NSA 组网模式下，需要对双连接进行优化，保证信令面锚定和用户面锚定的正常工作；在 SA 组网模式下，需要对 5G 网络和 3G/4G 网络进行互操作优化，保证网间切换、重选和语音回落正常进行。

(5) 特殊场景参数优化。高铁、高速公路、隧道、密集人口区域、高楼区域这些场景在任何无线通信系统下都是优化的难点区域，5G 也不例外。对这些特殊场景需要定制有针对性的优化方案，提高这些区域的性能指标和用户体验。

(6) 网络基础信息的更新、维护、共享是工程优化的重要工作内容之一，站点物理和配套信息、工程参数变更、网络参数变更等，都需要有条不紊地登记入库，以备后查。

5G 网络优化是一个漫长的过程，目前的 5G 建设仍处于起步阶段，优化工作主要以工程优化为主。因篇幅所限，本教材只对 5G 的工程优化进行阐述。

9.2.2　日常运维优化阶段

工程优化验收完成后，网络会逐步进入商用维护阶段，优化工作也进入到日常运维优化阶段。这个阶段主要从网络故障告警监控、KPI(Key Performance Indicator，关键绩效指标)性能监控、KPI 性能优化、例行测试优化、工参调整维护、参数核查优化等方面对网络性能质量进行全面基础维护，保障网络质量稳定提升。

1. 故障告警监控

故障的监控内容较多，根据告警影响程度，由轻到重依次为轻微、普通、重要和严重几个等级。告警一般按照告警影响程度由重到轻的顺序推动故障维护人员处理，同时优先过滤对业务有影响的故障进行处理。此外全网设备运维监控也可通过站点完好率和小区退服率等指标来分析，从宏观层面监控设备运维状态。

2. KPI 性能监控

网络性能 KPI 监控根据触发来源的不同，主要分为日常 KPI 性能监控、参数修改 KPI 监控、版本升级 KPI 监控等类型。

(1) KPI 日常监控：主要是为了发现前一天或今天影响网络指标的最坏小区，按照一定的规则筛选出最坏小区。

(2) 参数修改 KPI 监控：对参数修改生效后一天的数据与前一天工作日的数据进行对比，或者与上周同一时间段进行对比。如果发现指标恶化应及时进行预警，并找出最坏小区，定位问题原因，决定是否回退。

(3) 版本升级 KPI 监控：拿版本升级后一天的数据与前一天工作日的数据进行对比，或者与上周同一时间段进行对比，如果发现指标恶化应马上预警，并找出最坏小区，定位问题原因，决定是否回退。

3. KPI 性能优化

在日常网络优化中通常关注的 KPI 指标有接入类指标、保持性指标、移动性指标、资源类指标、系统容量类指标以及覆盖干扰类指标。

接入类指标包括 RRC 连接、建立成功率、ERAB 指派成功率、无线接通率等，保持性指标包括 ERAB 掉话率、RRC 掉话率、切换时掉话等；移动性指标包括频内切换成功率、频间切换成功率、异系统切换成功率等；资源类指标包括控制信道利用率、CPU 利用率、业务信道利用率、接入用户数等；容量类指标包括接入用户数、用户级吞吐量等；覆盖干扰指标包括 MR(Measurement Report，测量报告)覆盖率、驻留比、RSSI(Received Signal Strength Indication，接收信号强度指示)等。

KPI 性能分析方法包括：

(1) TOP N 最坏小区法。按照所关注的话务统计指标，根据需要取忙时平均值或全天平均值，找出最差的 N 个小区，作为故障分析和优化的重点。

(2) 时间趋势图法。趋势图法是话务分析的常用方法，工程师可以按小时、天或周作出全网、簇或者单个小区的指标变化趋势图，发现规律。

(3) 区域定位法。某些区域的指标变差，从而影响全网的性能指标，可在地图上标出网络性能前后变化最大的站点，围绕问题区域重点分析。

(4) 对比法。一项话务统计指标往往受多方面因素的影响，某些方面改变，其他方面可能没有变化。可以适当选择比较对象，分析问题产生的原因。

4. 例行测试优化

例行测试优化借助 DT 测试、扫频测试或 CQT 测试来进行，通过 ATU(Auxiliary Test Unit，辅助测试单元)、扫频仪等路测工具和软件来记录制定道路或区域的信号情况。对通过扫频仪或测试终端采集到的网络数据进行地理化分析，可以在地图上直观看到当前网络的信号强度与信号质量、各基站分布及小区覆盖范围、干扰及信号污染等信息。对于异常事件可以利用路测专用优化分析软件提供的数据回放及查询统计功能进行进一步分析。

其中，对于无线通信中最基本的覆盖类问题分析主要有以下几点：

(1) 覆盖合理性分布定位。通过测试结果，可以看到主导小区的覆盖情况。通过观察主导小区分布图，判断整个网络大致覆盖情况，对问题进行细化。

(2) 信号污染现场判断。当某地出现多个小区覆盖，并且信号强度都较高，导致 SINR 偏低，并且 UE 在其中频繁重选时，即可进入导频污染问题解决流程。

(3) 弱覆盖。在测试路线上，主导小区的信号较弱，并且邻区信号也较弱，需要加强该区域覆盖。

(4) 邻区关系。由于邻区关系配置不当引起的主导小区信号异常。

(5) SINR 异常。导频污染、弱覆盖、邻区关系设置不当以及频点规划等都会引起 SINR 的变化。

5. 工参调整维护

准确完整的工参信息是网优工程师针对网络问题制定优化调整方案的基础，及时更新完善工参，可大幅提升网优工作效率，加快问题解决进度。工参维护工作内容包括基站经纬度、天线挂高、天线方位角、天线下倾角、天线波瓣宽度等。这些参数对覆盖、切换、接入、寻呼等多个方面网络质量产生影响，进一步影响 KPI 指标，核查验证完成后需更新最新工参表。

6. 参数核查优化

参数核查优化主要对全网 PCI、PRACH、同频同 PCI、异频/系统间邻区、TAC 合理性等基础参数按照配置原则进行周期性核查优化。

参数优化时优先通过前台物理工程参数调整来解决问题，后台参数尽量在规范范围内调整，如果单一参数调整无法解决，可采用多参数联动调整方式。参数调整要全面考虑，避免顾此失彼，尤其是互操作相关参数，需要整体协调配置修改。所有参数调整务必做好备份和效果验证。

9.2.3 专项优化阶段

随着网络优化的深入进行，无线网络优化进入攻坚阶段——专项优化阶段。所谓专项优化是指针对网络性能中的关键指标、薄弱环节或者用户最为关注的问题制定专门的优化方案，实施该方案后，进行方案验证，确保专项优化方案对提高网络性能、解决用户问题有效果，比如切换成功率专项优化、功率控制专项优化、王者荣耀游戏专项优化、高铁覆盖专项优化、校园覆盖专项优化等。

专项优化阶段的工作流程具体包括五个方面：系统性能收集、数据分析及处理、制定网络优化方案、系统调整、重新制定网络优化目标。

系统性能收集可以通过 OMC 采集性能数据，参考用户申告信息，搜集日常 CQT 测试和 DT 测试等信息，了解用户对网络的意见及当前网络存在的缺陷，并对网络进行测试，收集网络运行的数据，然后对收集的数据进行分析及处理，找出问题发生的根源。根据数据分析处理的结果制定网络优化方案，并对网络进行系统调整。调整后再对系统进行信息收集，确定新的优化目标，周而复始直到问题解决，使网络进一步完善。通过前述几种系统性收集的方法，一般均能发现问题的表象及大部分问题产生的原因。

数据分析与处理是指对系统收集的信息进行全面的分析与处理。通过对数据的分析，可以发现网络中存在的影响运行质量的问题，如频率干扰、软硬件故障、天线方向角和俯仰角存在问题、小区参数设置不合理、无线覆盖不好、环境干扰、系统忙等。数据分析与处理的结果直接影响到网络运行的质量和下一步将采取的措施，因此是非常重要的一步。

系统调整即实施网络优化，其基本内容包括设备的硬件调整(如天线的方位、俯仰调整，旁路合路器调节等)、小区参数调整、相邻小区切换参数调整、频率规划调整、话务量调整、天馈线参数调整、覆盖调整等或采用某些技术手段，比如更先进的功率控制算法、天线分集、更换电调或特型天线、新增微蜂窝、采用双层网结构、增加塔放等。

测试网络调整后的效果主要包括场强覆盖测试、干扰测试、呼叫测试和话务统计。根据测试结果，重新制定网络优化目标。在网络运行质量已处于稳定、良好的阶段，需进一步提高指标，改善网络质量的深层次优化中出现的问题，比如用户投诉的处理，解决局部地区话音质量差的问题，具体事件的优化或因新一轮建设所引发的问题。

9.3　5G 网络工程优化

5G 网络工程优化主要是通过路测、定点测试等方式，结合天线调整，邻区、频率、功率和基本参数优化提升网络 KPI 的过程。网络优化总流程如图 9-1 所示。

1．优化准备

工程优化工作开始前，需要做好如下准备：

(1) 基站信息表：包括基站名称、编号、MCC(Mobile Country Code，移动国家号码)、MNC(Mobile Network Code，移动网络码)、TAC(Trace Area Code，跟踪区域码)、经纬度、天线挂高、方位角、下倾角、发射功率、中心频点、系统带宽、PCI(Physical Cell Id，物理小区识别码)、ICIC(Inter-Cell Interference Coordination，小区干扰协调)、PRACH(Physical Random Access Channel，物理随机接入信道)等；

(2) 基站开通信息表，告警信息表；

(3) 地图：网络覆盖区域的电子地图(Mapinfo 公司的)；

(4) 路测软件：包括软件及相应的许可证书(licence)；

(5) 测试终端：和路测软件配套的测试终端；

(6) 测试车辆：根据网优工作的具体安排，准备测试车辆；

(7) 电源：提供车载电源或者 UPS(Uninterruptible Power Supply，不间断电源)电源。

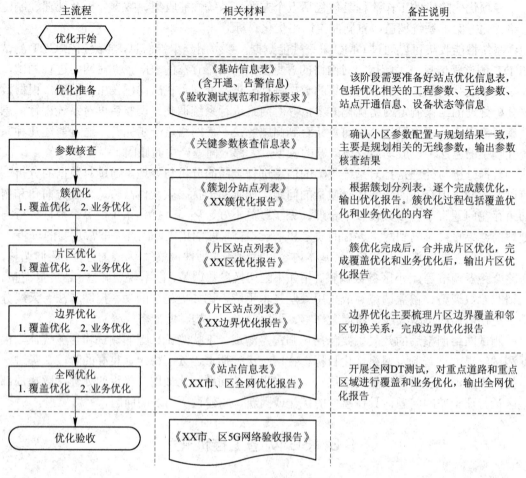

图 9-1　网络优化总流程图

2．参数核查

在网优工作开始前，首先针对需要优化区域的站点信息进行重点参数核查，确认小区配置参数与规划结果是否一致，如不一致需要及时提交工程开通人员进行修改。

站点开通时可以设置统一的开站模板，开站模板中涉及一些参数由规划确定，各个站点设置不一致，需要手动设置。重点参数包括：频率、邻区、PCI、功率、切换/重选参数、PRACH 相关参数等。

参数核查时，一般在网管系统中，导出各个站点参数配置信息表，与站点规划信息表进行对比，核查规划参数和实际配置的差别。

3．簇优化

根据基站开通情况，对于密集城区和一般城区，选择开通基站数量大于 80％的簇进行优化。对于郊区和农村，只要开通的站点连线，即可开始簇优化。

在开始簇优化之前，除了要确认基站已经开通外，还需要检查基站是否存在告警，确保优化的基站正常工作。簇优化是工程优化的最初阶段，首先需要完成覆盖优化，然后开展业务优化。

1) 簇内覆盖优化的工作步骤

(1) 根据实际情况，选取簇内的优化测试路线，尽量遍历簇内的道路；

(2) 配置簇内站点的邻区关系，检查邻区配置的正确性；

(3) 开展簇内的驱车测试(DT)；

(4) 分析测试数据，找出越区覆盖、弱场覆盖、邻区切换不合理等问题点，并输出 RF(Radio Frequency，射频)优化方案、邻区优化方案；

(5) 实施 RF 优化方案，并开展验证测试；

(6) 循环 DT 测试和数据分析步骤，直至解决问题，完成簇内覆盖优化。

2) 覆盖优化手段

覆盖优化通过六种手段解决覆盖的四种问题：覆盖空洞、弱覆盖、越区覆盖、导频污染。

- 调整天线下倾角；
- 调整天线方位角；
- 调整 RS(Reference Signal，导频信号)的功率；
- 升高或降低天线挂高；
- 站点搬迁；
- 新增站点或 RRU/AAU。

3) 簇内业务优化的工作步骤

(1) 按照测试规范开展 DT 或者定点测试；

(2) 根据测试规范要求的优化目标，分析网络性能指标，如 PDCP 激活成功率、RRC 连接建立成功率、FTP(File Transfer Protocol 文件传送协议)上传和下载速率、Ping 包时延、切换成功率等关键指标，对异常事件开展深入分析，查找原因，制定优化方案；

(3) 执行制定的优化方案，并开展验证测试；

(4) 循环测试并优化方案步骤，直至解决问题，指标达到优化目标值。

4．片区优化

在所划分区域内的各个簇优化工作结束后，进行整个区域的覆盖优化与业务优化工作。优化的重点是簇边界以及一些盲点。优化的顺序也是先覆盖优化，再业务优化，流程和簇优化的流程完全相同。簇边界优化时，最好是相邻簇的人员组成一个网优小组对边界进行优化。在优化过程中，注意及时更新工程参数表和参数调整跟踪表，及时总结参数调整前后的对比报告。

区域优化同样需要开展覆盖优化和业务优化，其工作步骤与簇优化基本一致，区别在于区域优化的重点是簇边界，以使多个簇形成连片覆盖的区域。

5．边界优化

边界是指片区交界路线和区域。实际优化中，为缩短优化时间，不同片区由不同的优化队伍并行开展优化，片区交界处无法统一优化，RF 调整不能达到最佳优化状态，因此需要实施边界优化。

片区内优化完成之后，开始进行片区边界优化。由相邻区域的网优工程师组成一个联合优化小组对边界进行覆盖和业务优化。当边界两边为不同厂家时，需要由两个厂家的工程师组成一个联合网优小组对边界进行覆盖优化和业务优化。覆盖和业务优化流程和簇优化流程完全相同。在优化过程中，注意及时更新工程参数表和参数调整跟踪表，及时总结调整前后的对比报告。

6. 全网优化

全网优化即针对整网进行整体的网络 DT 测试，整体了解网络的覆盖及业务情况，并针对客户提供的重点道路和重点区域进行覆盖和业务优化。覆盖和业务优化流程与簇优化流程完全相同。在优化过程中，注意及时更新工程参数表和参数调整跟踪表，及时总结参数调整前后的对比报告。

全网优化目标通常包括：

- 覆盖率——优化覆盖区域的电平强度、信号质量、切换成功率等 KPI 值；
- 容量——优化覆盖区域的扇区话务量分布。

用户可以定义的优化手段包括：

- 天线参数优化——天线挂高、天线类型、下倾角、方位角；
- 功率参数优化——最大功率、导频功率、业务信道功率；
- 站点位置优化——从候选站点中选取合适的站点，在范围内移动物理站址的位置。

9.4　5G 单站验证

单站业务验证是网络工程优化的基础，需要完成包括各个站点设备功能的自检测试，其目的是在簇优化前，保证待优化区域中的各个站点各个小区的基本功能、基站信号覆盖均是正常的。通过单站验证，可以将网络优化中需要解决的因为网络覆盖原因造成的失步、接入等问题与设备业务性能下降、接入等问题分离开来，有利于后期问题定位和问题解决，提高网络优化效率。通过单站验证，还可以熟悉优化区域内的站点位置、配置、周围无线环境等信息，为下一步的优化打下基础。

5G NR 单站验证根据网络组网方式的不同，分为 NSA 组网与 SA 组网，两种组网方式下验证的内容、验证的方式有所不同。

开展单站验证工作前，应首先与后台工程师确认所需要验证的站点已经开通并且不存在影响测试的告警时，方可进行单站验证工作。

9.4.1　单站验证主要内容

单站验证根据覆盖类型不同，一般分为宏站单站验证和室分单站验证。

1. 宏站单站验证主要内容

1) 站点物理信息采集

站点需采集的信息包括：主设备型号、经纬度信息、站点详细地址、机房环境拍照、GPS(Global Positioning Satellite，全球定位卫星)数据、信息有无遮挡等。

2) 天馈物理信息采集

需采集的信息包括：各小区天线经纬度、挂高、方位角、电子下倾角、机械下倾角、馈线长度、与其他系统天馈的隔离距离、光纤线路连接检查合理性等。

3) 天馈地理信息采集

需对各小区天馈覆盖主方向地理环境进行拍照,采集相关信息,对天面正北向 0° 起每 45° 进行拍照。

4) 定点通话质量测试(CQT)验证

分别选择极好点、好点、中点和差点进行定点测试,对小区基本信息如基站 ID、小区 ID、PCI 等规划信息和 Ping 时延进行测试,进行接入测试、FTP 上传下载测试等。

5) 路测的 DT 验证

进行单小区拉远覆盖距离测试(DT)、同站切换测试、相邻站点切换测试等,主要关注 DT 的 LOG 采集、弱覆盖、天馈接反等切换性能和干扰情况。

2. 室分单站验证

1) 站点物理信息采集

需采集的信息包括:主设备型号、经纬度信息、站点详细地址、覆盖方式、小区分布情况、机房环境照片等。

2) 天馈物理信息采集

需采集的信息包括:各小区天线经纬度、挂高、馈线长度、与其他系统天馈的隔离距离、天线覆盖区域室内环境等。

3) 定点 CQT 测试验证

分别选择极好点、好点、中点和差点进行定点测试,对小区基本信息如基站 ID、小区 ID、PCI 等规划信息和 Ping 时延进行测试,进行接入测试、FTP 上传下载测试等。

4) 路测 DT 测试验证

进行室内遍历覆盖测试、同站切换测试、相邻站点切换测试、室分信号外泄测试等,主要关注 DT 测试 LOG 采集、室分覆盖水平及覆盖范围、室分小区切换性能、室分小区干扰情况、室分外泄情况。

对单站测试所有 LOG 进行指标统计和分析,对其中影响验收指标的问题进行过滤和深入分析定位,制定优化解决方案,根据解决调整方案进行参数优化调整或天馈优化调整并进行问题复测,形成问题处理报告。对于现场核查发现的工程施工问题,或实际与网络规划不一致等问题根据实际需求,与客户进行沟通汇报,确认整改方案。对于规划方案不合理的,及时反馈给网络规划侧进行调整;对于现场工程施工未按照规划执行造成与规划方案不一致的,督促工程侧进行整改。对于天馈接反等工程质量问题,及时反馈工程组进行整改,整改完毕网优侧配合进行现场验证测试,确保问题得到解决,并现场补采测试 LOG,用于单站报告输出使用。

5G 单站验证根据组网形式可以分为 NSA 单站业务验证和 SA 单站业务验证。

9.4.2　NSA 单站验证

NSA 组网目前是 Option3X 方式。该组网以 LTE 为锚点,控制面为 LTE 形式,业务面以 LTE 与 5G NR 分流的方式。因此在 NSA 站点单站验证时,需要同时验证 FDD LTE 和 5G NR 两者的基本性能。NSA 单站验证主要内容包括:

(1) 工程参数验证：检查经纬度、天线方位角、下倾角等是否与规划一致，主覆盖方向是否存在高大建筑物阻挡等问题。

(2) 无线参数验证：检查该站点小区的频点、CELL ID、PCI、PRACH、发射功率等参数是否与规划数据一致。

(3) 业务性能验证：检查该小区覆盖范围下，4G/5G 接入、上传下载业务、ping 包业务、切换等基本功能是否正常。

(4) 无线覆盖验证：DT 进行站点覆盖性能验证，验证该站点覆盖范围是否同规划一致，是否存在天馈接反，切换是否正常。

(5) 问题记录及解决：单验过程中，对发现的问题需要在单验报告中详细记录，并对问题进行分析、解决和再次验证。

NSA 的单站验证测试设备采用 4G CPE+5G CPE(Customer Premises Equipment，用户端设备)，其连接组成如图 9-2 所示。硬件数量：4G CPE×1 台，5G CPE×1 台，网线×2 根，外接天线×6 根，测试笔记本×1 台，USB 口 GPS×1 个，T6000 电源×1 个。

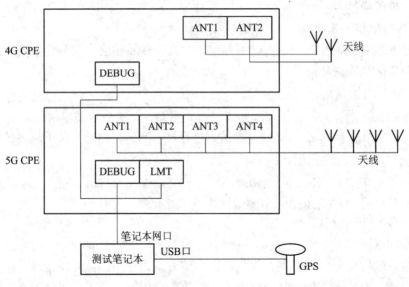

图 9-2　NSA 测试终端连接

首先将 4G CPE 的 DEBUG 口与 5G CPE 的 LMT(Local Maintenance Terminal，本地维护终端)口通过网线连接；然后将 5G CPE 的 DEBUG 口通过网线与测试笔记本网口相连；测试笔记本 USB 口外接 GPS；4G CPE 的 ANT1(Antenna1 的简写，标识第一根天线)和 ANT2 连接外接天线，5G CPE 的 ANT1、ANT2、ANT3、ANT4 连接外接天线；T6000 电源负责给 CPE 供电。

目前 NSA 业务测试软件采用 LMT+CXT 的方式，其中 LMT 与 CPE 对接，通过 LMT 的操作将 CPE 接入到网络中，然后将 CPE 采集到的信息，包括 RSRP(Reference Signal Receiving Power，参考信号接收功率)、SINR、吞吐量、信令等，在 LMT 软件中呈现出来。CXT 主要是与 LMT 对接，将 LMT 采集到的信息传递给 CXT，并在 CXT 中呈现出来。LMT 和 CXT 的具体使用请参考 9.4.4 和 9.4.5 小节。

9.4.3　SA 单站业务验证

SA 组网，就是 5G 独立组网，一般采用协议中的 Option2。该组网方式是控制面和业务面均走 5G NR 的方式，核心网为 5GC。在 SA 站点单站验证时，主要验证 5G NR 的基本性能。NSA 单站验证主要内容包括：

(1) 工程参数验证：检查经纬度、天线方位角、下倾角等是否与规划一致，主覆盖方向是否存在高大建筑物阻挡等问题。

(2) 无线参数验证：检查该站点小区的频点、PCI、PRACH、发射功率等参数是否与规划数据一致。

(3) 业务性能验证：检查该小区覆盖范围下的 CPE500 接入、上传下载业务、ping 包业务、切换等是否正常。

(4) 无线覆盖验证：DT 进行站点覆盖性能验证，验证该站点覆盖范围是否同规划一致，是否存在天馈接反，切换是否正常。

(5) 问题记录及解决：单验过程中，对发现的问题需要在单验报告中详细记录，并对问题进行分析、解决和再次验证。

SA(独立组网标准)的单站验证测试采用 CPE500 设备并如图 9-3 所示进行测试连接。

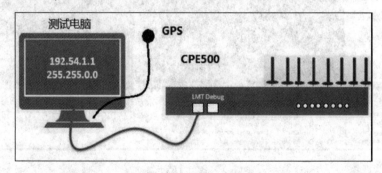

图 9-3　SA 测试终端连接

硬件配置：CPE500×1 台，网线×1 根，外接天线×8 根，测试笔记本×1 台，USB 口 GPS×1 个，T6000 电源×1 个。

设备连接方法，将 CPE500 的 LMT 口与测试笔记本通过网线连接；测试笔记本 USB 口外接 GPS；CPE500 的 ANT1、ANT2、ANT3、ANT4、ANT5、ANT6、ANT7、ANT8 连接外接天线；T6000 负责给 CPE500 供电。

SA 业务测试软件采用 LMT+CXT 的方式，LMT 与 CPE 对接，通过 LMT 的操作将 CPE 接入到网络中，然后将 CPE 采集到的信息，包括 RSRP、SINR、吞吐量、信令等在 LMT 软件中呈现出来。CXT 主要是与 LMT 对接，将 LMT 采集到的信息传递给 CXT，并在 CXT 中呈现出来。LMT 和 CXT 具体使用请参考 9.4.4 和 9.4.5 小节。

9.4.4　LMT 软件使用

LMT 是本地监控终端，是为了能够实时监控测试 UE 系统的运行状态而设计开发的单独运行在后台 PC 机上的应用软件，它可以抓取 CPE 的业务信令和运行 LOG，提供给网优人员分析网络运行情况。LMT 的使用步骤如下：

1) 配置笔记本 IP 地址

设置连接 CPE 的测试笔记本的 IP 地址，设置笔记本的网卡 IP 地址为 192.254.1.1，子网掩码为 255.255.0.0。

2) 打开 LMT 软件

LMT 必须与前台 CPE500 版本保持一致。打开界面如图 9-4 所示。

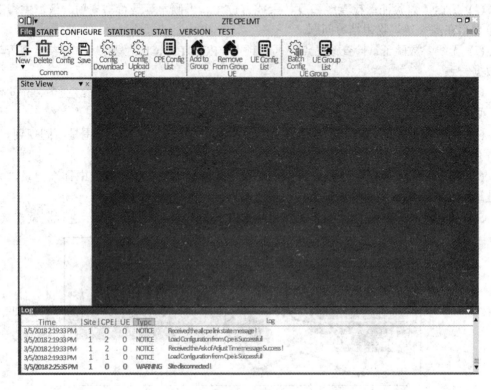

图 9-4   打开 LMT 软件

3) LMT 配置

新建 Site(站点)，在 Site View(站点视图)的空白区右击→New Site(新建站点)，进入 Site 设置对话框，输入 Name(基站名称)，IP Address 设为 127.0.0.1，FtpServer Port(FTP 服务器端口)默认，可不改，如图 9-5 所示。

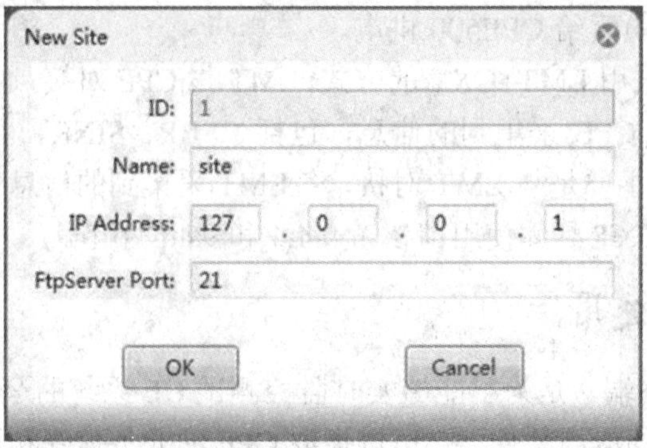

图 9-5   新建 Site

4) 新建 CPE

选中新建的 Site,右击→New Cpe(新建 CPE),进入新建 CPE 对话框,输入 Name,CPE Type(CPE 类型)选择 CPE_NR(5G NR 类型的 CPE),LTE IP 设为 192.254.1.80,点击"OK"确认,如图 9-6 所示。完成设置后正常情况下会在新建立的 CPE 下自动出现 UE1,即表明正常与前台建立连接。如果没有自动出现 UE1,则需要新建 UE1,方法是:选中 CPE,右击→New UE 即可。

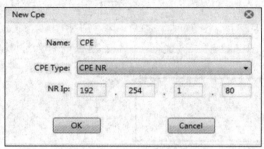

图 9-6　新建 CPE

5) 配置频点带宽参数

与前台正常建立连接后,需要配置频点、带宽等信息之后才能进行下行同步。参数配置参见图 9-7。CPE500 配置频点和带宽步骤如下:

(1) 选择 CPE→右键选择"Config(配置)";

(2) 打开 Config 界面类型为 site_CPE,选择 TDD→选择天线个数,默认为 8,→Cpe Number(Cpe 数量)默认是 1,不修改;

(3) 填写上下行频点和带宽,频点和带宽必须与基站侧保持一致,否则会同步失败;

(4) 打开"文件",单击"保存"按钮。

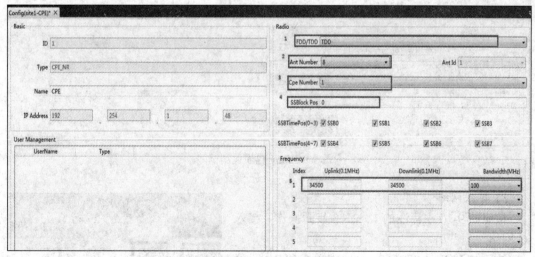

图 9-7　配置频点带宽参数

6) 配置 IMSI 参数

只有配置了核心网分配的 IMSI(International Mobile Subscriber Identity,国际移动用户识别码),UE 才能接入网络。如图 9-8,具体配置方法如下:

(1) 选择 UE→右键选择 "Config" →打开 Config 界面，类型为 CPE-Ue1-LTE；

(2) Mode(方式)选择 "SimulateIMSI(仿真 IMSI)" →勾选 Frequency(频率)下面用到的频点。

(3) 在 "File" 中单击 "保存" 按钮。

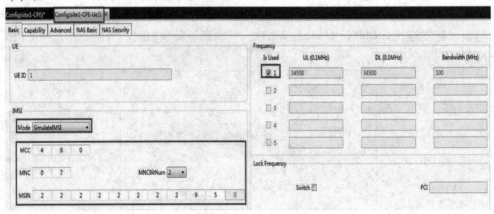

图 9-8　配置 IMSI 参数

7) Ping 包灌包测试

进行 Ping 包灌包或者 FTP 的操作，需要配置 ARP(Address Resolution Protocol，地址解析协议)学习。只需要在 CPE500 Advanced Config(高级配置)界面按如图 9-9 所示配置即可，这里 6.6.100.6 为 PDN(Public Data Network，公用数据网)IP，子网掩码 255.255.255.255。

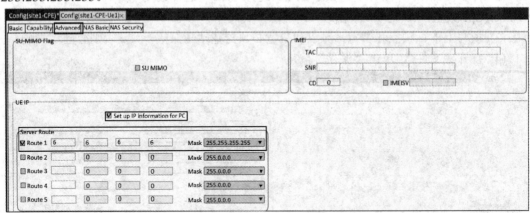

图 9-9　Ping 包灌包测试

8) 接入网络

按照图 9-10 中标注的 1、2、3 步骤操作，接入 5G 网络。

(1) 在 LMT→START(开始)中单击 "Reset(复位)" 按钮重置 UE；当 LMT 界面最下端 CPE 状态信息栏中的 DlSyn(D1 同步)状态变为 Syn 时，表明完成下行同步，此时可以做接入测试。

(2) 右击 UE，选 Single Trace(单一跟踪)，会出

图 9-10　接入网络操作

现信息跟踪空口，点击 Start 按键，开始跟踪信令；

(3) 点击 Attach(附着)按键，开始接入。如果接入完成，将会显示 UE IP，可查看信令验证接入过程是否正常。

9) CPE500 信令

CPE500 正常接入后的信令显示如图 9-11 所示。

Number	SignalName	Direction	MsgType	ChannelID	FN	SubFN/Slot	Length
1	RRCConnectionReconfiguration45G	DOWNLINK	RRC_MSG	4	889	15	195
2	RRCConnectionReconfigurationComplete45G	UPLINK	RRC_MSG	5	890	1	1
3	MSG1	UPLINK	MAC_MSG	33	662	3	1
4	MSG1	UPLINK	MAC_MSG	33	664	3	1
5	MSG1	UPLINK	MAC_MSG	33	666	3	1
6	MSG2	DOWNLINK	MAC_MSG	34	666	9	29
7	RRCConnectionReconfiguration	DOWNLINK	RRC_MSG	3	670	11	32
8	RRCConnectionReconfigurationComplete	UPLINK	RRC_MSG	3	670	15	1

图 9-11　CPE500 的 5G 信令

9.4.5　CXT 软件使用

CXT 是中兴自主研发的一款前台测试软件，可以将测试到的信息进行地理化显示，同时支持测试数据的回放。CXT 的使用步骤如下：

1. 打开 CXT 软件

打开 CXT 软件，点击 "+" 号，进行设备的选择和连接。设备添加共有 2 个，一个是 GPS，一个是选择 5G CPE，其中 CPE 的 IP 在下拉菜单中获取，为 192.254.1.1，如图 9-12 所示。

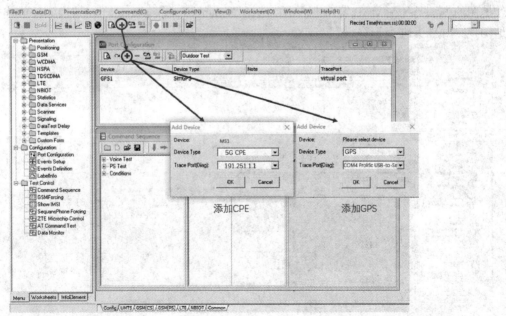

图 9-12　打开 CXT 软件

2．CXT 工参导入

设备连接后，导入站点信息的工参，具体方法是在菜单栏"Data"中选择"LoadCellSite(导入小区站点)"，在弹出对话框中选择所需工参文件，点击"Map&Load(地图和导入)"，最后在弹出对话框中点击"Load"即可。如图 9-13 所示

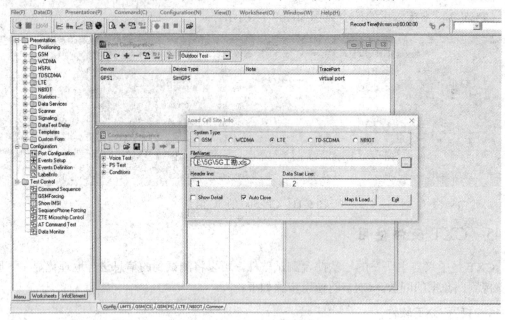

图 9-13　CXT 工参导入

3．CXT 地图导入

在 map 界面中可选择"LoadTAB(导入图层)"格式地图，也可以选择在线地图。导入在线地图的方法是：在 MAP 窗口中右击，选择"ChangeToOpenStreetMap(切换到开放式街道地图)"。如图 9-14 所示。

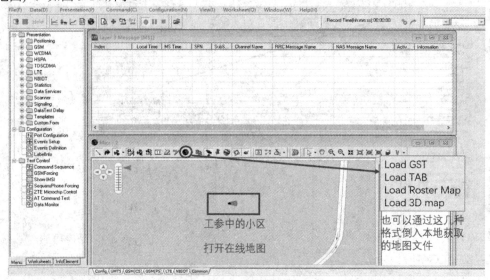

图 9-14　CXT 地图导入

4．记录并保存 LOG

在设备连接完毕后，自动弹出 LOG 记录窗口，设置好以后保存即可。在 Infoelement(信息元素)栏选中对应的指标可以地理化显示指标情况，测试完毕后停止记录 LOG。如图 9-15 所示。

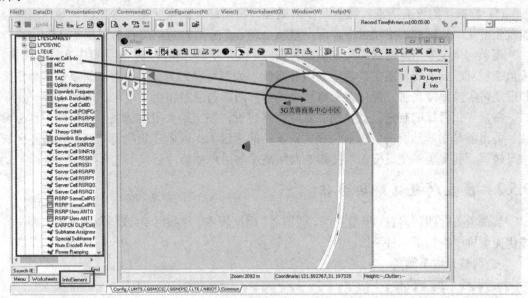

图 9-15　记录保存 LOG

9.5　5G 基站覆盖优化

9.5.1　覆盖问题的产生原因

良好的无线覆盖是保障移动通信网络质量和指标的前提，结合合理的参数配置才能得到一个高性能的无线网络。5G 移动通信网络中涉及的覆盖问题主要表现为四个方面：覆盖空洞、弱覆盖、越区覆盖和导频污染。

无线网络覆盖问题产生的原因主要有如下五类：

(1) 无线网络规划的准确性。无线网络规划直接决定了后期覆盖优化的工作量和未来网络所能达到的最佳性能。从传播模型选择、传播模型校正、电子地图、仿真参数设置以及仿真软件等方面保证规划的准确性，避免规划导致的覆盖问题，确保在规划阶段就满足网络覆盖要求。

(2) 实际站点与规划站点的位置偏差。规划的站点位置经过仿真是能够满足覆盖要求的，而实际站点位置由于各种原因无法获取合理的站点，导致网络在建设阶段就产生了覆盖问题。

(3) 实际工作和规划参数不一致。由于安装质量问题，出现天线挂高、方位角、下倾角、天线类型与规划的不一致，使得原本规划已满足要求的网络在建成后出现了很多覆盖问题。虽然后期网优可以通过一些方法来解决这些问题，但是这会大大增加项目的成本。

(4) 覆盖区无线环境的变化。一种是无线环境在网络建设过程中发生了变化，个别区域增加或减少了建筑物，导致出现弱覆盖或越区覆盖。另外一种是由于街道效应和水面的反射导致形成越区覆盖和导频污染。这种情况要通过控制天线的方位角和下倾角，尽量避免沿街道直射，减少信号的传播距离。

(5) 增加新的覆盖需求。覆盖范围的增加、新增站点、搬迁站点等原因，导致网络覆盖发生变化。实际的网络建设中，应尽量从上述五个方面规避网络覆盖问题的产生。

覆盖优化主要消除网络中存在的四种问题：覆盖空洞、弱覆盖、越区覆盖和导频污染。覆盖空洞可以归入弱覆盖中，越区覆盖和导频污染都可以归为交叉覆盖，所以从这个角度和现场可实施角度来讲，优化主要有两个内容：消除弱覆盖和交叉覆盖。

覆盖优化目标的制定，就是结合实际网络建设，制定最大限度解决上述问题的目标参数。弱覆盖是指基站所需要覆盖面积大，基站间距过大，或者建筑物遮挡而导致边界区域信号较弱。弱覆盖和交叉覆盖直接影响网络质量与用户体验，必须引起重视。

9.5.2 覆盖问题的解决方法

解决覆盖的四种问题：覆盖空洞、弱覆盖、越区覆盖、导频污染(或弱覆盖和交叉覆盖)，按优先级排序有如下六种手段：

- 调整天线下倾角；
- 调整天线方位角；
- 调整 RS 的功率；
- 升高或降低天线挂高；
- 站点搬迁；
- 新增站点或 AAU。

在解决上述四种问题时，优先考虑通过调整天线下倾角，再考虑调整天线的方位角，依此类推。手动排序主要是依据对覆盖影响的大小、对网络性能影响的大小以及可操作性进行。覆盖优化调整工程参数时，使用坡度仪测量天线下倾角，使用罗盘测量天线的方位角。

1. 覆盖空洞

覆盖空洞是指在连片站点中间出现的完全没有 5G 信号的区域。测试终端的灵敏度一般为 $-124\,dBm$，考虑部分商用终端与测试终端灵敏度的差异，预留 $5\,dBm$ 余量，则覆盖空洞定义为 RSRP<$-119\,dBm$ 的区域。

一般的覆盖空洞都是由于规划的站点未开通、站点布局不合理或新建建筑物阻挡等导致的。最佳的解决方案是增加站点或增加 AAU，其次是调整周边基站的工程参数和功率来尽可能地解决覆盖空洞。对于隧道，应优先增加 AAU 来解决问题。

2. 弱覆盖

弱覆盖一般是指有信号，但信号强度不能保证网络能够稳定地达到要求的 KPI 的情况。天线在车外测得的 RSRP$\leqslant-95\,dBm$ 的区域定义为弱覆盖区域，天线在车内测得的 RSRP<$-105\,dBm$ 的区域定义为弱覆盖区域。

优先考虑调整信号最强小区的天线下倾角、方位角，增加站点或 AAU，增加 RS 的发射功率。对于隧道区域，考虑优先使用 AAU。

3. 越区覆盖

当一个小区的信号出现在其周围一圈邻区及以外的区域并且能够成为主服务小区时，称为越区覆盖，如图 9-16 所示。

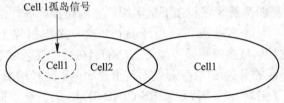

图 9-16　越区覆盖示意图

对越区覆盖的测试和判断最好是使用反向覆盖系统或者前台测试软件进行测试，其对邻区的测量不受相邻小区列表的限制。

利用反向覆盖测试数据，根据前台测试软件的"所有小区覆盖范围"功能进行测试路线上的全部小区 BestRSRP 信号连线判断。利用前台测试可以实现：

- 根据 CNT(中兴优化测试软件) New Map 中的"Show ScrambleCode(显示扰码)"功能显示测试点的 PCI 并进行判断。

- 利用 CAN(优化分析软件)的"所有小区覆盖范围"功能进行测试路线上的全部小区 BestRSRP 信号连线判断。示例如图 9-17 所示，图中小方框部分为越区覆盖。

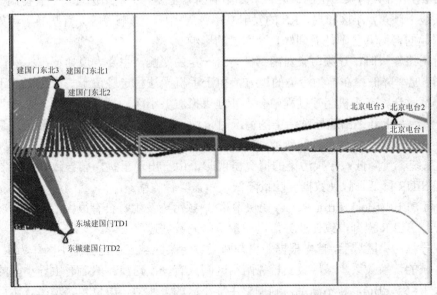

图 9-17　越区覆盖判断图

对于越区覆盖问题，首先应考虑降低越区信号的信号强度，可以通过调整下倾角、方位角，降低发射功率等方式进行。降低越区信号时，需要注意测试该小区与其他小区切换带和覆盖的变化情况，避免影响其他地方的切换和覆盖性能。在覆盖不能缩小时，考虑增强该点被越区覆盖小区的信号并使其成为主服务小区。

在上述两种方法都不行时，再考虑规避方法。在孤岛形成的影响区域较小时，可以设置单边邻小区解决方案，即在越区小区中的邻小区列表中增加该孤岛附近的小区，而孤岛附近小区的邻小区列表中不增加孤岛小区；在越区形成的影响区域较大时，在 PCI 不冲突的情况下，可以通过互配邻小区的方式解决，但需慎用。

4. 导频污染

RS-CINR(Carrier to Interference plus Noise Ratio，载波干扰噪声比)小于 0 dB 的指标一般会出现在两种地方：弱覆盖区域和强干扰区域。在弱覆盖区域，由于有用信号很小，其功率很接近热噪声，所以热噪声和其他干扰(外部干扰和相邻小区的干扰)共同导致 RS-CINR<0 dB，在这种区域热噪声是不能被忽略的。在强干扰区域，有用的功率和其他干扰(外部干扰和相邻小区的干扰)的功率都远远高于热噪声，这种情况下热噪声可以被忽略，而导频污染就是定义了强场下的干扰导致 RS-CINR<0 dB 的情况。根据下面导频污染的定义，出现导频污染并不一定出现理论 RS-CINR<0 dB，但是大部分情况下会导致理论 RS-CINR<0 dB。反过来，在强场理论 RS-CINR<0 dB 的区域，肯定会出现导频污染的情况。所以消除了导频污染，即消除了强场下的大部分 RS-CINR<0 dB 情况。

消除导频污染，能够很大程度上减少乒乓切换(两个小区之间来回切换)，净化切换带，改善业务的 KPI 指标。

5G 网络中主要是通过对 RSRP 的研究来定义其导频污染的。5G 的导频污染中引入强导频和足够强主导频的定义，即在某一点存在过多的强导频却没有一个足够强的主导频的时候，即定义为导频污染。

5G 网络中导频污染产生的原因很多，影响因素主要有：基站选址，天线挂高，天线方位角，天线下倾角，小区布局，RS 的发射功率，周围环境影响等等。有些导频污染是由某一因素引起的，而有些则是受到好几个因素的影响。

进行网络建设时，导频污染对网络性能有一定的影响，主要表现如下：

(1) 呼通率降低：在导频污染的地方，由于手机无法稳定驻留于一个小区，不停地进行服务小区重选，在手机起呼过程中会不断地更换服务小区，易发生起呼失败。

(2) 掉话率上升：出现导频污染的情况时，由于没有一个足够强的主导频，手机通话过程中乒乓切换会比较严重，导致掉话率上升。

(3) 系统容量降低：导频污染的情况出现时，由于出现干扰，会导致系统控制信道和业务信道 SINR 降低，致使数据吞吐量降低，覆盖半径收缩。

(4) 高 BLER(Block Error Rate，误块率)：导频污染发生时会有很大的干扰情况出现，这样会导致 BLER 提升，致使业务信道质量下降，数据速率下降。

发现导频污染区域后，首先根据距离判断导频污染区域应该由哪个小区作为主导小区，明确该区域的切换关系，尽量做到相邻两小区间只有一次切换。然后看主导小区的信号强度是否大于-95 dBm，若不满足，则调整主导小区的下倾角、方位角、功率。然后增大其他在该区域不需要参与切换的相邻小区的下倾角或降低功率或调整方位角等，以降低其他不需要参与切换的相邻小区的信号，直到不满足导频污染的判断条件。

导频污染的优化，其根本目的是在原来的导频污染区域产生一个足够强的主导频信号，以提高网络性能。

在进行站点规划时，应避免出现几个站点的环形分布情况。这样有可能在环形区域的中心出现导频污染的情况。进行仿真的过程中，注意比较不同仿真条件下的结果，通过调整 RS 的功率实现最佳的 RSRP 覆盖和 RS-CINR 覆盖。调整扇区方位角和下倾角，实现最佳的扇区仿真覆盖，避免多小区重叠覆盖区域。

而在解决现网导频污染问题优化时，一般会采取如下方法：

1. 天线调整

天线调整内容主要包括：天线位置调整、天线方位角调整、天线下倾角调整。

(1) 天线位置调整：可以根据实际情况调整天线的安装位置，以达到相应小区内具有较好的无线传播路径。

(2) 天线方位角调整：调整天线的朝向，以改变相应扇区的地理分布区域。

(3) 天线下倾角调整：调整天线的下倾角度，以减少相应小区的覆盖距离，减小对其他小区的影响。

2. 无线参数调整

无线参数调整主要指调整扇区的发射功率，实现最佳的覆盖距离。

3. 采用 RRU

在某些导频污染严重的地方，可以考虑采用双通道 RRU 拉远来单独增强该区域的覆盖，使得该区域只出现一个足够强的导频。

4. 邻小区参数优化

在实际的网络优化过程中，由于各种各样的原因，有时候没有办法或者无法及时地采用上述方法进行导频污染区域的优化时，可以根据实际的网络情况，通过增删邻小区关系和调整 PCI(PCI 调整以模 3 为隔间)，设计调整的邻区之间的 PCI 尽量模 3 不要相同，来进行导频污染地区网络性能的优化。调整小区的个体偏移并通过此调整来改善扇区之间的切换性能。将小区的个体偏移调整为正值，则手机在该服务小区是"易进难出"；调整为负值，则手机在该服务小区是"易出难进"。建议调整值为 ±3 dB 以内。调整小区内的重选参数，通过修改小区的重选服务小区迟滞来调整服务小区的重选性能。

需要强调的是，通过调整工程参数消除多个互相干扰的强导频，是进行导频污染优化的首要手段。上述方法只是在实际网络环境中由于各种条件的限制无法消除导频污染时而采取的一种优化网络性能的方法。

9.5.3　基站覆盖优化的方法及流程

基站覆盖优化可以按照图 9-18 所示的流程进行。

1. 覆盖路测

在覆盖测试时，尽可能地同时使用测试终端和测试软件，便于找出遗漏的邻区和分析时定位问题。覆盖路测要求尽可能地遍历区域内所有能走车的道路。

2. 覆盖路测数据分析

覆盖路测数据分析包括性能分析和问题分析两部分。性能分析主要统计 RSRP 和 RS-CINR 是否满足指标要求。若不满足指标要求，按照优先级根据前面覆盖问题的定义以及判断方法找出弱覆盖、交叉覆盖(即包含越区覆盖和导频污染)的区域，逐点编号并给出初步解决方案，输出《路测日志与参数调整方案》。

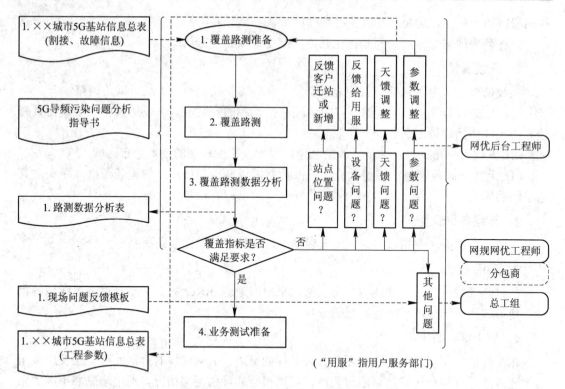

图 9-18   覆盖优化流程

按预定方案解决问题点。若是判断由于天线的工程参数导致的，则调整天线工程参数后，再对问题点进行路测验证，并更新《基站工程参数表》；若判断是由于站点位置不理想或者是由于缺站导致的，确定后则需要向客户建议迁站或新增加站点；若判断是由设备导致的问题，则将问题反馈到维护部门进行处理；若判断是由于参数设置原因导致的，则通知网优后台人员调整参数后再对问题点进行路测验证，并由后台操作人员输出更新后的《网优参数修改汇总表》；若不能确定具体原因，则按照《现场问题反馈模板》填入相关信息后发给后方技术支撑组，支撑组提供相关建议后再进行路测验证。

所有的问题点解决以后，再次使用测试软件+测试终端进行覆盖测试，看 KPI 是否满足要求；若不满足，继续对问题进行分析编号、路测调整，直到覆盖指标满足要求后，才进入业务测试优化。

3．路测优化

在路测优化时，重点借助小区服务范围图，优先解决弱覆盖的问题点；对于导频污染点、越区覆盖和 RS-CINR 差的区域，通过规划每个小区的服务范围，控制和消除交叉覆盖区域来完成优化。弱覆盖点和交叉覆盖区域，解决完之后进行路测对比。

在解决弱覆盖和交叉覆盖时，可以借助天线下倾角计算工具计算天线上 3 dB 的覆盖范围对应的天线下倾角。

总结一下覆盖问题的优化原则，就是：先优化 SSB(Synchronization Signal Block，同步信号资源块) RSRP，后优化 SSB-SINR；覆盖优化的两大关键任务是：消除弱覆盖和交叉覆盖；优先优化弱覆盖、越区覆盖，再优化导频污染；优先进行权值功率优化，再进行物理天馈调整优化(优先电子调整，再机械调整)。在完成覆盖优化后，要求整个区域的覆盖指标满足 KPI 指标要求，如不符合 KPI 指标要求，则需要重复上述覆盖优化方法，直至达到 KPI 指标的考核要求。

9.6　大数据在 5G 网络优化中的应用

大数据是一种规模大到在获取、存储、管理、分析方面大大超出了传统数据库软件工具能力范围的数据集合，它具有海量的数据规模、快速的数据流转、多样的数据类型和价值密度低四大特征。大数据技术的战略意义不在于掌握庞大的数据信息，而在于对这些含有意义的数据进行专业化处理，在于提高对数据的"加工"能力，通过"加工"实现数据的"增值"。

在无线通信领域，特别是在 5G 时代，由于频谱的拓宽、用户与基站密度的增加以及业务的多样化，如物联网、车联网的迅速发展，未来无线通信具有大数据的显著特征。无线移动通信服务对象产生的大量数据与为其服务衍生的频谱、传输、接入、网络和应用的大量数据，统称为无线大数据。

9.6.1　移动大数据的来源

无线大数据的来源可以分为三种：原始采集、处理派生和测试实验。

(1) 来源于原始采集。数据集是由大规模的无线用户通过无线/移动通信服务产生的，包括无线频谱占用、无线空口接入、无线网络使用、无线应用行为等。其特点是这些数据直接由无线通信的行为得出，可以从频谱测量仪表、用户终端、基站端与核心网设备、应用服务等处直接获得。原始无线大数据包括物理层数据(例如信道大数据)、接入层数据(例如无线接入行为)、网络层数据(包括网络流量数据)、应用层数据(包括用户应用需求)等。

(2) 来源于处理派生。这类来源是指通过对原始无线大数据进行处理而得到的数据、模型、分布、统计、规律等，如频谱利用率分布、超密集小区的空间统计、传输信号资源分配等数据。派生大数据的处理包括实时处理与非实时处理。实时处理的大数据可用于实时的用户接入、传输模式的选择等。非实时处理的大数据可进行长时间的用户接入与业务行为统计，用于小区规划、频谱规划等方面。

(3) 来源于测试实验。这类来源是指在实验室、外场、试验网、现网等处测试和评估未知频谱的性能、新兴传输技术、创新接入方法和革命性的网络结构的过程中产生的数据集。这些数据集可与原始采集和处理派生的数据进行对比分析，用于评判新频谱、新技术、新接入与新网络结构的性能。由于来源于测试实验的数据和来源于原始采集与处理派生的数据在体量、特征等方面存在一定差异，因此如何设计合理的对比分析方法将面临较大的挑战。

9.6.2　无线大数据处理流程和分析方法

无线大数据处理流程包括大数据采集、大数据认知与大数据决策三个步骤。大数据首先经过采集和预处理，然后进行基本特性和规律的认知，最后进行分析，完成询因和决策的功能，数据在三者之间流转，形成持续优化的闭环流程，其关系如图 9-19 所示。

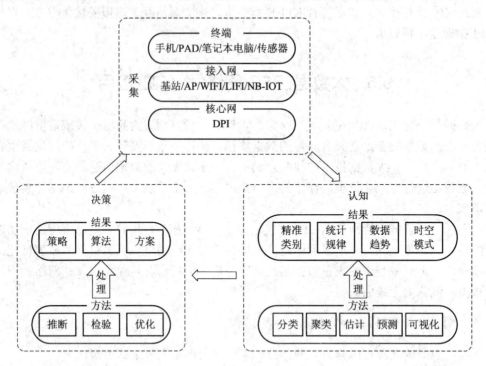

图 9-19　无线大数据处理流程和方法

1. 大数据采集

目前的无线大数据采集主要由电信运营商、电信设备提供商、应用服务提供商完成，未来还可能扩展到其他实体采集系统，如物联网、工业系统等。采集节点包括终端侧的智能手机、笔记本电脑以及各类传感器等，接入侧的宏/微基站、物联网基站等，以及核心网侧的专用数据采集单元。采集手段包括原始数据记录和 DPI(Deep Packet Inspection，深度包解析)。在室内工业复杂环境采集则面临实时大数据采集的挑战。

2. 大数据认知

大数据认知是指从采集到的海量数据中通过分类、聚类、估计、预测与可视化等方法认识其内在的精准类别、统计规律、数据趋势和时空模式等。认知的主要目的是从统计意义上分析和挖掘数据中隐藏的正常与异常、类别间的关联等，借助可视化技术，数据科学家可快速获取无线通信系统中的上述数据信息，发现其中的问题、故障、错误、异常等。例如将信道增益与网络流量等数据可视化，方便用户直观看到信道增益与网络流量等随时间与空间的变化关系；对用户位置信息进行挖掘，预测用户在未来某个时刻的行为，提取用户的行为特征等。

3. 大数据决策

大数据决策包括推断、检验和优化等，其中，推断是寻求和确认问题原因，检验是指针对认知得到的结论进行验证，而优化是指对解决方案和待解决系统进行持续优化。将借助可视化分析、统计推断、假设检验、优化方法等技术手段给出解决方案、优化措施等，并反馈到系统中进行实施，完成闭环优化过程。

9.6.3　大数据处理 5G 网络优化问题

大数据对 5G 网络的各方面，比如运营以及服务，市场销售、网络架构部署、业务分类、网络优化、垂直业务推广都会产生深刻的影响，这里我们仅对大数据对无线网络优化方面的影响进行介绍。

1．覆盖盲区定位

无线网络的覆盖好坏对 KPI 有决定性的影响，可有效识别出覆盖盲区并加以优化，对于提升网络 KPI 的效果最明显。依靠常规的网优路测寻找盲区费时费力见效慢。利用无线大数据平台分析采集到的网络日志及终端测量报告、位置信息，可以及时有效发现覆盖盲区。

从基站的角度，如果没有开通定位功能，网络将无法获得终端的准确位置信息。常规的方法是通过基站的位置、天线朝向以及收集到的终端测量报告，使用三角定位的方法来进行粗略的位置计算。在监督模式下结合路测数据，使用隐式马尔科夫模型的指纹匹配算法对数据进行训练，可以将终端定位精度范围从误差 100 米提升到 20 米。在此算法中，大数据平台基于收集到手机上报的测量报告，计算出移动速度和方向，结合路测数据估算出新的位置概率。结合其他 KPI 数据如掉话、小区切换失败、无线连接重建事件，可以将弱覆盖及盲区显示到地图上，供工程维护人员进行定向优化。

现有的数据收集方法是各厂家将自定义的日志通过运维接口形式上报至数据采集平台。在无线大数据网络架构中，可以增加无线设备和大数据平台的专用数据采集通路，规范日志的结构化输出，以提升平台的数据收集及处理效率。

2．用户体验问题定位

伴随着数据业务的增长，丰富多样的创新应用的出现，用户越来越关注所用业务的使用体验。因此，运营商的关注点也从 KPI 转向 QoE(Quality of Experience，体验质量)/KQI(Key Quality Indicators，关键质量指标)。QoE/KQI 更偏重于用户体验同时也是受客户主观影响的指标。它以用户体验为中心，把用户感知数值化，以便近似衡量客户真实体验和满意度，指标如用户网页访问成功率、响应时间及会话级别的时延、抖动、丢包率等。

在无线大数据平台，汇聚了接入网、核心网网元的控制面信令、用户面数据以及各种即时的测量数据。通过时间戳、用户在网元接口的唯一标识，可以将用户的信息关联起来，使得系统可以对用户行为进行细致的分析。利用机器学习算法，以决策树的形式将需要人工分析的性能问题交由系统自动识别，并通过大数据对结果进行聚类、分类。

例如，用户在使用数据业务时，若网络访问请求在 1 秒之内返回，用户感觉良好，当时延大于 5 秒时，体验就很糟糕。在无线大数据平台，可以将速率低于下行 64 kb/s、上行 32 kb/s 的所有用户进行分类，通过决策树来识别出是网络覆盖问题、设备问题、终端问题还是应用服务器问题，并将相关用户记录按问题汇总，方便维护人员进行相应处理。图 9-20 就展示了使用决策树进行问题归类的过程。

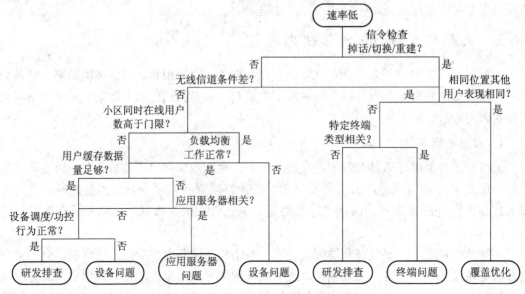

图 9-20   应用决策树排查速率低的问题

3．定制化移动性管理

当前，5G 的注册区域与 4G 的跟踪区域类似，维持在 UE 以及 AMF 中，并且 5G RAN 需要按照该注册区域广播 UE。5G UE 中存在三种移动模式，包括不移动、限制区域内移动、非限制区域内移动。没有大数据分析的帮助，追踪以及归类 UE 的移动模式是非常困难的。因此，可以考虑使用大数据分析挖掘收集到的网络信息并精准预测 UE 的移动模式，例如分析一个人每天的活动范围 gNB list 或者 Cell list，并将预测结果反馈给网络侧，使得 AMF 能够在 gNB list 或者 Cell list 范围内寻呼 UE，从而减轻 gNB 的寻呼负担，节省 gNB 寻呼资源。

另一方面，切换参数与不同的网络传播环境、干扰、负载、业务类型等信息关系紧密，如果切换参数设置不合理，会出现过早切换、过晚切换或者发生乒乓切换(两个小区之间来回切换)，恶化切换性能及负载均衡性能，从而导致用户体验不佳。可使用大数据分析收集和学习不同小区、切片、用户类型、业务类型等网络环境下的切换数据，预测小区干扰及负载和用户的业务情况，自适应地切换参数配置。另一方面，传统方法一般基于瞬时测量值来进行切换决策，可以使用大数据分析算法，充分挖掘历史信息及预测信息在切换中的作用，帮助进行智能决策。

4．智能跨层优化

现有的无线通信的协议栈、传输层和应用层分开透明设计，不直接进行网络和业务信息的交互，可能会造成无线资源的浪费和业务性能的下降。由于传输层无法感知无线网络的实时情况，传输层的发包窗口大小的调整具有一定的尝试性和盲目性，严重时会有伪超时现象出现，造成无线资源的浪费。由于无线侧对于业务信息的不感知，协议栈无法实现针对不同业务而实现的最佳"灵活"功能配置，很可能会造成处理时延的增加和资源的浪费。应用层由于无法直接感知无线侧实时波动情况，很多应用无法进行及时准确的调整，例如通过无线网络观看视频，当链路质量变差时，服务器反应比较缓慢，相当一段长的时间内依然按照原来的请求发送高码率视频源，用户观看时会出现卡顿。

基于网络和业务信息感知及无线大数据使能的智能跨层优化可以很好地解决这些问题。无线侧可提供历史和实时的传输能力、剩余缓存空间和基站负载等信息给传输层，辅助传输层进行优化设计。如可通过海量数据分析和机器学习算法来优化传输层发包窗口。该方法具有以下优势：首先，大量合理且完备的历史样本会使训练的模型具有良好的稳定性，当畸形样本输入时，输出结果与正常输出范围偏差不大，具有很好的容错性。基于无线大数据的机器学习算法还有一个明显的优势就是它的预测功能，并不是简单地利用最近获得的无线信息来直接转换为发包窗口大小，而是对其进行基于历史信息分析和预测后的修订。传输层因此可以获得一个比较稳定的发包速率，可作为一个阶段的最佳发包速率，系统整体的吞吐率也因此维持在一个较高的水平；不仅减小了无线资源的浪费，也很大程度上避免了超时，可明显减少重传的发生。

同时，无线侧可通过大数据分析实现流量业务类型识别，结合业务感知，无线网络协议栈可动态选择最佳的功能配置。如针对超低时延高可靠的应用层小数据量业务，协议栈实现特殊的调度机制，在保证可靠性的基础上实现时延的有效降低，提高用户体验。

5. 无线网络覆盖和容量优化

CCO(Coverage and Capacity Optimization, 网络覆盖和容量优化)是无线接入网络中的一个重要任务。CCO 的目标是在保证区域覆盖的前提下提升网络容量。它是通过一种自动调整的方式来最小化小区间的干扰并保证可接受的 QoS。在这个过程中，小区天线的功率和天线配置(例如导频功率，天线下倾角、方位角，Massive MIMO 模式等 RF 参数)扮演着至关重要的角色。固定的 RF 参数配置对于千变万化的无线网络环境，并不能都带来最优的网络覆盖和网络性能。CCO 动态地调整这些 RF 参数来适应无线网络变化，通过提升本小区的接收信号强度并降低对邻区的干扰来提升网络性能。

由于无线网络环境的复杂性，我们很难建立 RF 参数和网络覆盖、网络容量性能之间的关系。而且，这些参数维度很高，即使是很有经验的网络性能专家也不能给出最优的参数配置。采用基于增强学习和神经网络的方法来实现 CCO 的在线自动调整，算法能基于当前的网络状态给出使得网络性能最优的 RF 参数修改动作。这里的神经网络用于建立网络状态、RF 参数和网络性能之间的关系，相比于传统的 Q-table 方法，有更好的泛化能力，能更好地应对无线网络的变化。算法中还引入 KPI 保障，对 KPI 违反进行了惩罚，保证了CCO 调整过程中网络 KPI 保持稳定。

基于 CCO 的 RF 优化可以用于很多场景中，例如 CA、节能、单频网等。这里以 CA为例进行应用描述，如图 9-21 所示。现在越来越多的终端开始支持多频段的 CA 特性，这

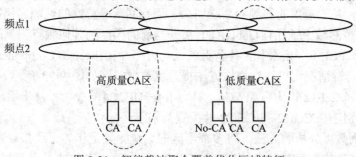

图 9-21　智能载波聚合覆盖优化区域特征

样使得 CA 终端可以较为充分地使用多频段网络资源,提升终端吞吐率等性能。由于不同频段之间没有进行相关协调或者共天馈模式,使得 CA 终端所处的无线 CA 环境有所不同。比如,有些终端处于多个频段 RSRP 较差的 CA 区,虽然分配多个频段资源,整体上对当前 CA 用户吞吐率的提升并不是很大。

基于 CCO 的 RF 优化是面向场景化 CA 特性的使能算法,可以提升整个多频段区域内 CA 特性的容量,与 RRM 特性和 CA 特性形成良好互补。从实现形式上看,可以将 RF 优化分为独立式和协调式两种。前者是 RF 收集特定区域内 CA 和非 CA 用户分布,以及各个 CA 频段上的覆盖质量,采用人工智能算法计算出各个频段最优覆盖性能状态,通过 CCO 实现面向容量最大化各个 CA 频段的优化;后者则是 RF 不仅仅独立优化各个 CA 频段的覆盖情况,同时还输出一些局部区域优化模式集合给 RRM(哪些区域是哪些频段组合等模式),RRM 从优化模式集合中自动选出一些适合的模式,灵活地实现与其他 RRM 特性最优兼容的模式输出。

6. 基于虚拟栅格的无线网络性能优化

虚拟栅格是指信号栅格(亦有人称其为智能栅格)。相对于传统的地理栅格,虚拟栅格不需要根据实际的地理位置划分栅格,而是使用多个小区的系统测量,比如 RSRP 来定义栅格。在虚拟栅格中保存栅格级的历史 KPI 统计信息,用于栅格级的无线网络性能优化,如图 9-22 所示。

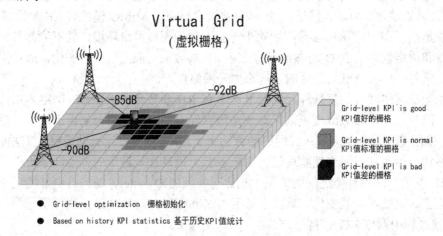

图 9-22　虚拟栅格示例

在异频异系统多频点组网场景中,将当前小区级的算法粒度细化到栅格级,可以提升 CA、负载均衡、基于覆盖的异频异系统切换、语音回落等特性的性能。例如 CA 场景中,通常是盲配,这虽然减少了异频 Gap(让 UE 离开当前的频点到其他频点测量的时间段)测量,但是所选载波和 PCI 不一定最优,甚至不能成功盲配 SCC(Second Component Carrier,第二个组成载波),这种情况可以通过栅格方法提升优选增益。如图 9-23 所示,当前方案 UE1 和 UE2 均会选择 Cell12 作为盲配 SCC,不能保证 UE2 盲配成功;基于栅格的方法可以为 UE1 和 UE2 分别选择 Cell12 和 Cell22 并配置为辅小区。

我们采用大数据分析的方法,将多个小区的系统测量量作为无线指纹信息,用于关联栅格中保存的统计信息和测量值。之后就可以基于建立的模型,直接关联得到想要的信息,然后用于各种特性的策略动作执行中，从而提升无线网络的性能。

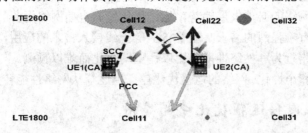

图 9-23　CA 场景中的 SCC 选择

7. 基于用户画像的无线用户体验优化

用户画像是指给定特征，基于真实的数据对用户进行分类。无线网络中，通过大量的无线网络特征和数据对用户细化分类，可以有的放矢地按需提供相应的服务，保障用户体验并提高网络利用率。

无线网络中描述用户特征的维度很多。描述用户所处的信道环境的特征，例如 RSRP、RSRQ(Reference Signal Received Quality，参考信号接收质量)、CQI 等；描述用户类型的特征，例如终端类型、芯片类型、传输能力等；描述用户需求的特征，例如业务类型、Buffer 长度等；还有进一步分析获得的特征，例如所处位置、移动速度、运动轨迹等，如图 9-24 所示。

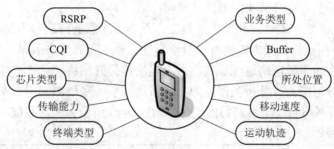

图 9-24　无线用户画像示意图

针对不同的无线应用，我们可以选取不同的多维特征组合对用户进行分类。例如，可以通过业务类型和缓冲长度对用户传输优先级进行排序；通过业务类型和移动速度给用户分配合适的小区接入和驻留策略；通过寻找合适特征的位置、移动速度、运动轨迹、业务类型的用户进行用户配对选择；等等。

9.7　基于 AI 的 5G 网络优化

AI(Artificial Intelligence，人工智能)是一门融合了计算机科学、统计学、脑神经学和社会科学的前沿综合性学科。它的目标是希望计算机拥有像人一样的智力能力，可以替代人类实现识别、认知、分类和决策等多种功能。着眼于通信行业，由于移动互联网、智能终端等技术的快速发展，数据呈现爆发式增长，电信运营商在大数据发展中扮演重要角色。运营商处理的海量数据涵盖了用户基本信息、通话数据、上网数据、网络运行数据等多方面，人工智能技术的引入提升了通信大数据的分析、挖掘速度和管理效率，使网络智能化变得更为现实，给网络运营成本、效率和管理带来新的突破方向。

网络智能化是未来网络的必然发展趋势，运维优化作为电信网络运营的重要环节，对人工智能技术的引入也有着强烈的需求。随着 5G 等无线接入技术的应用，运营商网络变得越来越复杂，用户网络行为和网络性能也比以往更动态化而难以预测。与此同时，由于移动通信业务的多样化和个性化，网络的运营优化焦点也逐渐从网络性能转变为用户体验。

9.7.1 人工智能在网络运维优化中的应用

传统的运维优化生产模式是以工程师的经验为准则，借助人工路测、网络 KPI 分析、告警信息等手段处理网络问题并进行优化调整，其缺点伴随着网络发展越来越明显：生产效率低、处理周期长、优化效果存在片面性，故传统的网络生产模式很可能无法再满足运营商的未来需求，需考虑在网络运维和优化中引入人工智能技术。

人工智能可根据网络承载、网络流量、用户行为和其他参数来不断优化网络配置，进行实时主动式的网络自我校正和优化，同时通过人工智能为复杂的无线网络和用户需求提供强大的决策能力，从而驱动网络的智能化转型。

人工智能技术有着自身独特的优势，能解决很多传统方法无法解决的难题。人工智能技术主要具备的能力有：

(1) 超强的学习能力，能对大量的输入信息进行分析和学习，并通过不断的学习加强模型，掌握专家经验，提升解决问题的准确性；

(2) 良好的全面性，能处理和发掘人类工作不容易注意的问题和不确定的信息；

(3) 效率高，能模拟人类方式进行大量重复的工作，提升生产效率。

为了最大限度地降低网络运维成本，最大程度地提升网络优化工作效率，需利用人工智能技术的良好学习能力、分析处理能力、跨域协同能力和资源利用效率，发展网络智能化、自动化，实现网络自动运维和智能优化。如图 9-25 所示为人工智能在网络运维优化中的各种应用模式。

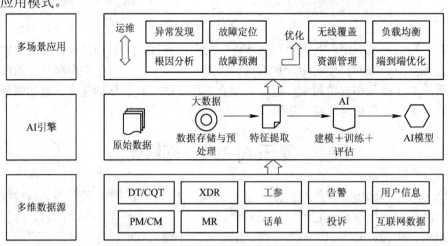

图 9-25　人工智能在网络运维优化中的应用模式

1. 智能运维

运营商会部署各级网管系统/平台，对网络和业务运行情况进行监控和保障。现网中如果网络设备出现故障和告警，一般由运维工程师根据历史经验和理论知识归纳总结出来的相关规则进行处理。传统运维方式存在处理效率低、实时性不强、运维成本高、问题前瞻性不够等缺点。为了解决上述问题，可以人工智能技术为基础，结合运维工程师的经验，构建一种智能化、自动化的故障处理监控系统/功能模块，能够在通信网络中实现对故障告警的全局监控、处理，实时采集告警和网管数据并关联分析处理，进行灵活过滤、匹配、分类、溯源，对网络故障快速诊断，配合相应的通信业务模型和网络拓扑结构实现故障的精准定位和根因分析，并通过历史数据不断自学习实现故障预测，提升故障处理效率和准确性。

2. 智能优化

网络优化的主要作用是保障网络的全覆盖及网络资源的合理分配，提升网络质量，保证用户体验，所以运营商在网络优化工作中投入了大量人力物力。网络优化涉及多个方面，如无线覆盖优化、干扰优化、容量优化、端到端优化等。传统网优工作一般依靠路测、系统统计数据分析、投诉信息等手段采集相关数据信息，再结合网优工程师的专家经验进行问题诊断和优化调整。在网络复杂化和业务多样化的趋势下，传统网优工作模式显得被动，处理问题片面化，难以保证优化质量，而且生产效率低，在网络动态变化的情况下难以保证实时性。采用人工智能技术可对网优大数据进行训练，并将大量的专家经验模型化，构建智能优化引擎，模拟专家思维驱动网络主动实时做出决策，进行主动式优化和调整，使网络处于最佳工作状态。

人工智能在网络运维优化中的应用需要有高质量的数据做基础，需要利用合适的人工智能算法在相关的方向或场景进行实践。高质量的数据要通过整合网络相关运行、测试和信息数据来获取，数据源包括路测数据、MR 数据、性能数据、配置数据、工参数据、信令采集数据、告警数据、用户信息数据、投诉数据、互联网数据等。根据不同应用场景需求和特征，选择并关联有效的数据源，结合运维网优工程师的丰富工作经验，匹配合适的人工智能算法，设计特征工程、训练及建立模型。

9.7.2　人工智能在网络运维优化中的应用场景

利用人工智能技术时需考虑实际网络运维优化工作的生产流程和模式，根据应用场景需求选择合适的人工智能算法，对相关的数据进行清洗、标注、训练，建立可靠有效的系统模型，实现人工智能在网络运维优化中的应用。下面给出几个应用场景示例供读者学习参考。

1. 智能故障溯源

网络故障分析和溯源是运维的重点工作，网络发生故障的现象和原因有很多，会产生很多不同类型的告警信息，从告警中快速准确地判断故障信息是我们的目标和要求。在设计智能分析系统时，可考虑从海量告警信息中结合网络拓扑、网络配置、KPI、历史告警故障处理经验等信息提取共性特征，融合已有的历史处理故障经验对提取数据进行训练，形成专家诊断规则库，对新产生的告警信息匹配规则进行诊断，给出故障原因和处理方法，在处理故障后结合网络运行状态对专家诊断规则库进行反馈优化，具体流程如图 9-26 所示。

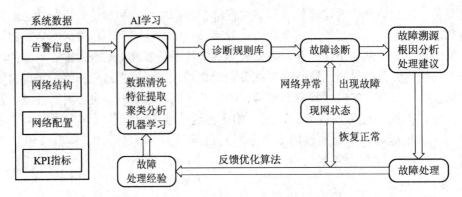

图 9-26　基于人工智能的网络故障溯源流程

2. 无线覆盖智能优化

无线覆盖是移动通信网络质量的基础，基站站点的位置选择在现实中不会像仿真模型中一样完美，受到建设投资、地形、传播路径动态变化、网络负荷等因素的影响，移动网络总会存在弱覆盖、越区覆盖、干扰、容量等问题，这些会直接影响用户业务体验，需要通过优化不断调整，以满足用户对网络质量的要求。无线环境复杂多变，影响覆盖质量的因素甚多且不确定性较强，我们可以结合多维无线覆盖相关历史数据(MR、路测、工参、无线 KPI、参数配置等)，利用深度学习等人工智能技术对数据训练、调参，寻找影响无线网络质量的关键因素，以此来构建智能优化引擎。优化引擎能结合现网运行状态准确实时给出优化调整建议和决策，如天线下倾角和方位角调整、性能参数优化、邻区配置调整等，并进行相关自动化或者人为处理，保证网络质量处于良好水平。优化系统模型如图 9-27 所示。

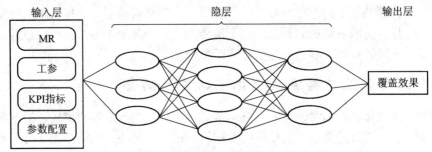

图 9-27　基于神经网络的无线覆盖智能优化系统模型

3. 业务流量预测优化

近年来移动互联网和智能终端的飞速发展带动了通信业务流量的激增，如何平衡网络业务负荷为用户带来良好的业务体验也是运营商关注的焦点。网络情况动态变化，用户业务需求随时间空间不断产生变化，需要从中挖掘特征，聚焦流量变化趋势，使网络在忙时能做到负荷平衡，保证用户体验；在闲时能智能关断部分基站设施，达到节能降本的效果。利用众多场景网络的多维度历史流量和网络质量数据，结合时间和场景特征基于人工智能技术进行数据分析挖掘，综合网络实际需求，进行流量预测，并使用负载均衡、动态资源调度、智能关断等策略，对网络流量进行优化调整。

9.7.3　人工智能在网络运维优化应用中面临的挑战

人工智能在网络中进行相关融合应用是大势所趋，但仍处于起步阶段，在网络中引入人工智能技术面临诸多挑战，需要在实际应用中不断探索。

首先，人工智能的实际应用需要大量有效可靠的网络数据，网络数据在不同的网元或者系统生成，数据采集和汇聚需要硬件能力和系统架构的支撑和升级，多维数据源的处理关联需要考虑数据格式、异厂家融合等特性问题。网络数据标签化的手段也较少，有效数据获取成本较高，数据涵盖的场景和范围比较有限。

其次，运维优化领域的知识专业性较强，在具体应用时需要明确业务逻辑，人工智能技术的学习特点具有黑盒特征，难以确定应用的需求和流程，可能会使最终应用的效果不明显。

再次，人工智能对应用需求和目标存在概率性误差。由于获取的数据存在片面性，在特定数据下训练得到的 AI 模型和架构可能很难适用所有的需求场景，这对高标准的电信级服务是个巨大挑战，在实际落地应用之前，需持续迭代学习，不断自我完善。

最后，人工智能的应用还需要考虑人为的控制力如何介入。通信网络的运维优化生产需要安全稳定，AI 应用的输出效果存在不确定性，而通信网络的运维优化要以安全稳定为前提，AI 最终的定位是主导还是辅助还需要经过发展确定。

人工智能已在很多领域展现了强大的作用和效果，虽然目前在通信领域进行融合应用还需要跨越很多障碍，但是在未来网络不断发展和人工智能技术逐步成熟的趋势下，人工智能技术的引入必将给网络运营带来全新的状态。研究人工智能技术在网络运维优化中的应用将助力网络向智能化转型，达到降本增效的目标。

本 章 小 结

本章主要介绍了 5G 网络优化的一些基本概念和流程，以及 5G 单站验证、基站覆盖优化等内容。5G 网络优化方法如：话务统计分析法、DT、CQT、用户投诉、信令分析法、自动路测系统分析等方法。

5G 网络优化主要是通过路测、定点测试等方式，结合天线调整，邻区、频率、功率和基本参数优化提升网络 KPI 指标的过程。优化的基本流程为优化准备、参数核查、簇优化、片区优化、边界优化、全网优化。

5G 单站验证与优化是网络优化的基础，在网络优化中单站验证是很重要的一个阶段。需要完成包括各个站点设备功能的自检测试，其目的是在簇优化前，保证待优化区域中的各个站点各个小区的基本功能、基站信号覆盖均是正常的。在完成单站验证的基础上，保证基站的基本覆盖达到规划标准。

5G 时代的到来正在加快无线大数据的增长。人工智能和大数据在社会与产业各领域都将有广泛的应用，并产生重要影响。人工智能和大数据对 5G 网络的发展(如网络体系架构的设计、运维的提效和服务体验的提升等)将起到强化和优化的作用。

总之，网络优化是一项长期、艰巨的任务，进行网络优化的方法很多，有待于进一步探讨和完善。好在现在国内三大运营商都已充分认识到这一点，网络质量也得到了迅速的提高，同时网络的经济效益也得到了充分发挥。网络优化既符合用户的利益又满足了运营商的要求，毫无疑问将是持续的双赢局面。

 习　题

1. 5G 网络优化的方法有哪些？
2. 在现实工作生活中常见的移动无线网络问题有哪些？
3. 5G 优化准备工作有哪些？
4. 5G 宏站单站验证的内容有哪些？
5. NAS 和 SA 单站验证的指标有哪些？
6. 无线网络覆盖问题产生的原因主要有哪几个方面？
7. 请简述 LMT 和 CXT 软件的作用。
8. 大数据技术在 5G 网络优化中的应用将对 5G 网络优化产生哪些方面的影响？

第 10 章 5G 基 站

【本章内容】

5G 基站是 5G 网络的接入设备，在 5G 网络中最接近用户、部署的数量最多。本书在第 4 章中详细介绍了 5G 接入网的架构体系，明确了 CU/DU 分离与合设这两种 5G 基带架构，也提到了 RRU/AAU 这两种 5G 的射频单元架构。在此基础上本章将进一步介绍 5G 基站的体系架构，列举了多种基站形态。接着，本章简要介绍了中兴通讯的 5G 基站设备，包括基站的特性、产品功能、操作维护、组网模式、硬件结构，最后简要介绍了使用中兴的 WebLMT 工具进行基站开通的流程和方法。

10.1 5G 基站的架构

10.1.1 5G 基站逻辑架构

5G 基站处于 UE 和核心网之间，它通过空中接口 Uu 接收和处理 UE 的数据，通过 NG 接口将数据上行传送给核心网进一步处理，同时它也通过 NG 接口接收核心网传送的下行数据，并将这些数据通过 Uu 接口发送给 UE，完成数据的整个传递和处理过程。

按照逻辑功能划分，5G 基站可分为 5G 基带单元与 5G 射频单元，二者之间可通过 CPRI 或 eCPRI 接口连接，如图 10-1 所示。

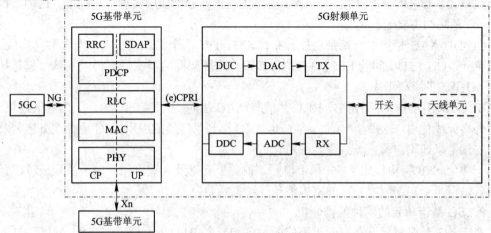

图 10-1　5G 基站逻辑架构

5G 基带单元负责 NR 基带协议处理功能，包括整个用户面 CP 及控制面 UP 协议处理功能，并提供与核心网之间的回传接口(NG 接口)以及基站间互连接口(Xn 接口)。

5G 射频单元主要完成 NR 基带信号与射频信号的转换及 NR 射频信号的收发处理功能，在下行方向，接收从 5G 基带单元传来的基带信号，经过 DUC(Digital Up Converter，数字上变频)、DAC(Digital to Analog Converter，数模转换)以及发射链路(TX)处理，包括射频调制、滤波、信号放大等，再经由开关、天线单元发射出去。在上行方向，5G 射频单元通过天线单元接收上行射频信号，经过低频噪声放大器，滤波、解调等接收链路(RX)处理后，再进行 ADC (Analog-to-Digital Converter，模数转换)、DDC(Digital Down Converter，数字下变频)，转换为基带信号并发送给 5G 基带单元。

10.1.2　5G 基站设备体系

为了支持灵活的组网架构，适配不同的应用场景，5G 无线接入网将存在多种不同架构，不同形态的基站设备。

1. 5G 基站设备分类

从设备架构角度划分，5G 基站可分为 BBU-AAU、CU-DU-AAU、BBU-RRU-Antenna、CU-DU-RRU-Antenna、一体化 gNB 等不同的架构，如图 10-2 所示。

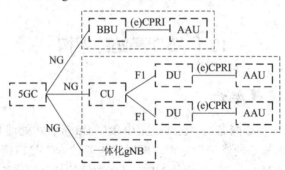

图 10-2　5G 基站设备架构

BBU-AAU 架构中，基带单元映射为单独的一个物理设备 BBU，AAU 集成了射频单元与天线单元，若采用 eCPRI 接口，AAU 内部还包含部分物理层底层处理功能。这种架构是目前 5G 基站的主要形态。

CU-DU-AAU 架构中，基带功能分布在 CU、DU 两个物理设备上，两者共同构成 5G 基带单元，CU 与 DU 间的 F1 接口为中传接口。这种架构的基站目前仍未成熟，但是却是未来 5G 基站的主要形态。

BBU-RRU-Antenna 架构中，RRU 功能与 AAU 相同，区别在于 RRU 无内置天线单元，需要外接天线使用，这种架构的基站在 3G、4G 得到了广泛的应用，5G 也会在郊区、农村等低容量需求或室内覆盖场景得到应用。

一体化 gNB 架构集成了 5G 基带单元、射频单元以及天线单元，属于高集成度、紧凑型设备，可用于局部区域补盲或室内覆盖等特殊场景。

2. 5G 基带单元的两种架构分析

对于 5G 基带单元，存在两类不同的设备构架：CU/DU 合设、CU/DU 分离。CU/DU 合设的 5G BBU 设备与 3G/4G BBU 类似，所有的基带处理功能都集成在单个机框或板卡内。

对于机框式结构的 BBU,整个 BBU 机框分为多个槽位,分别插入系统控制、基带处理、传输接口等不同功能的板卡,并可基于容量需求灵活配置不同板卡的组合;对于一体化板卡结构的 BBU,所有信令面、用户面处理以及传输、电源管理功能均集成在单个板卡上,系统集成度更高。

CU/DU 分离架构的 5G 基带单元将传统的 BBU 切分成 CU、DU 两个物理实体,两者配合共同完成整个 NR 基带处理功能。其中 DU 是分布式接入点,负责完成部分底层基带协议处理功能;CU 是中央单元,负责处理高层协议功能并集中管理多个 DU。CU 与 DU 之间的功能切分存在多种选项,有 8 种候选方案,即 Option1~Option8,如图 10-3 所示,不同方案下 CU、DU 分别支持不同的协议功能。目前,标准化工作主要集中在 Option2,即 CU 主要完成 RRC/PDCP 层基带处理功能,DU 完成 RLC 及底层基地协议功能。

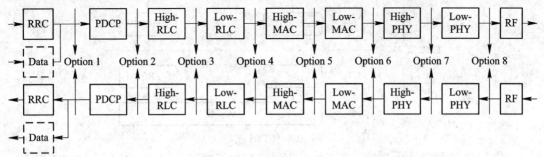

图 10-3　CU 与 DU 切分方案

由于高层基带处理功能对于实时性的要求不是很高,CU 设备可基于 X86 通用硬件平台使用,采用高性能服务器结合硬件加速器的方案,提供信令处理、数据交换,加解密等硬件处理能力,满足 CU 设备大容量、大带宽的性能要求,同时可支持灵活的扩容和减容,并基于网络部署需求,连接不同数量的 DU。

DU 作为底层基带协议处理单元,一般基于专用硬件实现,采用机框或一体化板卡的结构,与 CU/DU 合设的 BBU 类似。但是 DU 不具备完整的基带处理功能,不能单独作为 5G 基带单元使用。

3. 5G 射频单元的两种架构分析

5G 射频单元主要采用 AUU 架构,设备内部将射频收发单元与天线阵单元集成在一起,构成有源天线阵,支持 massive MIMO。5G AUU 存在两类不同架构的设备:基于 CPRI 接口的 AAU 与基于 eCPRI 接口的 AAU。

CPRI 接口普遍应用于 3G/4G 基站,是一个标准的基带-射频接口协议。基于 CPRI 接口的 AAU 功能相对简单,只完成射频处理功能,所有的基带功能都在基带单元完成,基站软件特性的修改不影响射频单元。CPRI 接口传递的是时域 IQ(I: In-phase,Q: Quadrature,同相正交)信号,接口带宽与载波带宽、收发通道数相同。图 10-4 是 CPRI 接口在 BBU 和 AAU 协议栈处理中所处的位置,可以看到它处于 BBU 和 AAU 之间。

由于 NR 支持 100 MHz 以上大带宽和 Massive MIMO 大规模天线技术,导致 5G CPRI 接口带宽急剧增加。比如,在 100 MHz 带宽、64T64R 的情况下,CPRI 带宽将达到 200 Gb/s 以上。因此,基于 CPRI 接口的 5G AAU 需要使用高速光模块。目前,100 Gb/s 高速光模块成本较高,导致 5G 基站的部署成本也会增加。

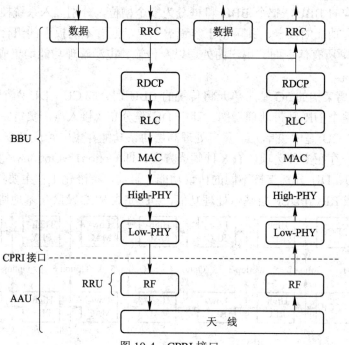

图 10-4　CPRI 接口

　　针对 5G 高频段、大带宽、多天线、海量连接和低时延等需求，引入了 eCPRI 接口。eCPRI 接口把在物理高层往上的数据交给 BBU 处理，物理高层下面的数据交给 RRU 的 DU 部分去处理。如图 10-5 所示，采用 eCPRI 接口后，AAU 的协议栈多了物理低层。eCPRI 接口的应用使 BBU 和 AAU 之间的数据量减少，比如，在 100 MHz 载波带宽、64T64R 的情况下采用 eCPRI 接口可将前传带宽降低至 25 GHz，光模块成本相应下降。

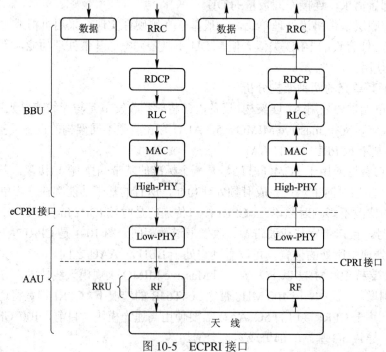

图 10-5　ECPRI 接口

但是，与 CPRI 接口相比，基于 eCPRI 接口的 AAU 除了完成射频处理功能外，还增加了部分基带物理层功能，需增加基带处理芯片，硬件实现更加复杂，设备功耗也会增加。此外，在协议后向演进时，不仅需要对基带单元进行升级，还需要改动射频单元，设备维护的难度将会增加。

10.2　中兴 BBU-AAU 基站 BBU 单元

由于目前 CU-DU 架构的 5G 基站仍然不成熟，而 BBU-RRU-Antenna 架构的基站在 LTE 里已经被广泛应用，所以本节我们主要介绍目前应用最为广泛的中兴通讯 BBU-AAU 架构的基站。

ZXRAN V9200 是中兴通讯研发的先进的 5G 基带处理单元，可以置于中兴通讯多款室内型或室外型基站内，或者与射频拉远单元 RRU 连接组成分布式基站，主要负责基带信号处理。

10.2.1　产品特性

1. 支持多模平滑演进

ZXRAN V9200 同时支持多种无线接入技术，包括 GSM、UMTS、LTE、Pre5G 和 5G 等，只需要更换相应的单板和软件配置就可以支持从 GSM/UMTS/LTE 到 Pre5G/5G 的平滑演进。

2. 大容量

ZXRAN V9200 单机架支持 90 个 2T2R/2T4R/4T4R/8T8R 20 MHz 小区或 15 个 Massive MIMO 小区，大幅提升频谱利用效率，易于实现网络分阶段部署。当用户数目日益增长时，ZXRAN V9200 可通过增加单板扩容支持更多的用户。

3. 环境适应性强

ZXRAN V9200 体积小，19 英寸(1 英寸≈2.54 厘米)宽度、2U 高度、18 公斤(满配)的重量和即插即用的设计对狭小的空间适应更好。该产品安装灵活，可独立安装，也可挂墙、抱杆安装或者安装在 19 英寸的机架内，降低对机房的要求，提高与其他设备的共站率。

4. 灵活组网的全 IP 架构

ZXRAN V9200 采用 IP 交换模式，提供 100GE、25GE、10GE、GE、FE 接口，满足运营商不同网络环境下和不同传输方式的需要，支持 RRU 星形和链形组网。

10.2.2　产品功能

ZXRAN V9200 的功能包括：

(1) 支持 GSM/UMTS/LTE/Pre5G/5G 基站基带处理功能；

(2) 支持通用计算和平滑演进到 SDN 和 NFV 的功能；

(3) 支持 EMS 网络管理，包括配置管理、故障管理、性能管理、版本管理、通信管理和安全管理；

(4) 支持−48 V 直流供电；

(5) 支持环境监控、告警；

(6) 支持本地和远程操作与维护；

(7) 支持内置 GNSS(Global Navigation Satellite System，全球导航卫星系统)接收机、IEEE 1588V2(IEEE 1588 Precision Clock Synchronization Protocol，网络化测量和控制系统的精确时钟同步协议)、1PPS+TOD(1 Pulse per Second+Time of Day，秒脉冲+日时间)、SyncE(Synchronous Ethernet，同步以太网时钟)、外置 GNSS 接收机和 RRU GNSS 时钟回传等多种时钟同步方式。

10.2.3 操作维护

如果要对 BBU 进行数据配置、修改或者处理故障，可以通过以下两种方式进行。

1. 远端维护

远端维护是使用网管系统通过 IP 网络与 ZXRAN V9200 远端连接，对其进行操作的。其维护方式如图 10-6 所示。

图 10-6 远端维护

2. 本地维护

本地维护是由 PC 机通过以太网线与 ZXRAN V9200 直接物理相连的，如图 10-7 所示。

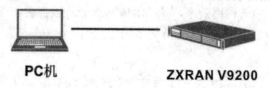

图 10-7 本地维护

10.2.4 组网模式

ZXRAN V9200 支持和 RRU/AAU 之间星形/链形组网，两者之间通过光纤连接。

1. 星形组网

如图 10-8 所示，每个 RRU/AAU 点对点连接到 ZXRAN V9200。此种组网方式的可靠性较高，但会占用较多的传输资源，适合于用户比较稠密的地区。

2. 链形组网

如图 10-9 所示，多个 RRU/AAU 连成一条链

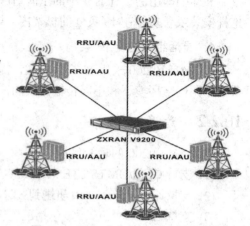

图 10-8 BBU 和 AAU/RRU 星形连接

后再接入 ZXRAN V9200。此种方式占用的传输资源少，但可靠性不如星形组网，适合于呈带状分布、用户密度较小的地区。

图 10-9 BBU 和 RRU/AAU 链形连接

10.2.5 硬件结构

ZXRAN V9200 设备实物图如图 10-10 所示，图中的阿拉伯数字代表槽位号，它的尺寸为 88.4 mm × 445 mm × 370 mm，在满配情况下，其重量为 18 kg。

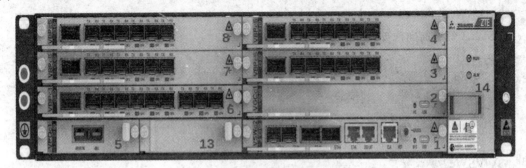

图 10-10 ZXRAN V9200 设备图

ZXRAN V9200 可以安装各种不同的单板，单板槽位配置如表 10-1 所示。

表 10-1 ZXRAN V9200 槽位可插的单板

槽位号	可插单板	单 板 名 称
1	VSWc2	虚拟化交换板
2	VSW/VBPc5	虚拟化交换板/5G 基带处理板
3/4/6/7/8	VBPc5/VGCc1	5G 基带处理板/虚拟化通用计算板
5	VPD	虚拟化电源分配板
13	VPD/VEMc1	虚拟化电源分配板/虚拟化环境监控板
14	VF	风扇模块

1. VSWc2 单板

1）VSWc2 单板功能

VSWc2 是虚拟化交换板，主要实现基带单元的控制管理、以太网交换、传输接口处理、系统时钟的恢复和分发及空口高层协议的处理，其功能如下：

• 双连接且 LTE 基站为主站的情况下，完成 LTE 控制面和业务面协议以及 5G 传输转发面处理，包括 S1AP、X2AP、RRC、PDCP 等；双连接且 5G 基站为主站或者 5G 独立组网下完成 5G 控制面和业务面协议处理，以及传输转发处理。

• 以太网交换功能，实现系统内业务和控制流的数据交换功能。

• Abis/Iub/S1/X2 接口协议处理。

- 软件版本管理,并提供本地和远端软件升级支持。
- 监控基站系统,监控系统内运行板件的运行状态。
- 提供 LMT 接口,实现本地操作维护功能。
- 提供 GPS 天馈信号接口并对 GPS 接收机进行管理。
- 和外部基准时钟进行同步,包括 GNSS、IEEE1588、1PPS+TOD、SyncE 和 RRU GNSS,可根据实际需要选择相应的时钟源。
- 为系统操作和维护提供统一基准时钟,实时时钟可以进行校准。
- 读取系统中硬件的管理信息,包括机架号码、后台类型号、槽位号、板件类型号、板件版本号和板件功能配置信息。
- 支持 VSW 单板的热备份。
- 提供 USB 接口用于软件升级和自动开站。

2) VSWc2 单板前面板图

VSWc2 单板前面板如图 10-11 所示。

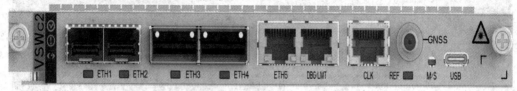

图 10-11　VSWc2 单板前面板

3) VSWc2 单板接口

VSWc2 单板各接口说明参见表 10-2。

表 10-2　VSWc2 接口

接口名称	接口说明
ETH1–ETH2	10/25 Gb/s SFP(Small Form-factor Pluggables,热插拔小封装模块)+/SFP28 光接口,用于连接传输系统
ETH3–ETH4	40/100 Gb/s QSFP(Quad Small Form-factor Pluggable,四通道 SFP 接口) +/QSFP28 光接口,用于实现站间协同
ETH5	1GE 电接口,用于连接传输系统
DBG/LMT	用于调试或本地维护的以太网接口,该接口为 10/100/1000 Mb/s 自适应电接口
CLK	用于引入或输出 1PPS+TOD 时钟信号
GNSS	用于连接 GNSS 天线
USB	用于软件升级和自动开站
M/S	维护和主板倒换按钮

2. VBPc5

VBPc5 单板是 5G 基带处理板,用来处理 5G 协议栈,它的功能包括实现物理层处理,提供上行/下行的 I/Q 信号,实现 MAC、RLC 和 PDCP 协议。

VBPc5 面板如图 10-12 所示。

图 10-12　VBPc5 面板

VBPc5 面板接口说明参见表 10-3。

表 10-3　VBPc5 接口说明

接　口	接　口　说　明
EOF	40/100 Gb/s QSFP+/QSFP28 接口，保留
OF1-OF6	10/25 Gb/s SFP+/SFP28 接口，用于连接 RRU 和 AAU

3．VGCc1

VGCc1 单板是虚拟化通用计算板，可用作移动边缘计算、应用服务器、缓存中心等。它的前面板如图 10-13 所示。

图 10-13　VGCc1 前面板

VGCc1 面板接口说明参见表 10-4。

表 10-4　VGCc1 接口表

接　口	接　口　说　明
USB	用于软件下载和本地调试
HS	VGC 单板 CPU 维护按钮

4．VEMc1

VEMc1 单板是虚拟化环境监控板，它支持 12 路干接点，4 路双向，8 路输入；支持 1 路全双工或半双工 RS485 监控接口；支持 1 路 RS232 监控接口。

VEMc1 前面板如图 10-14 所示。

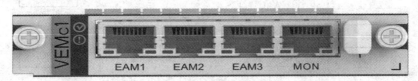

图 10-14　VEMc1 前面板

VEMc1 前面板接口如表 10-5。

表 10-5　VEMc1 前面板接口

接　口	接　口　说　明
EAM1	RJ45 接口，提供 4 个输入/输出双向干接点
EAM2– EAM3	RJ45 接口，每个提供 4 个输入干接点
MON	提供 1 路全双工或半双工 RS485 和 1 路 RS232，用于环境监控

5. VPDc1

VPDc1 单板是虚拟化电源分配板，实现–48 V 直流输入电源的防护、滤波、防反接，额定电流为 50 A，输出为–48 V，支持主备功能；支持欠压告警，支持电压和电流监控，支持温度监控。

6. VFC1

VFC1 是风扇模块，其功能是进行系统温度的检测控制，进行风扇状态监测、控制与上报。

10.3　中兴 BBU-AAU 基站 AAU 单元

中兴通信的 ZXSDR A9815 一体化基站是集成射频处理模块和天线的一体化形态的 AAU 设备，与 BBU 一起构成 5G NR 基站。ZXSDR A9815 设备外型如图 10-15 所示。

图 10-15　ZXSDR A9815 外型

ZXSDR A9815 通过 Uu 接口与 UE 进行通信，其在 5G 系统中的位置如图 10-16 所示。

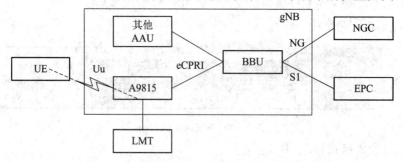

图 10-16　ZXSDR A9815 在 5G 网络中的位置

10.3.1　产品特性

(1) 统一平台，平滑演进。

ZXSDR A9815 基于中兴通讯无线接入网(RAN)平台研发，可以保护运营商投资，并支持平滑演进。分布式 BBU-AAU 基站同时支持 C-RAN 和 D-RAN(Distributed-RAN，分布式接入网)。

(2) 大容量。

ZXSDR A9815 采用 Massive MIMO 技术，可以并行传输多个独立的数据流。ZXSDR A9815 结合先进的调度算法、3D-MIMO 波束成形和多流空分复用关键技术，可以大大提高传统宏 RRU 的小区容量。ZXSDR A9815 支持 200 MHz/ 400 MHz 5G NR 载波。

(3) 紧凑设计，便于部署。

ZXSDR A9815 具备紧凑的设计、集成的射频处理，以及 4T4R 收发器和 512 个天线振子。其尺寸为 485 mm × 300 mm × 140mm(H × W × D)，重量为 18 kg，可以安装在抱杆或墙上。

(4) 灵活的部署方案。

ZXSDR A9815 可以部署在扇区覆盖热点、高层建筑覆盖等多种场景下，根据不同场景可以配置不同的广播权重，分担不同的话务负荷。

10.3.2　产品功能

ZXSDR A9815 支持以下功能：

- 无线空口技术：5G NR；
- 信道带宽：200 MHz/400 MHz；
- 工作频段：S26：24.75 GHz～27.5 GHz；
- 占用带宽：2 × 400 MHz；
- 通道数：4T4R；
- 射频模块和天线集成在 AAU 中；
- 不同的帧配置；
- 射频通道校准；
- 时钟同步；
- 2×25 Gb/s 的 eCPRI 接口；
- 电源支持–48 V 直流电，支持 220 V 交流电(可配外接 AC/DC 转换器)；
- 安装方式有抱杆安装和挂墙安装两种；
- 支持本地网管系统 LMT。

10.3.3　操作维护

ZXSDR A9815 的操作维护方式包括远端操作维护和本地操作维护。

1. 远端操作维护

远端操作维护由无线网元管理系统 NetNumen U31 通过传输网络连接远端的 ZXSDR A9815，对其进行数据配置、数据修改和故障排除等操作，如图 10-17 所示。

图 10-17　ZXSDR A9815 远端维护

2．本地操作维护

本地操作维护由 PC 机通过以太网线与 ZXSDR A9815 直接物理相连,对其进行数据配置、数据修改和故障排查等,如图 10-18 所示。这种维护会使用 LMT 软件工具,应用场合主要有:工程人员现场开站调试、传输断链情况下的上站和涉及工程问题的上站操作。

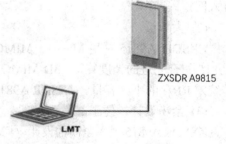

图 10-18   本地操作维护

10.3.4   硬件结构

ZXSDR A9815 由中频、射频、天线、滤波器和电源模块组成。

1．天线

- 512 个天线端口;
- 4 通道校准耦合网络;
- EIRP(Equivalent Isotropically Radiated Power,等效全向辐射功率)= 62 dBm。

2．滤波器

与每个收发通道相对应,具备必要的杂散发射抑制功能以符合基站射频指标。

3．中频和射频

- 4T4R 收发器射频通道;
- IBW(Instantaneous Bandwidth,瞬时带宽):800 MHz;
- OBW(Operating Bandwidth,占用带宽):2×400 MHz;
- 射频小信号处理,功率放大器和低噪声放大,输出功率管理;
- 模块温度监测。

4．电源模块

- 给整个 AAU 供电;
- 具备电源控制、电源告警、功耗报告功能;
- 内置防雷模块。

5．结构模块

- 能够进行 AAU 内部组件的屏蔽;
- 促进散热;
- 确保前置天线罩在正常电磁波辐射范围之内。

10.3.5   外部接口

ZXSDR A9815 的接口分布在底部和侧面维护窗。

1．底部接口

ZXRAN A9815 底部接口如图 10-19 所示。底部接口说明参见表 10-6。

图 10-19　ZXSDR A9815 底部接口

表 10-6　ZXRAN A9815 底部接口

标注序号	接口标识	接 口 说 明
1	PWR	−48 V 直流电源输入接口
2	GND	保护地接口

2. 维护窗接口

ZXSDR A9815 维护窗接口位于侧面，包括光纤接口和调试接口，如图 10-20 所示。维护窗接口说明参见表 10-7。

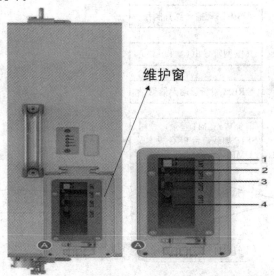

图 10-20　ZXSDR A9815 维护窗接口

表 10-7　ZXSDR A9815 维护窗接口

标注序号	接口标识	接 口 说 明
1	LMT	调试网口
2	OPT1	25 Gb/s 光信号接口，为 ZXSDR A9815 和 BBU 系统之间的光信号提供物理传输
3	OPT2	25 Gb/s 光信号接口，为 ZXSDR A9815 和 BBU 系统之间的光信号提供物理传输
4	OPT3	100 Gb/s 光信号接口，为 ZXSDR A9815 和 BBU 系统之间的光信号提供物理传输

10.4　基　站　开　通

中兴通信 5G 基站开通有多种方法，主要包括 WebLMT(Web Local Maintenance Terminal，基于浏览器的本地维护终端)开通、PnP(Plug and Play，即插即用)开通、镜像烧录三种方式，本教材主要对 WebLMT 方式进行介绍。

WebLMT 软件工具是中兴通讯开发的针对中兴基站的本地化数据配置和管理工具，它采用了 B/S((Brower/Server，浏览器/服务器)架构，通过浏览器即可方便登录基站进行操作。采用 WebLMT 方式开通基站，还要使用中兴 UME(Unified Management of Equipment，统一网络管理系统)和 REM(Radio Equipment Management，无线设备管理单元)。

10.4.1　WebLMT 基站开通流程

WebLMT 方式开通基站需要遵循一定的工作流程，如图 10-21 所示。

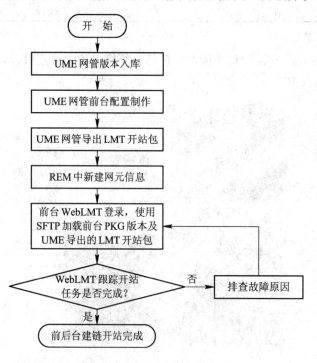

图 10-21　WebLMT 开通流程

10.4.2　5G 基站开通准备

WebLMT 开通基站，需要进行如下准备：

(1) 调试电脑上准备 LMT 开站包、5G 产品 pkg(中兴的版本文件格式)版本包。

(2) 调试电脑，安装 SFTP 服务器。

(3) 调试电脑，安装 Chrome 浏览器。

(4) 调试电脑配置 IP。综合考虑需要进行 V9200 近端调试以及 4G/5G CPE 的调试，因此，需要在调试电脑网卡中添加两个 IP 地址，需特别注意的是，子网掩码要配置为 255.255.0.0，不能配置为 255.255.255.0。

- 4G CPE：192.254.1.13，子网掩码：255.255.0.0
- 5G CPE：192.252.1.13，子网掩码：255.255.0.0

(5) 调试电脑用网线直连 V9200 的 Debug(调测)口。

(6) 关闭调试电脑的防火墙、杀毒软件、VPN 代理等。

调试电脑、V9200 BBU、传输之间的连接关系如图 10-22 所示。

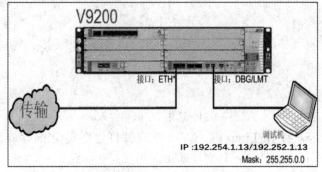

图 10-22　WebLMT 连接图

10.4.3　UME 端操作

1. 开站版本入库

版本入库可以将基站版本从本地客户端通过网络上传到 UME 服务器。登录 UME 网管，选择 SPU APP(网元开通升级应用)，进入 SPU 界面，点击菜单"版本管理"→"版本仓库"，即进入版本仓库管理界面，如图 10-23 所示。先确认已入库版本是否包含所需的版本包，如没有则执行"上传"，选中 5G 版本存放的本地目录，将 5G 产品 tar 包进行入库，如图 10-24 所示。

图 10-23　UME 的版本仓库

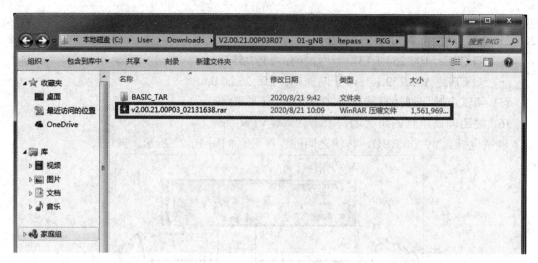

图 10-24　选中 5G 版本并入库

　　5G 产品 tar(Unix 或者 Linux 系统的一种文件打包格式)包的存放目录为：版本目录/01-gNB/litepass/PKG，只上传 tar 包文件即可。

2．导出规划模板

　　在数据制作界面点击【导出模板】，就可以导出一个 5G 站点开通的空规划模板。导出的默认路径是系统自带的下载目录，如图 10-25 所示。

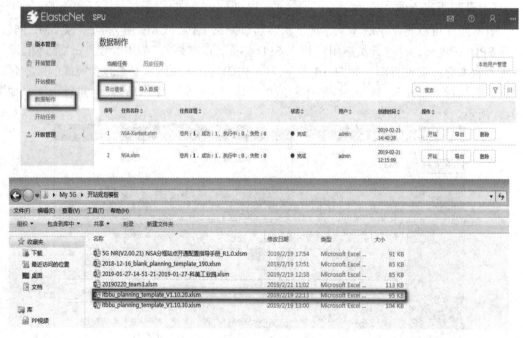

图 10-25　导出规划模板

3．填写规划数据

　　打开导出的规划模板，这是一个 EXCEL 文件，按照 5G 规划数据进行填写，填写的数据主要有：PLMN、OMC 服务器地址、SNTP(Simple Network Time Protocol，简单网络时钟协议)服务器 IP 地址、子网 ID、网元 ID、基站名称、基站 IP 地址、网关 IP 地址、VLAN ID(Virtual Local Area Network，虚拟局域网)号、单板位置、频率、带宽等参数，在此不进行详细描述。

4．导入规划数据

在数据制作界面点击【导入数据】，选择要导入的规划数据文件，确保导入状态为"完成"，如果提示失败，可以根据错误提示修改这些网元规划模板数据，然后重新导入，如图 10-26 所示。

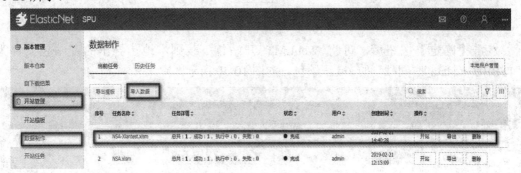

图 10-26　导入规划数据

5．导出 WebLMT 开站包

在数据制作界面点击数据制作【任务名称】，如示例中的"研 2-521-SA.xlsm"，可以进入查看网元数据制作的状态，如图 10-27 所示。

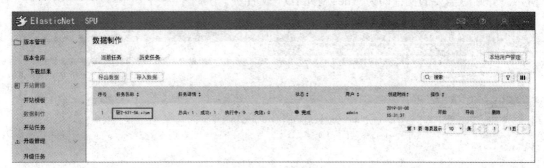

图 10-27　数据制作

进入数据制作任务后，选择待开通的基站，点击【导出 WebLMT 开站包】，如图 10-28 所示，会弹出【选择目标版本】子窗口，选择目标 tar 包，如图 10-29 所示。

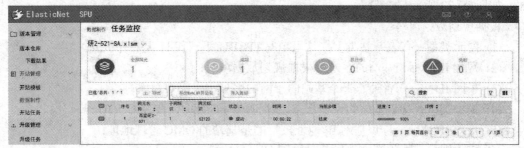

图 10-28　导出 WebLMT 包

图 10-29　选择 tar 格式导出包

点击【确定】按钮后，可将 WebLMT 开站包下载到本地，导出的开站包文件为
"ITBBU_nedata_时间戳"的 zip 压缩包，如图 10-30 所示。

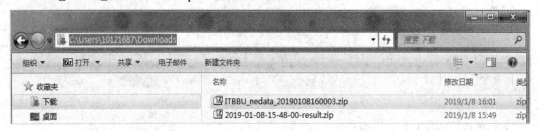

图 10-30　下载 WebLMT 包到本地保存

将该压缩包进行解压，解压后的文件名称为"ne+网元 ID"，里面有 2 个文件，如图 10-31
所示。开站时需要的文件即为"ne+网元 ID"文件夹。

图 10-31　解压配置包

6. 在 REM 中创建网元节点

WebLMT 基站的开站需要在 UME 中手动创建网元节点，在 REM 里面手动进行网元添
加，如图 10-32 所示。

根据规划数据填写：

(1) 网元类型：代表基站类型，这里填写 ITBBU(下一代 IT 基带单元)；

(2) 网元 ID：标识基站的序号，根据规划数据填写；

(3) 子网 ID：标识管理若干个基站的子网的序号，根据规划填写；

(4) 模型类型：标识基站的设备形态，这里填写 CUDU，代表 CUDU 一体化；

(5) 接入 IP 地址：标识基站 IP 地址，指的是基站的 OMC 管理地址；

(6) 接入端口：标识基站使用的传输侧 VLAN ID 号。

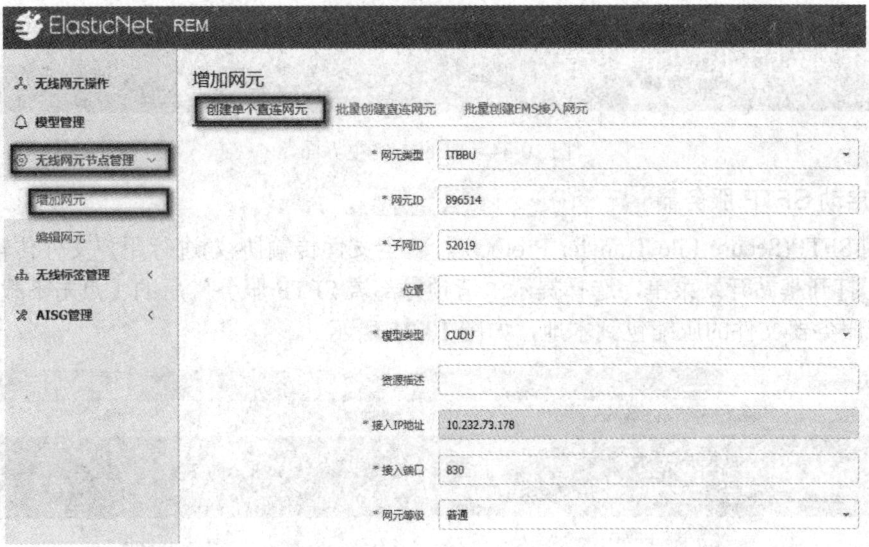

图 10-32　手动添加网元

10.4.4　基站端操作流程

1. 登录基站

打开 Chrome 浏览器，在地址栏输入：https://192.254.1.16 并回车，打开 WebLMT，输入用户名和密码，用户名和密码在开站时进行配置，如图 10-33 所示。浏览器要求使用 Chrome，不支持其他浏览器。地址通讯协议是 https(Hypertext Transfer Protocol Secure，超文本传输安全协议)，不支持 http(Hypertext Transfer Protocol，超文本传输协议)，同时关闭浏览器的代理。

图 10-33　基站登录界面

单击"登录"按钮或回车，进入 WebLMT 主页面，如图 10-34 所示。目前有 4 个功能模块：近端开站、基站维护、工具箱、帮助。近端开站功能模块在 WebLMT 登录界面进入，基站维护、工具箱、帮助功能模块在登录后展示在页面上方。

图 10-34   WebLMT 主界面

2. 启动 SFTP 服务器

使用 SFTP(Secure File Transfer Protocol，安全文件传输协议)进行用户文件传输能保证安全性。打开基站开站菜单，选择提示"请预先部署 SFTP 服务"后的【点击下载】，可下载 SFTP 服务器文件的压缩包到本地，如图 10-35 所示。

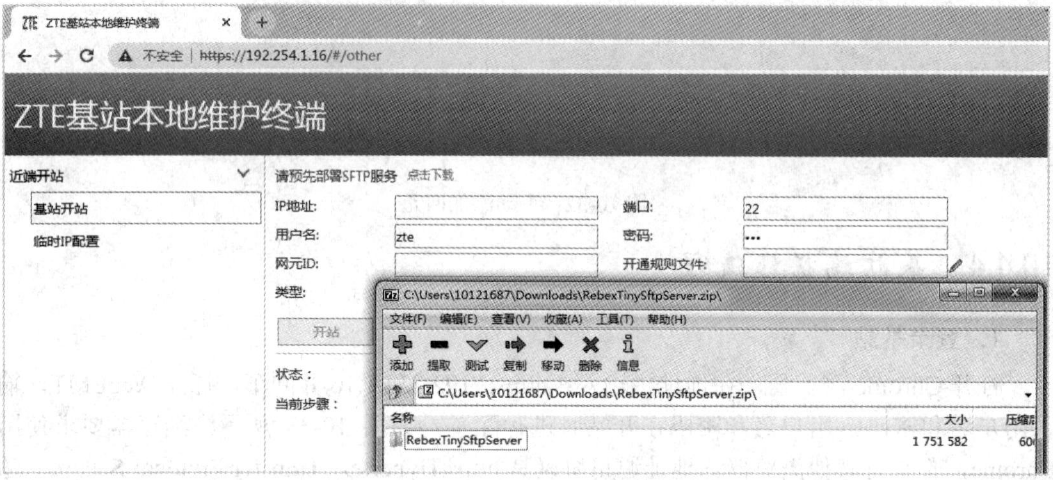

图 10-35   下载 SFTP 软件

解压下载的 SFTP 服务器压缩包，执行 Rebex Tiny SFTP Server.exe，如图 10-36 所示，直接点击"Start"按钮即可启动本机为 SFTP 服务器。SFTP 服务器关键信息如服务器 IP、端口、用户名、密码、服务器根目录呈现在右侧信息展示区。默认服务器 IP 为调试机所有 IP，端口为 22，用户名为 zte，密码为 zte，根路径为解压后文件夹的 data 目录(data 目录在首次执行 Rebex Tiny SFTP Server.exe 时自动创建)。日志可以根据需要选择 LOG level。

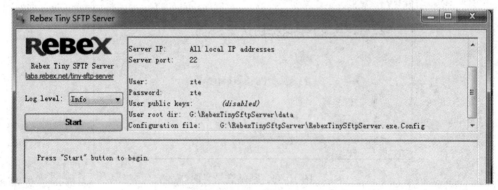

图 10-36   打开 SFTP

点击"Start"按钮，执行 Start 命令，启动 SFTP 服务器，如图 10-37 所示。

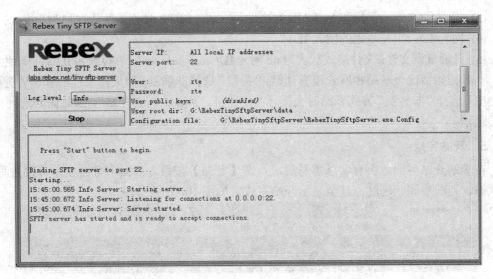

图 10-37　执行 SFTP

3．开站包及版本包存放

开站包"ne+网元 ID"和"产品 pkg 版本包"必须保存在 SFTP 服务器解压后文件夹的
data 目录下，如图 10-38 所示。

图 10-38　存放开站包和版本包到要求目录下

4．基站开站数据填写

在前面登录的 WebLMT 界面，在基站开站界面填写系列数据，如图 10-39 所示。

图 10-39　开站数据填写

(1) IP 地址：该 IP 地址为调试机 IP 地址；子网掩码必须是 255.255.0.0。

(2) 端口：修改为和 SFTP 服务端设置一致，SFTP 服务器默认端口为 22，因此此处端
口设置为 22。

(3) 用户名/密码：保持和 SFTP 服务端设置一致，SFTP 服务器默认账户为 zte/zte；

(4) 网元 ID：填写规划的网元 ID；

(5) 开通规则文件：文件格式默认为 ne 网元 ID/setup_rule.xml，填写网元 ID 后自动生效。

一般初始情况下基站和网管没有建链，"类型"选择非强制；如果基站已经和网管建链，"类型"选择"非强制"方式开站时会提示"已建链，不需要 PnP 开站"，因此需要选择"强制"选项。

5. 开站完成

在基站开站界面，所有信息填写后，点击【开站】按钮，界面下方会显示开站过程中的状态、当前步骤、进度，直至显示开站完成，如图 10-40 所示。

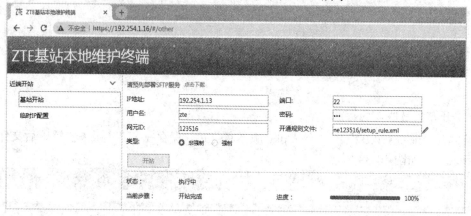

图 10-40　开站完成

6. 小区状态确认

进入【MO 诊断】(MO，Managed Object，管理对象)下拉列表，进行"小区状态查询"，查看管理状态是否为"解闭塞"，运行状态是否为"正常"，运行状态的详细信息是否为"小区正常"，如图 10-41 所示。

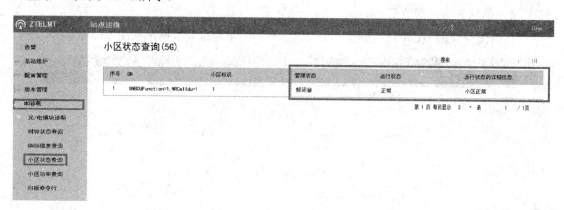

图 10-41　WebLMT 查看小区状态

也可以在 UME 网管中通过【UME】→【RANCM】→【MO 编辑器】→【DU 小区配置】进行"小区状态"查询，具体如图 10-42 所示。如果运行状态正常，说明 5G 基站已经开通完成；如果为不正常，则需要检查数据并进行修改。

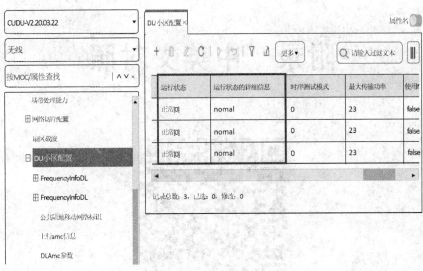

图 10-42　UME 网管查看小区状态

本 章 小 结

　　本章主要介绍了 5G 基站的逻辑架构和设备体系。逻辑上 5G 基站分为基带单元和射频单元，设备上 5G 基站可分为 BBU-AAU、CU-DU-AAU、BBU-RRU-Antenna、CU-DU-RRU-Antenna、一体化 gNB 等不同的架构。本章主要介绍的是 BBU-AAU 的架构。

　　在 5G 基站架构的基础上，本章以中兴通讯 ZXRAN V9200 和 ZXSDR A9815 为例，详细介绍了它们的产品特性、产品功能、操作维护和硬件单板与接口。ZXRAN 是 BBU 单元，ZXSDR A9815 是 AAU 单元，它们可以通过星形组网或者链形组网，组成 BBU-AAU 形态的 5G 基站，并且可以通过本地或者远端灵活管理和维护。

　　WebLMT 是中兴 5G 基站本地开通和维护的工具，UME 是中兴的统一无线网管，利用它们可以开通 5G 基站，进行配置数据、修改数据、告警查询、排查和处理故障等操作。

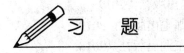

习　　题

　　1．5G 基站的逻辑架构分成哪两部分？各自的作用是什么？

　　2．5G 基站的设备形态主要分成哪几种？

　　3．中兴 5G 基站的 BBU 和 AAU 通过什么方式进行维护操作？

　　4．请简述中兴 5G 基站的基带板和交换板的功能。

　　5．如何使用 WebLMT 软件工具登录 5G 基站？

　　6．请简述 5G 基站开通流程。

　　7．5G 基站开通时需要进行哪些准备工作？

　　8．查看小区状态通常有几种办法？请简单描述之。

附录　中英文对照

参 考 文 献

[1]　3GPP 组织 5G 协议 R15 标准.

[2]　汪丁鼎，等. 无线网络技术与规划设计. 北京：人民邮电出版社，2019.

[3]　刘晓峰，等. 5G 无线系统设计与国际标准. 北京：人民邮电出版社，2019.

[4]　张传福，等. 5G 移动通信系统及关键技术. 北京：电子工业出版社，2018.

[5]　黄劲安，等. 迈向 5G 从关键技术到网络部署. 北京：人民邮电出版社，2018.

[6]　王映民. 5G 传输关键技术. 北京：电子工业出版社，2017.

[7]　刘毅，等. 深入浅出 5G 移动通信. 北京：机械工业出版社，2019.

[8]　万蕾，等. LTE/NR 频谱共享. 北京：电子工业出版社，2019.